Ing. Erich Roske · Grundlagen der Funktechnik

Ing. Erich Roske

Grundlagen der Funktechnik

Mit 155 Bildern und 12 Tabellen

Dr. Alfred Hüthig Verlag Heidelberg

ERICH ROSKE, Jahrgang 1920, studierte während des Krieges Physik und Chemie an der Universität Jena und Hochfrequenztechnik an der TH Berlin. Er arbeitete bei der Firma Telefunken Berlin (Ela- und Studiotechnik) und bei der Firma Hescho Hermsdorf (HF-Entwicklung). Nach Kriegsende leitete er in Lauf/Pegnitz das HF-Labor der Firma Stettner und später das HF-Labor der Firma Stemag und des Firmennachfolgers Rosenthal-Technik (Entwicklung Bauelemente, Piezokeramik, Ultraschalltechnik). Er studierte Kybernetik an der FU Berlin und arbeitet seit 1982 freiberuflich an Entwicklungsaufgaben der Elektronik.

CIP-Kurztitelaufnahme der Deutschen Bibliothek

Roske, Erich:
Grundlagen der Funktechnik / Erich Roske. –
Heidelberg: Hüthig, 1986.
ISBN 3-7785-1035-5

Printed in Germany
Satz: K + V Fotosatz GmbH, 6124 Beerfelden

Vorwort

Die „Grundlagen der Funktechnik" vermitteln eine allgemeinverständliche Darstellung des übergreifenden Grundwissens für die Fachgebiete Elektrotechnik, Hochfrequenz- und Nachrichtentechnik. Die Darstellung füllt eine Lücke zwischen der reinen Fachliteratur und popularwissenschaftlichen Schriften und ist für Auszubildende der Elektrohandwerke, Fachgruppe Radio-Fernsehtechniker, Fernmeldetechniker und Elektromechaniker, für Amateurfunker, ernsthafte Hobbyelektroniker und Berufsschüler verfaßt.

Die Informationen werden unter Berücksichtigung der jeweiligen Randgebiete mit exakten Begriffserklärungen und Hinweisen auf einschlägige Normen und internationale Richtlinien vermittelt. Unbedingt notwendige Informationen erscheinen in Normaldruck, zusätzliche Erläuterungen in Kleindruck. Wichtige Fachausdrücke sind mit englischen Übersetzungen ergänzt. Einige Übungsaufgaben und Rechenbeispiele sollen das Verständnis für grundlegende physikalische Sachverhalte erleichtern.

Der Autor steht gern für telefonische und schriftliche Rückfragen zur Verfügung.

Pommelsbrunn, Herbst 1985

ERICH ROSKE
DJ 1 NI

Inhaltsverzeichnis

Vorwort 5

1 **Strom und Spannung** 13
1.1 Gleichstrom 13
1.2 Wechselstrom 14
1.3 Wechselspannung 15
1.4 Widerstand 16
1.4.1 Leitwert 16
1.4.2 Spezifischer Widerstand 16
1.4.2.1 Spezifischer Leitwert 17

2 **Das Ohmsche Gesetz** 18

3 **Die Gleichstromleistung** 19
Übungsaufgabe 1 20

4 **Die Stromverzweigung** 22
4.1 Parallel geschaltete Widerstände 22
Übungsaufgabe 2 23

5 **Spannungsteiler** 25

6 **Teile und Vielfache von Einheiten** 26
Testaufgaben 27

7 **Nichtlineare Widerstände** 30
7.1 Temperaturabhängigkeit des Widerstandes 30
7.1.1 Thermistore 31
7.1.1.1 Kaltleiter 32
7.1.1.2 Heißleiter 32
7.2 Spannungsabhängige Widerstände 33
7.2.1 Varistore und VDR 33
7.2.2 Referenz- oder Z-Dioden (früher Zenerdioden) 33
7.2.3 Glimmstabilisatoren 34

8	**Wechselstromwiderstand**	36
8.1	Impedanz (Scheinwiderstand)	38
8.1.1	Wirkwiderstand	38
8.1.2	Blindwiderstand, Reaktanz	38
8.2	Wechselstrom-Leitwerte	38
8.3	Rechenbeispiel	39
9	**Wechselstromleistung**	40
9.1	Scheinleistung	40
9.1.1	Wirkleistung	40
9.1.2	Blindleistung	41
9.2	Leistungsanpassung	41
	Übungsaufgaben	41
10	**Isolierstoffe**	43
11	**Kondensatoren**	44
11.1	Kondensatoren im Stromkreis	46
11.2	Festkondensatoren	47
11.2.1	Technische Werte von Kondensatoren	47
11.2.2	Zusammenschaltung von Kondensatoren	48
11.2.3	Schwingkreiskondensatoren	49
11.2.4	Blockkondensatoren	51
	Übungsaufgaben	54
11.3	Veränderbare Kondensatoren	55
11.3.1	Drehkondensatoren (Drehko)	56
11.3.2	Kapazitätsdioden	57
11.3.3	Trimmkondensatoren	59
12	***R*-*C*-Glieder**	61
13	**Spulen**	64
13.1	Luftspulen	66
13.2	Eisenkernspulen	67
13.3	Veränderbare Spulen (Variometer)	68
13.4	Zusammenschaltung von Spulen	70
14	***L*-*C*-Glieder**	71
	Übungsaufgaben	72

15	**Schwingkreise**	74
15.1	Abstimmbare Schwingkreise	78
15.2	Temperaturkompensierte Schwingkreise	79
15.3	Bandfilter	80
16	**Transformatoren (Trafo)**	82
	Übungsaufgaben	84
17	**Halbleiter-Bauelemente**	87
17.1	Halbleiter-Dioden	87
17.1.1	Typenbezeichnung von Halbleiter-Dioden	88
17.1.2	Spezialdioden	90
17.1.3	Schaltzeichen von Halbleiter-Dioden	91
17.1.4	Leistungs-Gleichrichter	91
17.1.4.1	Gleichrichter-Schaltungen	92
17.1.5	Siebschaltungen	95
17.2	Thyristoren	96
17.2.1	Vierschicht-Dioden	96
17.2.2	Vierschicht-Schalttriode	96
17.3	Transistoren	97
17.3.1	Bipolare Transistoren	98
17.3.1.1	Grundschaltungen	98
17.3.1.2	Kennlinien	100
17.3.1.3	Kennwerte	102
17.3.1.4	Betriebsdaten	103
17.3.1.5	Aufbau und Funktion	105
17.3.1.6	Rechenbeispiel	106
17.3.2	Unipolare- oder Feldeffekt-Transistoren FET	109
17.3.2.1	Sperrschicht-FET (J-FET)	110
17.3.2.2	Isolierschicht-FET (IG-FET, MOS FET)	111
17.3.2.3	Grundschaltungen	112
17.3.2.4	Kennlinien	113
17.3.2.5	Kennwerte	113
17.3.2.6	Betriebsdaten	114
17.3.2.7	Rechenbeispiel	115
17.3.3	Typenbezeichnung von Transistoren	116
17.3.4	Spezial-Transistoren	118
17.4	Integrierte Schaltkreise (IS, IC)	118
17.4.1	Analoge Schaltungen	121
17.4.2	Digitale Schaltungen	122

18 **Elektronenröhren** ... 125
18.1 Verstärkerröhren ... 126
18.1.1 Mehrgitterröhren ... 129
18.1.2 Kennlinien ... 129
18.1.3 Elektrische Daten ... 129
18.1.4 Typenbezeichnung ... 131
Übungsaufgaben ... 131

19 **Verstärker** ... 137
19.1 Unabgestimmte Verstärker ... 138
19.1.1 NF-Verstärker ... 139
19.1.2 Verstärker mit Gegenkopplung ... 140
19.1.2.1 Frequenzabhängige Gegenkopplung ... 142
19.1.3 Leistungsverstärker ... 143
19.1.3.1 A-Verstärker ... 144
19.1.3.2 Gegentakt A-Verstärker ... 146
19.1.3.3 Gegentakt B-Verstärker ... 147
19.1.3.4 Gegentakt AB-Verstärker ... 149
19.1.3.5 Weitere Gegentakt-Verstärkereinstellungen ... 150
19.2 Abgestimmte Verstärker ... 150
19.2.1 Selektive Verstärker (Resonanzverstärker) ... 150
19.2.2 Neutralisation (HF-Gegenkopplung) ... 151
19.2.3 HF-Leistungsverstärker ... 152
19.2.3.1 Transistorverstärker ... 152
19.2.3.2 Röhrenverstärker ... 155
19.3 Schwingungserzeugung (Mitkopplung) ... 157
19.3.1 Quarzsteuerung ... 161
19.3.2 R-C-Generatoren ... 166

20 **Modulation** ... 168
20.1 Amplitudenmodulation (AM) ... 169
20.1.1 Amplitudenmodulation mit unterdrücktem Träger ... 172
20.1.2 Einseitenband-Modulation (SSB) ... 172
20.2 Frequenzmodulation (FM) ... 174

21 **Sendearten** ... 177
21.1 Morsetelegrafie (CW) ... 178
21.2 Fernschreibtelegrafie (RTTY) ... 179
21.3 Faksimile (FAX) ... 180
21.4 Fernwirken ... 180
21.5 Fernsprechen (Fone) ... 182
21.6 Fernsehen (Video) ... 182

22 Senderschaltungen (TX) 184
22.1 Steuersender (MO) 185
22.1.1 Quarzgeneratoren (CO) 185
22.1.2 Abstimmbare Generatoren (VFO) 185
22.1.3 Überlagerungsgenerator (Super-VFO) 186
22.1.4 Synchron-Oszillatoren 187
22.1.4.1 PLL-Oszillatoren 188
22.2 Frequenzvervielfacher 189
22.3 Treiberstufen 191
22.4 Endstufen (PA) 191

23 Empfänger (RX) 192
23.1 Geradeausempfänger 192
23.2 Überlagerungsempfänger (Superhet) 193
23.2.1 Mehrfach-Überlagerungsempfänger 195
23.2.2 SSB-Empfang 198
23.2.3 Telegrafie-Empfang (CW) 203
23.2.4 FM-Empfang 204
23.3 Empfangsbeurteilung und Feldstärkeanzeige 209

24 Sende-Empfänger 212

25 Wellenlängen und Frequenzen 214

26 Dezibel (dB) und Neper (N_p) 217

27 Antennen 222
27.1 Dipol- und Langdrahtantennen 225
27.2 Vertikalantennen 228
27.3 Faltdipole und Breitbandantennen 231
27.4 Richtantennen 232

28 Speiseleitungen und Transformationsglieder 236
28.1 Unabgestimmte Speiseleitungen 236
28.1.1 Kabeldämpfung 238
28.1.2 Reflexion und stehende Wellen 240
28.1.2.1 Stehwellen-Messung 241
28.2 Transformationsleitungen 242
28.3 Symmetrierglieder 243
28.4 Abgestimmte Speiseleitungen 245
28.5 Abstimmbare Transformationsglieder 246

29 **Wellenausbreitung** 249

30 **Geschichtliches zur Funktechnik** 251

31 **Englische Fachwörter** 254

32 **Stichwortverzeichnis** 263

1 Strom und Spannung

Elektrische *Ströme* sind gerichtete Bewegungen von freien Elektronen (Ladungsträgern). Sie fließen in Stromkreisen zwischen elektrischen Polen (Bezugspunkten), die gegeneinander Spannungsunterschiede (elektrische Spannungen) aufweisen. Die Maßeinheit für die elektrische *Spannung* ist das Volt (V), das Formelzeichen is U:

current[1]
Strom

U in V .

Ein elektrischer Spannungsunterschied ist die Folge eines Elektronen-(Ladungs-)Überschusses am Minuspol (−) und eines Elektronen-(Ladungs-)Mangels am Pluspol (+).

voltage
Spannung

Elektronen können außer in elektrischen Leiter- und Halbleiterwerkstoffen (beispielsweise Metalle, Kohlenstoff, Silizium, Selen) auch im Vakuum fließen (Abschnitt 18).

In Elektrolyten (leitenden Flüssigkeiten) und im Plasma (heißes Gas) fließen elektrische Ströme durch die Bewegung von Ionen (Griech.: Wandernde), das sind elektrisch geladene Moleküle.

1.1 Gleichstrom

direct current,
d.c.

Gleichströme fließen stets in der gleichen Richtung als Folge einer *Gleichspannung*. Die Maßeinheit für die Stromstärke ist das Ampere (A), das Formelzeichen ist I (abgeleitet von Intensität):

direct voltage
Gleichspannung

I in A .

Gleichströme werden in der Funktechnik für die Energieversorgung von Anlagen und Geräten benötigt. Die gebräuchlichsten Stromquellen sind Batterien und Akkumulatoren (Sammler) für portable (tragbare) und mobile (bewegbare) Geräte, auch Solar-(Sonnenenergie-)Zellen, ferner mechanische Generatoren (Stromerzeuger) und Gleichrichter für die Umformung aus Wechselstrom (Abschnitt 17.1.4).

[1] Die englischen Übersetzungen sind in dem Abschnitt 30, ab Seite 254 aufgelistet.

alternating current, a.c.

1.2 Wechselstrom

Wechselströme wechseln ihre Flußrichtung im Stromkreis als Folge einer Wechselspannung (Abschnitt 1.3). Eine wichtige Sonderform ist der Sinusstrom (sinus: Latein. Busen). Er wird graphisch (zeichnerisch) durch Rotation (Drehung) eines Zeigers im Einheitskreis[1] dargestellt, wie **Bild 1** zeigt.

Sinusstrom

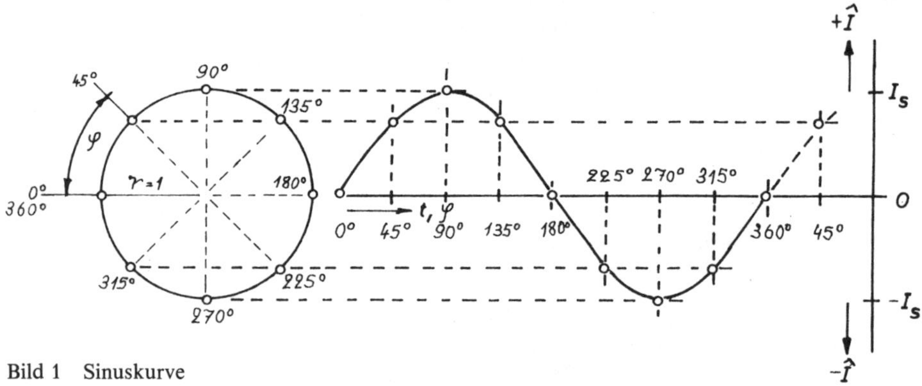

Bild 1 Sinuskurve

Im rechtwinkligen Koordinaten-(Bezugsachsen-)System sind auf der waagerechten Achse die Zeigerstellungen in Zeiten und Winkelgraden und auf der senkrechten Achse die zugehörigen Augenblickswerte I des Wechselstromes aufgetragen.

Wie aus Bild 1 ersichtlich, steigt der Augenblickswert $\hat{I}$ vom Wert Null (Zeit Null, 0°) in einer Sinuskurve bis zum oberen Spitzenwert I_s bei $\varphi = 90°$, um bei $\varphi = 180°$ wieder Null zu werden und bei $\varphi = 270°$ den unteren Spitzenwert bei $-\hat{I}$ zu erreichen, und so fort.

phase angle

Der Winkel φ (Griech. Kleinbuchstabe phi) heißt *Phasenwinkel.*

peak value
peak current
peak to peak current

Die *Spitzenwerte* (Amplituden) bei $\varphi = 90°$ und 270° heißen *Spitzenstrom* I_s, die doppelten Werte *Strom Spitze-Spitze* I_{ss}.

period
wave length

Der Kurvenabschnitt $\varphi = 0$ bis 360° heißt *Periode* und beschreibt auf der waagerechten Zeitachse eine *Wellenlänge* λ (Griech. Kleinbuchstabe lambda):

λ in m

λ in m .

[1] Einheitskreise haben den Radius (Halbmesser) $r = 1$.

Ein wichtiges Maß ist die ***Frequenz*** (*f*) als Anzahl der Perioden je Zeiteinheit in Sekunden (s) mit der Einheit 1 Hertz (Hz) und dem Formelzeichen *f*:

frequency
cycle per second, c.p.s.

f in Hz .

f in Hz

Der technische Wechselstrom hat in Europa die Frequenz 50 Hz (in USA 60 Hz), das heißt: 50 Perioden je Sekunde, also 100 Richtungswechsel in der Sekunde. Die Sinuskurve der zeitlich periodisch veränderlichen Wechselströme läßt erkennen, daß ihre effektive (wirksame) Stromstärke kleiner ist, als diejenige von Gleichströmen mit dem Wert des Spitzenstromes I_s, da Gleichströme konstant bleiben und nicht auf Null absinken.

Um eine vergleichbare Zuordnung zwischen der Wirksamkeit von Gleichströmen und periodischen sinusförmigen Wechselströmen zu gewinnen, berechnet man den *Effektivwert* des Wechselstromes:

root mean square, r.m.s., RMS
Effektivwert

$$I_{eff} = \frac{I_s}{\sqrt{2}} \text{ [1]} . \tag{1}$$

Außer den periodischen sinusförmigen Wechselströmen gibt es noch nichtperiodische und nicht-sinusförmige z. B. Rechteck-, Dreieck-, Sägezahn- und andere Kurvenformen.

nicht sinusförmige Wechselströme

Alle möglichen Kurvenformen lassen sich rechnerisch auf Mischströme mit Sinuskurven zurückführen.

Wechselströme entstehen in mechanischen Generatoren, elektronischen Oszillatoren (Schwingungsstufen) und in Wechselrichtern (Zerhackern) aus Gleichstrom, aber auch in Mikrofonen, Tonabnehmern und Magnetköpfen (Tonfrequenztechnik).

1.3 Wechselspannung

Für Wechselspannungen gelten sinngemäß die gleichen Beziehungen und Ableitungen wie für Wechselströme, also:

alternating voltage, a.v.

Augenblickswert	$\hat{U}$	instantaneous voltage
Spitzenwert	U_s	peak voltage

[1] $\sqrt{2}$ (Quadratwurzel aus 2) hat den Wert 1,4142.

peak-to peak voltage	*Spannung Spitze-Spitze*	U_{ss}
root mean square	*Effektivwert*	$U_{eff} = \frac{U_s}{\sqrt{2}}$

Die SI-Einheit für die Wechselspannung ist das Volt (V), das Formelzeichen ist U.

Um Verwechslungen mit Einheiten und Formelzeichen von Gleichspannungen zu vermeiden, und um die Maßzahlen genau festzulegen, werden die Angaben mit Indizes (Zusatzbezeichnungen) angeschrieben, z. B.:

$$U_s \text{ in } V_s, \quad U_{ss} \text{ in } V_{ss}, \quad \text{oder} \quad U_{eff}(V).$$

Mischströme und -spannungen werden auch mit den Formelzeichen i in A und u in V angegeben (DIN 40110).

resistance

1.4 Widerstand

Der elektrische Widerstand ist eine Eigenschaft von Körpern oder Strompfaden, dem elektrischen Stromfluß entgegenzuwirken. Die Einheit ist 1 Ohm (Ω), Formelzeichen R:

R in Ω

R in Ω (Griech. Großbuchstabe Omega).

Ein Teil des durch den Widerstand fließenden Stromes I wird in Wärme umgesetzt (Abschnitt 3).

conductance

1.4.1 Leitwert

Gelegentlich wird mit dem inversen Wert (Kehrwert) des Widerstandes gerechnet, dem Leitwert. Seine Einheit ist 1 Siemens (S), Formelzeichen G:

G in S

G in S = $1/R$ in $1/\Omega$.

(In der amerikanischen Literatur wird $1/\Omega$ rückwärts geschrieben: Mho.)

resistivity

1.4.2 Spezifischer Widerstand

Der spezifische (arteigene) Widerstand ist eine Werkstoffeigenschaft, gekennzeichnet durch den Widerstand R eines Kubus (Würfels) mit der Länge $l = 1$ cm und dem Querschnitt $q = 1\ \text{cm}^2$. Seine

Einheit ist 1 Ω · cm, Formelzeichen ρ (Griech. Kleinbuchstabe rho):

$\rho = R \cdot q/l$ in Ω · cm .

$\rho = R \cdot q/l$ in Ω · cm

In der Praxis wird der spezifische Widerstand an Drähten von 1 m Länge und Querschnitt $q = 1$ mm² bestimmt. Bei einigen Metallen beträgt er beispielsweise:

Silber	0,0165	Zinn	0,114
Kupfer	0,0175	Eisen	0,15
Gold	0,022	Blei	0,21
Aluminium	0,0278	Quecksilber	0,964

(Werte in $\text{mm}^2 \cdot \Omega/\text{m}$).

Der Widerstand eines Drahtes errechnet sich zu:

$$R = \frac{l \cdot \rho}{q} \, \Omega \, . \qquad (2)$$

1.4.2.1 Spezifischer Leitwert

conductivity

Der spezifische Leitwert ist der inverse Wert des spezifischen Widerstandes. Seine Einheit ist 1 S · cm, Formelzeichen $\varkappa$ (Griech. Kleinbuchstabe kappa):

$\varkappa$ in S · cm .

$\varkappa$ in S · cm

2 Das Ohmsche Gesetz

Es definiert (bestimmt) die abgeleitete Größe des elektrischen Widerstandes R aus Spannung U und Strom I (in Ω, V, A):

$R = \frac{U}{I}$

$$R = \frac{U}{I}. \tag{3}$$

Daraus ergibt sich:

$U = R \cdot I$

$$U = R \cdot I \tag{4}$$

und:

$I = \frac{U}{R}$

$$I = \frac{U}{R}. \tag{5}$$

Zur Gedächtnisstütze dient das „*URI*"-Dreieck:

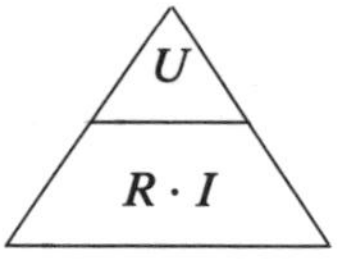

Das Ohmsche Gesetz gilt in allen Stromkreisen des Bildes 2. (Die Richtung der Bezugspfeile für Spannung U und Strom I entspricht der Norm DIN 5489.)

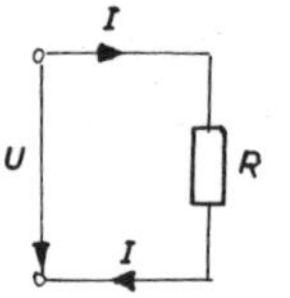

Bild 2 Gleichstromkreis

3 Die Gleichstromleistung

Die Gleichstromleistung ist die in geschlossenen Stromkreisen wirksame elektrische Wirkleistung. Die Einheit ist 1 Watt (W), Formelzeichen P:

direct-current power
Gleichstromleistung

P in W .

P in W

Sie hat den Betrag:

$$P = U \cdot I \quad \mathrm{W, V, A}\,. \tag{6}$$

$P = U \cdot I$

Bei Widerständen (siehe Abschnitt 1.4) wird die elektrische Leistung in Wärme umgesetzt, die sog. *Verlustwärme*.

heat loss
Verlustwärme

Die *Verlustleistung*

$$P_v = U \cdot I$$

power loss
oder: power dissipation
Verlustleistung
$P_v = U \cdot I$

kann unter Berücksichtigung des Ohmschen Gesetzes (siehe Abschnitt 2) einfach berechnet werden, indem man für die Spannung U den Ausdruck Gl. (4) einsetzt:

$$P = U \cdot I = R \cdot I \cdot I = R \cdot I^{2}\,[1]\,. \tag{7}$$

Man kann auch für den Strom I die Gl. (5) einsetzen:

$$P = U \cdot I = U \cdot \frac{U}{R} = \frac{U^2}{R}\,. \tag{8}$$

---

[1] Der Exponent (Hochzahl) 2 ist ein Rechenbefehl aus der Potenzrechnung und besagt, daß die Grundzahl mit sich selbst zu multiplizieren ist: also $I \cdot I$.

Übungsaufgabe 1

Wie groß sind die Spannungen an den Punkten A, B und C der Schaltung (Bild 3) bei den angegebenen Belastungen? Für welche Leistungen müssen die Widerstände ausgelegt werden?

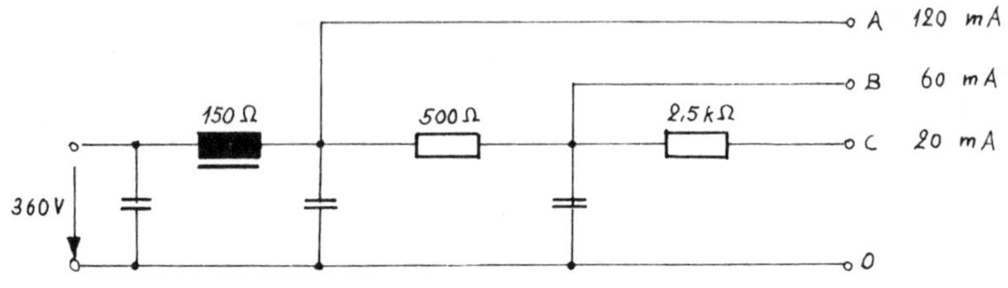

Bild 3 Siebkette

Anmerkung

Es handelt sich um eine sog. *L-C, R-C*-Siebkette, wie sie nach Gleichrichtern zur Glättung des pulsierenden Gleichstromes üblich sind (siehe Abschnitt 14). Das Schaltelement 150 Ω ist eine Siebdrossel mit Eisenkern und dem Gleichstromwiderstand 150 Ω. Die drei Siebkondensatoren sind für diese Rechnung bedeutungslos und können unbeachtet bleiben.

Lösung

1. Schritt: Die Lastströme (in mA) auf die Einheit A umrechnen.
2. Schritt: Die Teilströme $I_{A,B,C}$ und I_{ges} ermitteln, siehe Bild 4.

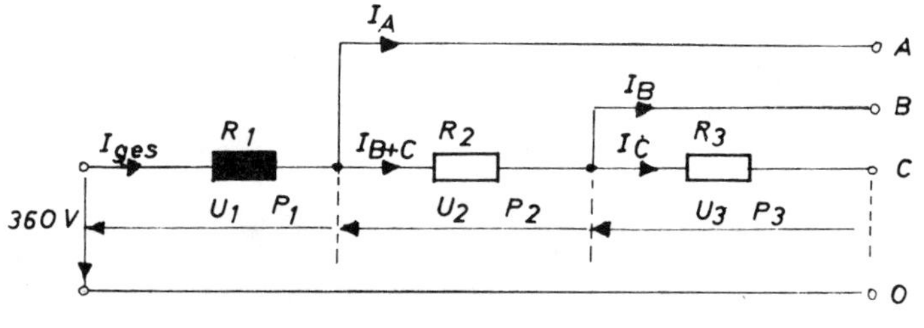

Bild 4 Teilströme aus Bild 3

3. Schritt: Die Teilspannungen $U_{1,2,3}$ nach Gl. (4) berechnen:

$$U_1 = R_1 \cdot I_{ges} = 150 \cdot 0{,}2 = \mathbf{30\ V}$$
$$U_2 = R_2 \cdot (I_B + I_C) = 500 \cdot 0{,}08 = \mathbf{40\ V}$$
$$U_3 = R_3 \cdot I_C = 2500 \cdot 0{,}02 = \mathbf{50\ V}$$

Demnach liegen an Punkt:

A: 360 – 30 = 330 V
B: 330 – 40 = 290 V
C: 290 – 50 = 240 V

4. Schritt: Die Leistungen nach Gl. (2) berechnen:

$$P_1 = I_{\text{ges}}^2 \cdot R_1 = 0{,}2 \cdot 0{,}2 \cdot 150 = \mathbf{6\,W}$$
$$P_2 = I_{\text{B+C}}^2 \cdot R_2 = 0{,}08 \cdot 0{,}08 \cdot 500 = \mathbf{3{,}2\,W}$$
$$P_3 = I_{\text{C}}^2 \cdot R_3 = 0{,}02 \cdot 0{,}02 \cdot 2500 = \mathbf{1\,W}$$

current branching

4 Die Stromverzweigung

In geschlossenen Stromkreisen mit zwei oder mehr parallel (nebeneinander) geschalteten Widerständen verzweigt sich der Gesamtstrom I_{ges} in zwei oder mehr Teilströme nach Bild 5.

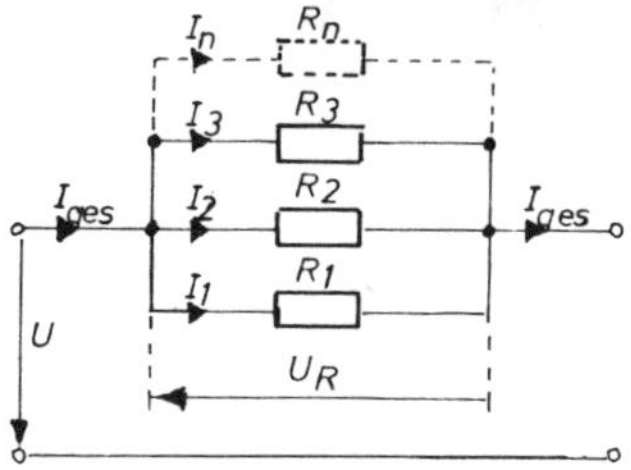

Bild 5 Stromverzweigung

Die Summe der Teilströme I_1, I_2, $I_3 \cdots I_n$ ist gleich dem Gesamtstrom I_{ges} (1. KIRCHHOFFsches[1] Gesetz).

$$I_{ges} = I_1 + I_2 + I_3 + \cdots + I_n \,.$$

4.1 Parallelgeschaltete Widerstände

Der Gesamtwiderstand R_{ges} der in Bild 5 parallelgeschalteten Widerstände R_1 bis R_n errechnet sich nach einigen (hier nicht gezeigten) mathematischen Umstellungen nach dem Ohmschen Gesetz zu:

$$G = \frac{1}{R_{ges}} = \frac{1}{R_1} + \frac{1}{R_2} + \frac{1}{R_3} + \cdots + \frac{1}{R_n} \quad \text{S} \tag{9}$$

$$R_{ges} = \frac{1}{\frac{1}{R_1} + \frac{1}{R_2} + \frac{1}{R_3} + \cdots + \frac{1}{R_n}} \quad \Omega \,. \tag{9a}$$

Die praktische Berechnung kann leicht mit einem einfachen Taschenrechner durchgeführt werden, der eine Reziproktaste (1/x) und einen Speicher (STOR) besitzt.

[1] Deutscher Physiker 1824 – 1887

Die Teilströme ergeben sich nach Gl. (5) aus dem Spannungsabfall U_R der Parallelschaltung zu

$$I_{ges} = \frac{U_R}{R_{ges}} \quad \text{A, V, } \Omega \,. \tag{10}$$

Der Spannungsabfall U_R errechnet sich nach Gl. (4):

$$U_R = R_{ges} \cdot I_{ges} \quad \text{V, } \Omega\text{, A} \,.$$

Im einfachsten Falle von nur zwei parallelgeschalteten Widerständen R_1 und R_2 vereinfacht sich die Gl. (9a) zu:

$$R_{ges} = \frac{R_1 \cdot R_2}{R_1 + R_2} \,. \tag{11}$$

Das Verhältnis der Teilströme $I_{1,2}$ ist gleich dem umgekehrten Verhältnis der Widerstände $R_{1,2}$:

$$\frac{I_1}{I_2} = \frac{R_2}{R_1} \,. \tag{12}$$

Übungsaufgabe 2

Wie hoch sind die Spannungen an den Punkten A, B und C gegen Punkt 0 bei den angegebenen Belastungen?

Wie hoch ist die Belastung der Widerstände?

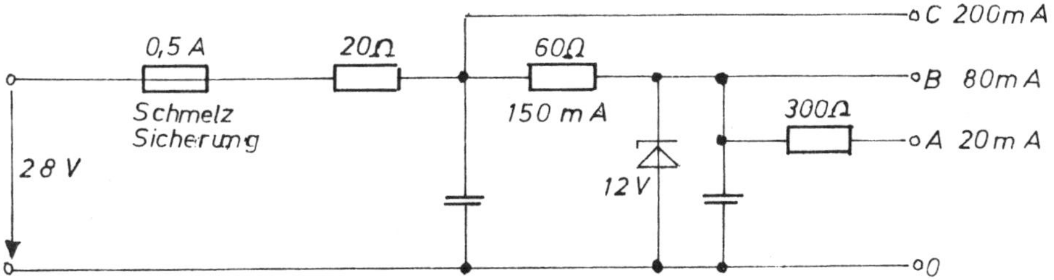

Die Diode mit Kennzeichnung 12 V ist eine Referenzdiode (Bezugsspannungsdiode). Sie wird auch Z-Diode genannt und hält in diesem Beispiel die Spannung auf 12 V fest (siehe Abschnitt 7.2.2).

Nach der Lösungsanleitung zur Übungsaufgabe 1 ergibt sich folgende Schaltung:

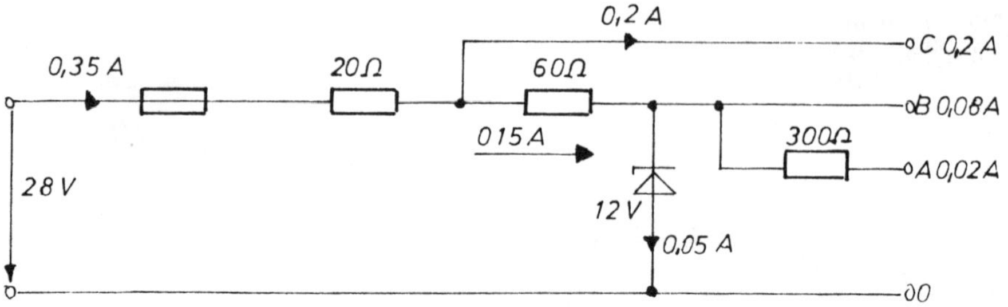

Lösung

$U_C = R \cdot I = 20 \cdot (0{,}2 + 0{,}15) = 20 \cdot 0{,}35 = 7$ V
$= 28 - 7 = \mathbf{21\ V}$.

$U_B = \mathbf{12\ V}$ (= Durchbruchspannung der Referenzdiode 12 V).

$U_A = 12\ \text{V} - 300 \cdot 0{,}02 = 12 - 6 = \mathbf{6\ V}$.
$P_{20\,\Omega} = R \cdot I^2 = 20 \cdot 0{,}35^2 = \mathbf{2{,}45\ W}$,
$P_{60\,\Omega} = 60 \cdot 0{,}15^2 = \mathbf{1{,}35\ W}$,
$P_{300\,\Omega} = 300 \cdot 0{,}02^2 = \mathbf{0{,}12\ W}$.

5 Spannungsteiler

Bei zwei oder mehr in Serie (Reihe) geschalteten Widerständen fließt durch jeden Widerstand der gleiche Strom.

$$I = \frac{U}{R_1 + R_2 + R_3 + \cdots + R_n}.$$

Die Teilspannungen errechnen sich nach dem Ohmschen Gesetz (siehe Abschnitt 2) für ungleiche Widerstände:

$$U_1 = R_1 \cdot I$$
$$U_2 = R_2 \cdot I$$
$$U_3 = R_3 \cdot I$$
$$\vdots$$
$$U_n = R_n \cdot I.$$

Bei 2 Teilwiderständen (Bild 6) gilt die Beziehung:

$$U_2 = U_1 \frac{R_2}{R_1 + R_2}. \tag{13}$$

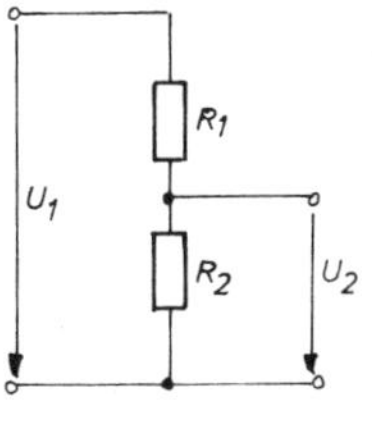

Bild 6 Festspannungsteiler

Einstellbare Spannungsteiler (auch Potentiometer genannt) werden mit den Schaltsymbolen in Bild 7 dargestellt.

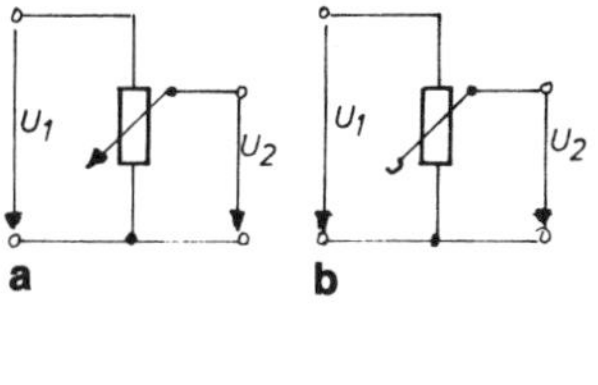

Bild 7 Einstellbare Spannungsteiler; a stufenlos, b in Stufen

6 Teile und Vielfache von Einheiten

Die in der HF-Technik (Tabelle 1) häufig gebrauchten Bezeichnungen sind mit + gekennzeichnet.

Tabelle 1 Vorsätze für Einheiten

Vorsatz-bezeichnung	Abkürzung	Vielfaches der Einheit	Zehner-potenz
Atta	A	1 000 000 000 000 000 000	10^{18}
Femta	F	1 000 000 000 000 000	10^{15}
Tera	T	1 000 000 000 000	10^{12}
+ Giga	G	1 000 000 000	10^{9}
+ Meg(a)	M	1 000 000	10^{6}
+ Kilo	k	1 000	10^{3}
Hekto	h	100	10^{2}
Deka	da	10	10^{1}
–	–	1	
+ Dezi	d	0,1	10^{-1}
+ Zenti	c	0,01	10^{-2}
+ Milli	m	0,001	10^{-3}
+ Mikro	µ	0,000 001	10^{-6}
+ Nano	n	0,000 000 001	10^{-9}
+ Piko	p	0,000 000 000 001	10^{-12}
Femto	f	0,000 000 000 000 001	10^{-15}
Atto	a	0,000 000 000 000 000 001	10^{-18}

Beispiele

1 µF = 1000 nF = 10^3 nF = 1 000 000 pF = 10^6 pF
1 nF = 1000 pF = 10^3 pF
1 pF = 0,001 nF = 10^{-3} nF = 10^{-6} µF

1 H = 1000 mH = 10^3 mH
1 mH = 1000 µH = 10^3 µH

1 MΩ = 1000 kΩ = 10^3 kΩ = 1 000 000 Ω = 10^6 Ω
1 kΩ = 1000 Ω = 10^3 Ω

1 A = 1000 mA = 10^3 mA = 1 000 000 µA = 10^6 µA
1 mA = 0,001 A = 10^{-3} A

1 MHz = 1000 kHz = 10^3 kHz = 1 000 000 Hz = 10^6 Hz
1 GHz = 1000 MHz = 10^3 MHz.

Testaufgaben

Aufgabe 1

In einem Stromversorgungsgerät ist ein Schutzwiderstand von 5 Ω eingebaut. Der Widerstand wird bei Betrieb warm. Sie messen einen Strom von 350 mA. Welche Leistung wird in dem Widerstand umgesetzt?

Antwort

Weiß nicht.
Gehen Sie zu Abschnitt 1.4 zurück.

Aufgabe 2

Ein Widerstand hat die Nenndaten 40 kΩ 4 W. Welchen Strom darf man durch den Widerstand schicken?

Antwort

Weiß nicht.
Gehen Sie zu Abschnitt 3 zurück.

Aufgabe 3

Berechnen Sie in der skizzierten Schaltung die Spannungen zwischen $0 - U_1$, U_2 und U_3. Welche Leistung wird in dem 70-Ω-Widerstand umgesetzt?

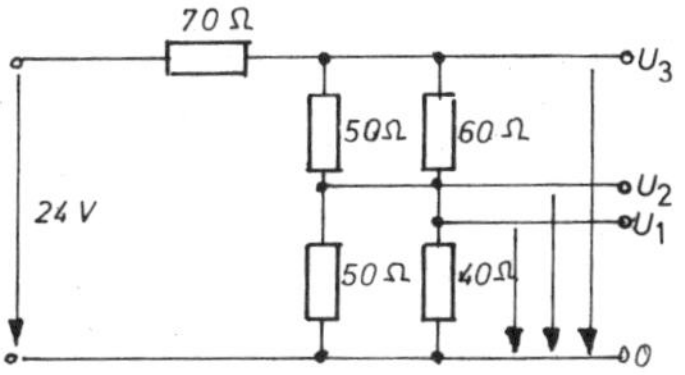

Antwort

Weiß nicht.
Gehen Sie zu Abschnitt 5 zurück.

Aufgabe 4

Skizzieren Sie eine sinusförmige Wechselspannung mit den Angaben von Spitzenspannung und Periode.

Antwort

Weiß nicht.
Gehen Sie zu Abschnitt 1.2 zurück.

Aufgabe 5

Wie berechnen Sie den Effektivwert eines sinusförmigen Wechselstromes?

Antwort

Weiß nicht.
Gehen Sie zu Abschnitt 1.2 zurück.

Aufgabe 6

Berechnen Sie nach dem Ohmschen Gesetz die Größen

$U = ?\quad R = ?\quad I = ?$

Antwort

Weiß nicht.
Gehen Sie zu Abschnitt 2 zurück.

Aufgabe 7

Nennen Sie 1. drei gut leitende Metalle und 2. drei schlecht leitende Metalle.

Antwort 1.

2.

Weiß nicht.
Gehen Sie zu Abschnitt 1.4.2 zurück.

Aufgabe 8

Unter welchen Bedingungen können elektrische Ströme fließen?

Antwort

Weiß nicht.
Gehen Sie zu Abschnitt 1 zurück.

Aufgabe 9

Wie ist die Frequenz eines Wechselstromes definiert?

Antwort

Weiß nicht.
Gehen Sie zu Abschnitt 1.2 zurück.

Aufgabe 10

Ein Widerstand hat den Nennwert 3,3 kΩ. Wieviel Ω sind das?

Antwort

Weiß nicht.
Gehen Sie zu Abschnitt 6 zurück.

non-linear resistor

7 Nichtlineare Widerstände

Widerstände, deren Wert nicht allein nach dem Ohmschen Gesetz durch Spannung und Strom, sondern durch weitere Parameter (Charakteristische Größen) bestimmt sind, nennt man nichtlinear.

Derartige Parameter sind beispielsweise Temperatur, Spannung, Druck und Belichtung.

7.1 Temperaturabhängigkeit des Widerstandes

Der spezifische Widerstand (Abschnitt 1.4.2) der Werkstoffe ist mehr oder weniger stark von der Temperatur abhängig. Fast alle Metalle zeigen eine Widerstandszunahme mit steigender Temperatur. Ihr Temperaturbeiwert α_R (Griech. Kleinbuchstabe alpha) ist positiv. Viele Nichtmetalle und Halbleiter besitzen dagegen einen negativen Temperaturbeiwert. Das heißt, der Widerstand nimmt mit steigender Temperatur ab.

Bei elektrischen Warmgeräten, bei Glühlampen und Heizfäden von Elektronenröhren muß ein hoher Einschaltstromstoß bei niedrigem Kaltwiderstand bedarfsweise kompensiert (ausgeglichen) werden.

Der niedrige Kaltwiderstand der Metalle wird andererseits für die Konstruktion von Supraleitern bei Tiefkühlung ausgenutzt. Ein Elektro-Ringmagnet für die Kern-Fusions-(Verschmelzungs-)Forschung besitzt beispielsweise eine Magnetspule von etwa 5 m Durchmesser aus Niob-Titan-Rohren für Umlaufkühlung mit flüssigem Helium bei $-269\,°C$ für einen Spulenstrom von 11,4 kA (Kiloampere), der hier wegen des geringen Widerstandes fast verlustfrei fließen kann.

thermistor

Technische Bauelemente mit ausgeprägten, definierten Temperaturbeiwerten heißen *Thermistoren* (thermos: Griech. „warm").

Der Widerstand einer gasgefüllten Glühlampe (mit Stickstoff oder Argon) für 100 W, 220 V steigt beispielsweise vom Kaltwert $R_1 = 40\,\Omega$ bei $t_1 = 20\,°C$ auf den Betriebs-Heißwert bei $t_2 = 2500\,°C$ nach Umrechnung von Gl. (8) auf $R_2 = U^2/P = 220^2/100 = 484\,\Omega$. Daraus resultiert ein Temperaturbeiwert für den Wolfram-Glühfaden

$$\alpha_R = \frac{\Delta R^{1)}}{R_{20} \cdot \Delta t} = \frac{R_{t2} - R_{t1}}{R_{t1} \cdot (2500 - 20)\,°C} = \frac{444}{99\,200}$$

$$= 0{,}0045 = 4{,}5 \cdot 10^{-3}/°C \text{ (genauer 4,82)}\,.$$

Der Temperaturbeiwert wird gelegentlich auch TK (Temperatur-Koeffizient) oder englisch TC genannt.

TC

In der Tabelle 2 sind einige Werkstoffe mit zugehörigem Widerstands-Temperaturbeiwert aufgelistet:

temperature coefficient
Temperaturbeiwert

Tabelle 2

	α_R in 10^{-3}	Zusammensetzung
Eisen	5,60	Fe
Wolfram	4,82	W
Kupfer	4,33	Cu
Aluminium	4,30	Al
Silber	4,1	Ag
Messing	1,6	66 Cu, 34 Zn
Nickelin[1]	0,23	54 Cu, 26 Ni, 20 Zn
Manganin[1]	0,01	86 Cu, 2 Ni, 12 Mn
Konstantan[1]	−0,03	54 Cu, 45 Ni, 1 Mn
Kohlenstoff	−4,6	C
Phosphor	−4,6	P
Germanium	−1 ··· −5	Ge } je nach Dotierung
Silizium	−1 ··· −5	Si } je nach Dotierung

[1] Widerstands-Legierungen.

Halbleiter sind Werkstoffe, die in reinem Zustand eine geringe Leitfähigkeit (Abschnitt 1.4.2.1) besitzen, die aber durch Einbau von Fremdatomen (Dotierung) erhöht wird. Bekannte Halbleiter sind die chemischen Elemente (Grundstoffe) Germanium (Ge) und Silizium (Si), aber auch Selen (Se) und Kupferoxid (CuO).

semiconductors
Halbleiter

silicon
Silizium

Auch gewisse anorganische Mischkristalle mit negativem Temperaturbeiwert werden als Halbleiter bezeichnet, zum Beispiel Eisen-Oxiduloxid ($FeO \cdot Fe_2O_3$) oder Magnesium-Chromoxid ($MgO \cdot Cr_2O_3$).

(Der amerikanische Ausdruck silicon für Silizium darf nicht mit dem deutschen *Silikon* verwechselt werden. Dies bezeichnet eine Gruppe organischer Kunststoffe, deren Kohlenstoffatome teilweise durch Siliziumatome ersetzt (substituiert) sind, zum Beispiel Silikonöle, -Fette, -Harze, -Gummi.)

silicones
Silikon

7.1.1 Thermistore

sind technische Bauelemente mit ausgewählten oder speziell entwickelten Widerstandswerkstoffen für einen erwünschten Temperaturbeiwert.

◄ [1] Δ (Griech. Großbuchstabe Delta) wird in der Mathematik für eine Differenz eingesetzt.

Temperaturmessung

Als Meßwiderstände dienen sie zur Temperaturmessung oder -Steuerung, als „Thermosicherung" in elektrischen Maschinen, sowie in temperaturgesteuerten Regelkreisen. Man benutzt sie auch zur Kompensation in temperaturabhängigen Stromkreisen.

PTC-resistor

7.1.1.1 Kaltleiter

Technische Kaltleiter sind Thermistore mit positivem Widerstands-Temperaturbeiwert.

Früher benutzte man Eisenwasserstoff (EW)-Widerstände mit einem Glühfaden aus Eisen in Wasserstoffatmosphäre. Sie regeln einen begrenzten Spannungsbereich bei konstantem Strom, zum Beispiel 4 · · · 10 V bei 0,4 A (Siemens EW 0404).

Kaltleiter

Neuere Kaltleiter bestehen aus Bariumtitanat ($BaTiO_3$) mit Zusatz von Metalloxiden. Sie werden in Form gepreßter Scheibchen nach keramischen Herstellungsverfahren gesintert (gebrannt). Der positive Temperaturbeiwert gilt nur innerhalb eines bestimmten Bereiches, meist bis 120 °C, zum Beispiel 70 Ω bei 30 °C, 70 kΩ bei 120 °C (Siemens P 310-C 11).

Ein typisches Anwendungsbeispiel ist die Entmagnetisierung der Abschirmung und der Loch- bzw. Strichmasken von Farbbildröhren. Ein Kaltleiter steuert hier die Zeit des Stromflusses in der Magnetspule durch Eigenerwärmung.

Schaltbild von Kaltleitern:

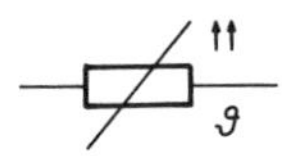

NTC-resistor

7.1.1.2 Heißleiter

werden gelegentlich noch Thermistore genannt. Sie besitzen einen negativen Temperaturbeiwert und enthalten bestimmte Mischungsverhältnisse von Schwermetalloxiden.

Heißleiter

Der erste technische Heißleiter war der „Urdox" (Urandioxid)-Widerstand, zum Beispiel Osram U 1220 für einen Spannungsabfall von 12 V bei 0,2 A. Er diente zur Kompensation des Einschaltstromstoßes von Allstrom-Röhrengeräten.

Neuere Heißleiter bestehen aus Mischkristallen von Magnesium-Titanoxid, Eisen-Oxiduloxid und anderen. Ein handelsüblicher Meßwiderstand besitzt beispielsweise bei 20 °C den Kaltwiderstand 50 Ω und einen Temperaturbeiwert $\alpha_R = 50 \cdot 10^{-3}$ (Valvo B 8 320 01).

Typische Anwendungen sind die Arbeitspunktstabilisierung von Leistungstransistoren und die Amplitudenstabilisierung in Horizontal- und Vertikalendstufen von Fernsehempfängern.

Schaltbild von Heißleitern:

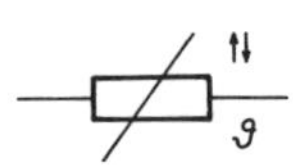

7.2 Spannungsabhängige Widerstände

Der Widerstand metallischer Leiter ist praktisch spannungsunabhängig. In Gasen kann eine Leitfähigkeit durch Ionisation (Abspaltung von Ionen) nach Einwirkung von elektrischen Feldern oder von Strahlung entstehen, Beispiel: Funkenstrecke. In einigen Halbleitern treten spezielle Erscheinungsformen auf, die zur Konstruktion von technischen Bauelementen führten (siehe auch Abschnitt 17).

7.2.1 Varistore oder VDR

VDR

Varistore

Englisch: Voltage dependent resistors werden aus gepreßtem Siliziumcarbid (SiC)-Pulver zu Scheiben oder Stäben gesintert. Ihr Leitwert steigt etwa mit der 4. Potenz der Spannung an.

Kleinleistungs-VDR werden in der Nachrichtentechnik angewendet, beispielsweise als Vorwiderstände für Relais oder zur Arbeitspunktregelung von Horizontal-Endröhren in Fernsehempfängern.

Leistungs-VDR haben sich in der Starkstromtechnik als Überspannungsableiter bewährt.

Schaltbild:

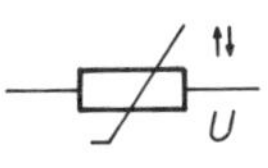

7.2.2 Referenz- oder Z-Dioden (früher Zenerdioden)

reference-, zener-diodes

Diese Halbleiterdioden[1] sind durch einen definierten Einsatzpunkt des *Sperrstromes* gekennzeichnet, der bei einer bestimmten Diodenspannung steil ansteigt. Sie heißt Referenz-, Zener- oder Z-Spannung und ist eine Bestimmungsgröße der Z-Diode. Eine weitere Bestimmungsgröße ist die *Verlustleistung* $P_d = U_d \cdot I_d$ (Diodenspannung · Diodenstrom), die sich aus der zulässigen *Sperrschichttemperatur* t_j ergibt.

reverse current Sperrstrom

power dissipation Verlustleistung

junction temperature Sperrschichttemperatur

Die Z-Spannung ändert sich wegen des steil ansteigenden Sperrstromes nur wenig und wird als Referenzspannung festgehalten.

Bild 8 zeigt die Kennlinien von drei Z-Dioden mit eingezeichnetem Grenzwert der zulässigen Verlustleistung $P_d = 1$ W.

In Bild 9 ist die Schaltung von Z-Dioden gezeigt. Sowohl die Schwankungen der Speisespannung U_{Sp} als auch die Änderungen der Lastströme I_{Last} lassen sich in gewissen Grenzen kompensieren (ausgleichen).

Z-Diode

---

[1] Dioden sind Zweipole mit stromrichtungsabhängigem Widerstand.

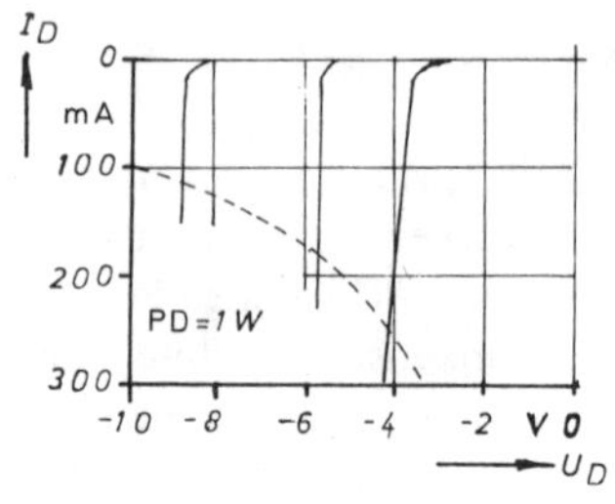

Bild 8 Spannungs-Strom-Kennlinien von drei Z-Dioden mit $P_d = 1$ W

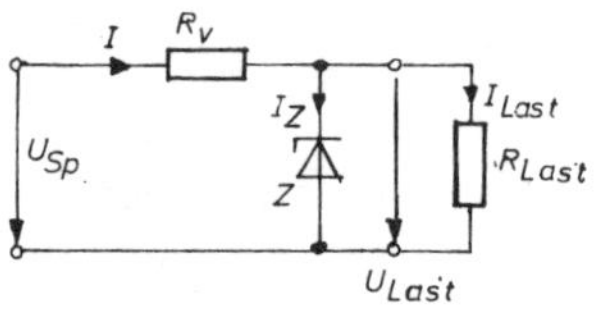

Bild 9 Spannungsstabilisierung mit Z-Diode

Der Vorwiderstand R_v wird so berechnet:

$$R_v = \frac{U_{Sp} - U_{Last}}{I} \quad \Omega, \text{V}, \text{A}. \tag{14}$$

Da die Zenerspannung $U_Z = U_{Last}$ bei Änderung des Diodenstromes I_D gleich bleibt, wirken sich Änderungen des Laststromes nur durch entsprechende Änderung des Diodenstromes aus. Bei Leerlauf ($I_{Last} = 0$) steigt der Diodenstrom um den Betrag des abgeschalteten Laststromes an $I_D + I_{Last}$. Demnach muß der maximale Diodenstrom innerhalb der zulässigen Verlustleistung P_d nach Gl. (6) begrenzt werden auf:

$$I_{D\max} = P_d / U_Z. \tag{15}$$

Der nutzbare Laststrom beträgt höchstens $I_{D\max} - 3 \cdots - 5$ mA, um zu vermeiden, daß der Diodenstrom I_D bei voller Last auf Null absinkt.

heat sink
Kühlkörper

Z-Dioden sind für Nennspannungen von etwa 0,7 V bis 80 V und für Verlustleistungen bis etwa 1,3 W handelsüblich. Mit *Kühlkörper* vertragen sie bis 10 W. Für höhere Durchbruchspannungen können sie in Serie, nicht aber parallel für höhere Leistungen geschaltet werden.

Für Nennspannungen bis etwa 6 V ist der sogenannte Zener-Effekt (innere Feldemission) für den Spannungsdurchbruch verantwortlich, bei höheren Spannungen der sogenannte AVALANCHE-Effekt (Lawinen-Effekt).

7.2.3 Glimmstabilisatoren

neonstabilizer

Zum Stabilisieren von Gleichspannungen >70 V[1] eignen sich auch Glimmstabilisatoren.

Sie besitzen eine ähnliche Strom-Spannungs-Charakteristik wie Z-Dioden. Ihr *Querstrom* steigt nach Überschreiten der Zündspannung stark an, aber die Brennspannung bleibt nahezu konstant. Die Schaltung (Bild 10) entspricht sinngemäß derjenigen von Z-Dioden.

shunt current Querstrom

Bild 10 Spannungsstabilisierung mit Glimmröhre (Gl)

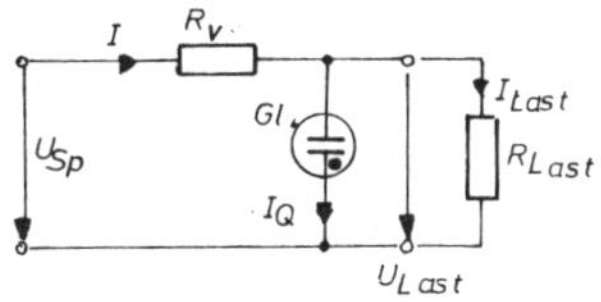

Der Vorwiderstand R_v wird nach Gl. (15) berechnet. Querstrom I_Q und Brennspannung $U_B = U_{Last}$ sind aus Datenblättern ersichtlich, zum Beispiel $I_Q = 17$ mA. $I_{Last} = 5 \cdots 30$ mA, $U_B = U_{Last} = 180$ V (Valvo 150 C2), Glimmstabilisatoren sind für Brennspannungen von 70 bis 280 V und für Verlustleistungen bis etwa 22 W handelsüblich.

Glimmstabilisator

Der Stabilisierungseffekt beruht auf der Eigenschaft verdünnter Edelgase, eine ionisierte Glimmlichtstrecke mit konstanter Spannung zu unterhalten. Meist wird rot leuchtendes Neon verwendet, wie es auch von Lichtreklamen bekannt ist.

(Neon-Licht darf nicht mit dem weit verbreiteten Leuchtstoffröhren-Licht verwechselt werden. Dieses wird in Quecksilberdampf-Entladungsröhren angeregt und bringt eingelagerte Leuchtstoffe (Schwermetall-Sulfide und -Silikate) zum Nachleuchten.)

---

[1] > Mathematisches Zeichen „größer als“ und < „kleiner als“.

8 Wechselstromwiderstand

d.c. resistance
Gleichstromwiderstand

Unter dem Begriff „Widerstand" ist üblicherweise der *Gleichstromwiderstand* (Abschnitt 2) gemeint. Abweichend hiervon sind Wechselstromwiderstände komplexe (zusammengesetzte) Größen. Sie enthalten auch frequenzabhängige Komponenten (Bestandteile), die nicht durch das Ohmsche Gesetz verknüpft sind.

Eine derartige frequenzabhängige Widerstandskomponente bewirkt im Stromkreis eine zeitliche Verschiebung der Wechselstromkurven bei Spannung und Strom (Abschnitt 1.2), deren Augenblickswerte bei gleicher Frequenz zeitlich nicht mehr zusammentreffen, also nicht „in Phase" sind.

Dies ist eine Folge der periodischen Wechsel der Flußrichtung, die in bestimmten Bauelementen (zum Beispiel in Kondensatoren und Spulen) eine Zeitverzögerung zwischen Spannung und Strom verursachen.

Als Beispiel sind in Bild 11 die Strom-Spannungs-Kurven eines Wechselstromkreises gezeigt, der keine komplexe Komponente enthält, sondern einen „reellen" ohmschen Widerstand R nach dem Muster von Bild 12.

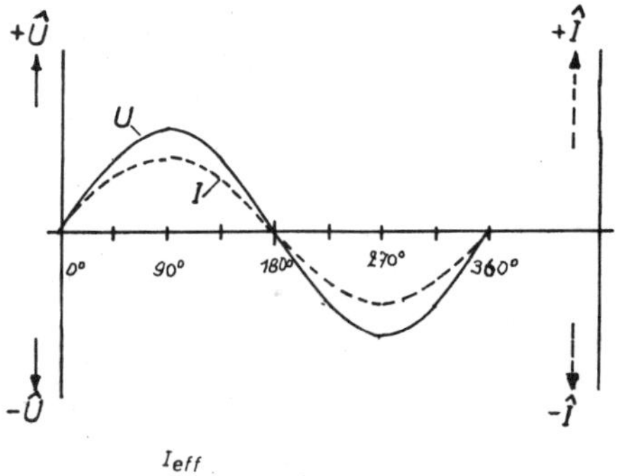

Bild 11 Sinuskurven mit gleichphasigem Verlauf von Spannung und Strom

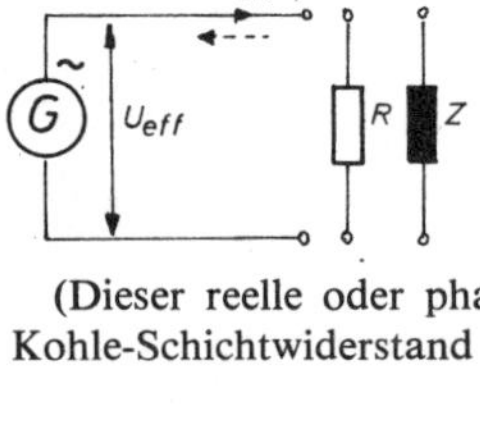

Bild 12 Wechselstromkreis mit reellem Widerstand R und Impedanz Z

(Dieser reelle oder phasenreine Widerstand R kann beispielsweise ein Kohle-Schichtwiderstand oder ein elektrisches Heizgerät sein.)

Da hier keine Phasenverschiebung zwischen Spannung und Strom zustande kommt (Bild 11), gilt das Ohmsche Gesetz gleichermaßen auch für diesen Stromkreis.

Wird der reelle Widerstand R hingegen durch einen komplexen Widerstand Z ersetzt, so entsteht eine entsprechende Phasenverschiebung, wie sie beispielsweise in Bild 13 skizziert ist, wo die Spannung um den Winkel $\varphi = 90°$ dem Strom voreilt. Die Phasenverschiebung beträgt $+90°$. Z wäre in diesem Falle ein induktiver Widerstand. Bei einem kapazitiven Widerstand tritt eine Phasenverschiebung von $-90°$ ein.

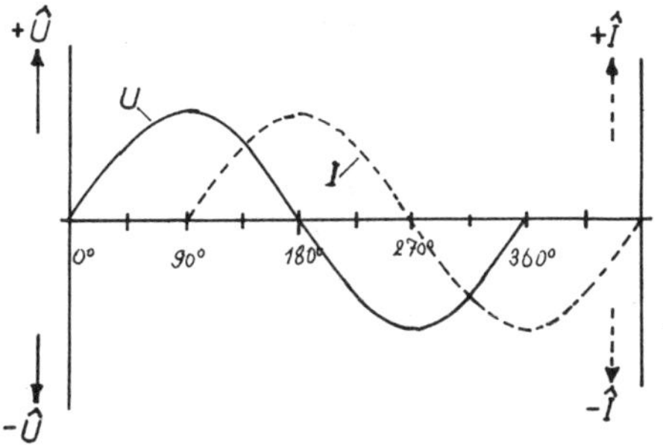

Bild 13
Phasenverschiebung durch einen komplexen Widerstand Z

Für die Darstellung von frequenzabhängigen Größen ist es anschaulicher, nicht mit Winkelgeraden, sondern mit Zeitwerten zu rechnen, die man aus der Umdrehung des Zeigers im Einheitskreis (Bild 1) ableitet. Dort entspricht der Phasenwinkel $\varphi = 360°$ einer vollen Umdrehung und damit einer Periodendauer $T = 1/f$. Der Zeiger im Einheitskreis umschreibt in der Zeit T den geometrischen Kreisumfang $l_u = 2\pi$[1]. Unter Berücksichtigung der Definition der Frequenz als Periodenzahl je Zeiteinheit $f = 1/T$ (Abschnitt 1.2) resultiert für einen Phasenwinkel φ ein entsprechender zeitlicher Bruchteil t/T vom Umfang des Einheitskreises 2π:

$$2\pi \cdot t/T = 2\pi \cdot f = \omega \,. \qquad (16)$$

Der Ausdruck

$2\pi f = \omega$[2]

---

[1] π (Griech. Kleinbuchstabe pi) steht für das Verhältnis von Kreisumfang zu -Durchmesser $= l_u/2r = 3{,}142$.

[2] ω (Griech. Kleinbuchstabe Omega).

angular frequency
Kreisfrequenz

heißt *Kreisfrequenz* und ist ein Maß für die Winkelgeschwindigkeit des Zeigers im Einheitskreis.

impedance
Scheinwiderstand

8.1 Impedanz, Scheinwiderstand

Der Scheinwiderstand Z ist eine komplexe Größe, die sich aus einem reellen Wirkwiderstand R und einem Blindwiderstand X zusammensetzt:

$$Z = \frac{U_{\text{eff}}}{I_{\text{eff}}} = \sqrt{R^2 + X^2} \quad \Omega . \tag{17}$$

8.1.1 Wirkwiderstand

effective resistance
effective power
Wirkleistung

Der Wirkwiderstand R ist eine reelle Komponente des Scheinwiderstandes Z und kann eine *Wirkleistung* P umsetzen:

$$R = \frac{P}{I_{\text{eff}}^2} \quad \Omega . \tag{18}$$

reactance

8.1.2 Blindwiderstand, Reaktanz

Der Blindwiderstand X ist eine nicht-reelle Komponente des Scheinwiderstandes Z, bei dem keine Wirkleistung umgesetzt werden kann ($P = 0$), da der Strom im Kreis hin- und herpendelt. Blindwiderstände sind entweder kapazitiv orientiert (Kapazitanz) mit $\varphi - 90°$:

Blindwiderstand
(Reaktanz)

$$X_C = 1/\omega C \quad \Omega , \tag{19}$$

oder induktiv orientiert (Induktanz) mit $\varphi + 90°$:

$$X_L = \omega L \quad \Omega . \tag{20}$$

8.2 Wechselstrom-Leitwerte

Die inversen Wechselstrom-Widerstandsgrößen entsprechen sinngemäß den Gleichstromgrößen nach Abschnitt 1.4.1. Man unterscheidet (Dimension $1/\Omega$ bzw. 1 Mho (s. Abschn. 1.4.1):

Wirkleitwert	Konduktanz	$G = P/U_{\text{eff}}^2$	conductance
Blindleitwert	Suszeptanz	$B = P_q \cdot I_{\text{eff}}^2$	susceptance
Scheinleitwert	Admittanz	$Y = I_{\text{eff}}^2/U_{\text{eff}}^2$	admittance

P = Wirkleistung, P_q = Blindleistung.

8.3 Rechenbeispiel

Die Induktivität L von Spulen läßt sich auch durch eine Strom-Spannungsmessung bei Netzfrequenz 50 Hz nach folgendem Beispiel bestimmen (Bild 14).

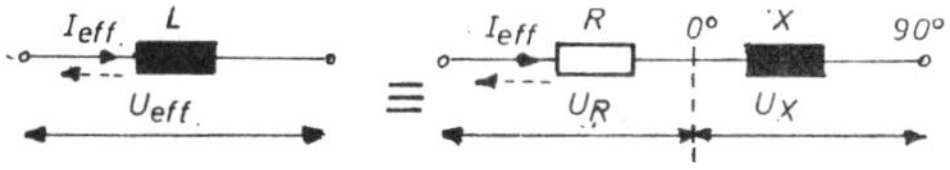

Bild 14 Ersatzschaltbild einer Spule mit Realteil R und Blindanteil X. Das mathematische Zeichen ≡ bedeutet identisch (Übereinstimmung)

Wechselstrommessungen:

$U_{\text{eff}} = 10\text{ V}, \quad I_{\text{eff}} = 0{,}2\text{ A}, \quad f = 50\text{ Hz},$

$\omega = 6{,}284 \cdot 50 = 341{,}2, \quad Z = 10\text{ V}/0{,}2\text{ A} = 50\ \Omega\,.$

Gleichstrommessung:

$R = 6\text{ V}/0{,}2\text{ A} = 30\ \Omega\,.$

Trennung der Komponenten R und X nach Umrechnung von Gl. (17):

$$X = \sqrt{Z^2 - R^2} = \sqrt{50^2 - 30^2} = \sqrt{2500 - 900} = 40\ \Omega$$

$$U_R = 30\ \Omega \cdot 0{,}2\text{ A} = 6\text{ V};\ U_X = 40\ \Omega \cdot 0{,}2\text{ A} = 8\text{ V}_{\text{eff}}$$

$$L = X/\omega = 40\ \Omega/314{,}2 = 0{,}127\text{ H} = 127\text{ mH}\,.$$

In der Impedanz $Z = 50\ \Omega$ sind bei diesem Beispiel die Komponenten $R = 30\ \Omega$ als Realanteil und $X = 40\ \Omega$ als Blindanteil enthalten. Um die Induktivität L nach Gl. (20) aus dem Blindwiderstand X_L zu berechnen, muß der Realanteil R abgetrennt werden, was durch Messung des Gleichstromwiderstandes erfolgt.

9 Wechselstromleistung

Abweichend von der Gleichstromleistung (Abschnitt 3) ist die Wechselstromleistung nicht allein von einem wirkenden reellen ohmschen Widerstand R abhängig, sondern auch von einer Phasenverschiebung zwischen Spannung und Strom, sofern eine Blindkomponente im Stromkreis erscheint.

apparent power

9.1 Scheinleistung

Im Wechselstromkreis Bild 12 setzen die Effektivwerte von Spannung und Strom in der Impedanz Z scheinbar die Leistung P_s um:

$$P_s = U_{eff} \cdot I_{eff} \quad \text{W, VA} . \tag{21}$$

(Die Einheit für die elektrische Leistung ist das Watt (W). Zur besseren Unterscheidung von Wechselstromgrößen dürfen nach DIN 40110 weiterhin die früher gebräuchlichen Einheiten Voltampere (VA) und Voltampere reactif (var) für Blindleitung benutzt werden.)

active power

9.1.1 Wirkleistung

Die wirksame Leistung errechnet sich aus den Real- und Blindkomponenten der Impedanz Z nach Gl. (17):

$$P = Z \cdot I_{eff}^2 = \sqrt{R^2 + X^2} \cdot I_{eff}^2 = \frac{U_{eff}^2}{\sqrt{R^2 + X^2}} \quad \text{W} . \tag{22}$$

power factor
Leistungsfaktor

In der Starkstromtechnik wird mit dem *Leistuangsfaktor* $\cos \varphi$ aus der Phasenverschiebung gerechnet:

$$P = U \cdot I \cdot \cos \varphi \quad \text{W} . \tag{23}$$

$\cos \varphi = P/P_s = R/Z$ liegt zwischen 0 und 1.
($\cos \varphi$ (Kosinus phi) bezeichnet Kreisfunktionen, zum Beispiel $\varphi = 0° \cos = 1$ und $\varphi = 90° \cos = 0$).

9.1.2 Blindleistung

reactive power

Die Blindleistung P_q ist eine Rechengröße auf der Grundlage von hin- und herpendelnden Blindströmen, wie sie zum Beispiel in Schwingkreisen (Reaktanzkreisen mit induktiven und kapazitiven Blindwiderständen) auftreten (Abschnitt 15).

$$P_q = \sqrt{P_s^2 - P^2} = \frac{U_{eff}^2}{X} = I_{eff}^2 \cdot X \quad \text{W, var}. \qquad (24)$$

Auch in einer Antennen-Speiseleitung tritt zufolge starker Fehlanpasung bei einem *Reflexionsfaktor* $r = 100\%$ entsprechend einem Stehwellenverhältnis (Standing wave ratio) = ∞ (Unendlich) eine reine Blindleistung auf (Abschnitt 28.1.2).

reflection coefficient SWR Reflexionsfaktor

9.2 Leistungsanpassung

power matching

Hierunter ist zu verstehen, daß Verbraucher (zum Beispiel Lautsprecher oder Antennen) so an eine Energiequelle (zum Beispiel NF-Verstärker oder KW-Sender) angepaßt werden, daß die größtmögliche Leistung übertragen wird. Dieser Zustand ist dann erreicht, wenn der komplexe *Ausgangswiderstand* R_a der Energiequelle und die *Eingangsimpedanz* Z_e des Verbrauchers gleich sind: $R_a = Z_e$.

output impedance
input inpedance
Ausgangs- und Eingangswiderstand

Dies gilt sinngemäß auch für die Starkstromtechnik, wenn man einen mit 10 A abgesicherten Stromkreis von 220 V betrachtet, der mit seinem „Innenwiderstand" 220 V/10 A = 22 Ω die maximale Wirkleistung an eine Belastung von 220 V · 10 A = 2,2 kW abgibt.

Übungsaufgaben

Aufgabe 1

Ein Lautsprecher besitzt folgende Nenndaten:
Anschlußimpedanz 8 Ω, Belastbarkeit 25 W (Sinus). Welcher Strom fließt in der Lautsprecherleitung bei Nennlast?

Lösung

Aus der Wirkleistung $P = 25$ W und der Impedanz $Z = 8\ \Omega$ errechnet sich nach Gl. (22):

$$P = Z \cdot I_{eff}^2 = 25 \text{ W}$$

$$I_{\text{eff}}^2 = P/Z$$

$$I = \sqrt{P/Z} = \sqrt{25/8} = \sqrt{3{,}125} = 1{,}8\ \text{A}_{\text{eff}}\,.$$

Aufgabe 2

Die Endstufe eines Kurzwellensenders gibt eine Nennleistung von 1 kW (Betriebsart A 1 A) an 50 Ω ab. Wie hoch ist die Spitzenspannung bei reeller (phasenreiner) Leistungsanpassung an der Antennenbuchse?

Lösung

Aus der Wirkleistung $P = 1000$ W und der Impedanz $Z = 50\ \Omega$ errechnet sich nach Gl. (22):

$$P = U_{\text{eff}}^2/Z = 1000\ \text{W}$$

$$U_{\text{eff}}^2 = P \cdot Z$$

$$U_{\text{eff}} = \sqrt{P \cdot Z} = \sqrt{1000 \cdot 50} = 223{,}6\ \text{V}$$

$$U_{\text{s}} = U_{\text{eff}} \cdot \sqrt{2} = 316{,}2\ \text{V (Abschnitt 1.2)}\,.$$

Aufgabe 3

In den Endstufen eines Mehrkanal-Verstärkers (Marantz 4240) sind Schutzsicherungen mit dem Nennwert 3,1 A MT (mittelträge) eingebaut. Wie hoch ist die entnehmbare Sinusleistung an 8 Ω?

Lösung

$$P = Z \cdot I_{\text{eff}}^2 = 8 \cdot 3{,}1^2 = 77\ \text{W}\,.$$

10 Isolierstoffe

insulating materials

sind Werkstoffe mit einem geringen Anteil freier Elektronen. Sie besitzen daher einen niedrigen Leitwert G bzw. einen hohen Isolationswiderstand R_{is} bei normaler Temperatur. Wichtige andere Eigenschaften sind Spannungsfestigkeit, genauer: ***Durchschlagfestigkeit*** (in kV/cm), relative Dielektrizitätszahl ε_r (Abschnitt 11), mechanische Festigkeit und Temperaturbeständigkeit.

dielectric strength
Durchschlagfestigkeit

Man unterscheidet nach dem Aggregatzustand (Erscheinungsform) gasförmige, flüssige und feste Isolierstoffe (zum Beispiel Luft, Öl, Porzellan), oder natürliche und synthetische Isolierstoffe (zum Beispiel Glimmer, Steatit).

Einige wichtige Isolierstoffe sind in Tabelle 3 mit Handelsnamen als Beispiel aufgelistet:

Tabelle 3 Verschiedene Isolierstoffe

Natürliche Isolierstoffe	
Glimmer	Aluminium-Silizium-Silikat
Quarz	Kieselsäure
Synthetische Isolierstoffe	
Thermoplaste: (warm-verformbar)	„Styroflex“, „Trolitul“ (Polystyrol) „Vinylite“ (Polyvinylchlorid PVC) „Araldit“ (Epoxidharz)
Duroplaste: (gehärtete Plaste)	„Bakelit“ (Phenolharz) „Teflon“ (Polytetrafluoroäthylen) Silicone
Keramik:	Porzellan (Aluminium-Silikat) Steatit (Magnesium-Silikat) „Calit“, „Frequenta“ (Sonder-Steatit)

capacitors

11 Kondensatoren

sind Bauelemente mit kapazitivem Blindwiderstand (Abschnitt 8.1.2), die elektrische Ladungen aufnehmen, speichern und wieder abgeben können. Das Maß für die Speicherfähigkeit heißt *Kapazität,* Formelzeichen *C,* Einheit 1 F (Farad):

capacitance
Kapazität

C in F

C in F .

Die Kapazität 1 F besitzt ein Kondensator, der mit einer Spannung $U = 1$ V die Elektrizitätsmenge (Ladung) $q = 1$ As (Amperesekunden) aufnimmt. Die Definition der Kapazität lautet:

$$C = \frac{q}{U} = \frac{I \cdot t}{U} \quad \text{As/V in F} . \qquad (25)$$

Die Einheit 1 F ist für den praktischen Gebrauch zu groß. Daher rechnet man mit Bruchteilen (Abschnitt 6):

$$1\ \text{F} = 10^6\ \mu\text{F} = 10^9\ \text{nF} = 10^{12}\ \text{pF} .$$

Im amerikanischen Sprachraum wird auch die Einheit
1 µµF = 1 pF benutzt.

Kondensatoren bestehen aus entgegengesetzt geladenen (+ und −) leitenden Flächen. Der elektrische Zustand zwischen den geladenen Flächen heißt *elektrisches Feld.* Die Kapazität C ist abhängig von der Flächengröße S (in cm^2), ihrem Abstand s (in cm) und der *relativen Dielektrizitätszahl* ε_r (Griech. Kleinbuchstabe epsilon). Dies ist eine dimensionslose Materialeigenschaft des Isolierstoffes im elektrischen Feld zwischen den geladenen Elektroden, des sogenannten *Dielektrikum* (Zwischenschicht). Für Luft und Vakuum gilt $\varepsilon_r = 1$.

electric field
elektrisches Feld

permittivity
relative Dielektrizitätszahl

dielectric
Dielektrikum

Die Grundform eines Plattenkondensators ist ein Zweipol nach Bild 15.

Die Kapazität des Plattenkondensators beträgt:

$$C = \frac{\varepsilon_r \cdot S}{11{,}3 \cdot s} \quad \text{pF, cm}^2\text{, cm} . \qquad (26)$$

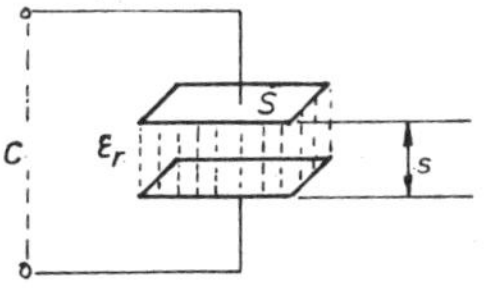

Bild 15 Plattenkondensator

ε_r wird aus dem Kapazitätsverhältnis zweier Kondensatoren C_{isol}/C_{Luft} berechnet. Ein Kondensator enthält den betreffenden Isolierstoff als Dielektrikum, der andere Luft mit $\varepsilon_r = 1$. Beide besitzen gleiche Abmessungen.

$$\varepsilon_r = \frac{C_{isol}}{C_{Luft}} . \tag{26a}$$

(Der Quotient 1/11,3 steht für die absolute Dielektrizitätskonstante von Luft $\varepsilon_0 = 8{,}854 \cdot 10^{-14}$ F/cm $= 1/(4\pi \cdot 9) \cdot 10^{11} = 1/11{,}3 \cdot 10^{12}$ F/cm.)

Einige wichtige Werkstoffe sind in Tabelle 4 mit ihren dielektrischen Eigenschaften aufgelistet:

dielectric constant
Dielektrizitätskonstante ε_0

Tabelle 4

	ε_r (Luft = 1)	Verlustfaktor $\tan\delta$ in 10^{-3} bei 1 MHz[1]	Durchschlagfestigkeit in kV/cm
Glimmer	5···8	0,2	6
Quarzglas	3,5···4,2	0,2	2,5···4
Polystyrol	2,5	0,1	4
PVC	3,3···6,5	10···100	1,5···5,6
Epoxidharz	3,2···5	2···6	0,6···1,5
Phenolharz	4···9	50···200	0,5···2
Teflon	2	0,1···0,5	5
Silicon	5···8	4	2···6
Porzellan	5···6,5	6···12	3···4
Steatit	6,5	0,3···2	2···5
Titankeramik	$12\cdots10^4$	0,05···100	0,2···3

[1] Abschnitt 11.1.

Beispiel

Ein Luftkondensator mit der Plattenfläche $S = 1$ cm^2 und dem Plattenabstand $s = 0{,}1$ cm besitzt die Kapazität Gl. (26):

$$C = 1/11{,}3 \cdot 0{,}1 = 1 : 1{,}13 = 0{,}88 \text{ pF} .$$

Der gleiche Kondensator mit einem Dielektrikum aus Steatit ($\varepsilon_r = 6{,}5$) hat dann

$$C = 0{,}88 \cdot 6{,}5 = 5{,}7 \text{ pF}.$$

11.1 Kondensatoren im Stromkreis

Zwischen den Anschlußklemmen eines Kondensators liegt außer dem reellen Isolationswiderstand R_{is} von $10^{10} \cdots 10^{18}$ Ω der kapazitive Blindwiderstand Gl. (19):

$$X_c = 1/\omega C \quad \Omega, \text{Hz}, \text{F},$$

dem eine Blindleistung $P_q = U_{eff}^2/X_c$ nach Gl. (24) zugeordnet werden kann.

In einem festen Dielektrikum entstehen jedoch Verluste infolge der wechselnden Umladung des dielektrischen Feldes. Diese verursachen eine Phasendrehung um den Winkel $\varphi - \delta$. Der Winkel δ (Griech. Kleinbuchstabe delta) heißt *Verlustwinkel,* wobei der Verlustwiderstand

loss angle
Verlustwinkel

$$R_p = 1/(\omega \cdot C \cdot \tan\delta) \quad \Omega, \text{Hz}, \text{F} \tag{27}$$

auftritt. Der Ausdruck $\tan\delta$ (Tangens Delta) ist eine Kreisfunktion und heißt dielektrischer *Verlustfaktor* (s. Tabelle 4). Im Ersatzschaltbild des verlustbehafteten Kondensators, Bild 16, liegt der Verlustwiderstand R_p parallel zur Kapazität C.

dissipation factor
Verlustfaktor

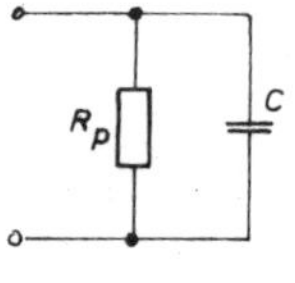

Bild 16 Ersatzschaltbild des verlustbehafteten Kondensators

Die Verlustleistung beträgt:

$$P_v = U_{eff}^2 \cdot \omega \cdot C \cdot \tan\delta = P_q \cdot \tan\delta \quad \text{W}. \tag{28}$$

Nach Einsetzen von $\tan\delta = 1/\omega \cdot C \cdot R_p$ aus Gl. (27) ergibt das:

$$P_v = U^2/R_p \quad \text{W}. \tag{29}$$

In der amerikanischen Literatur wird für Kondensatorverluste vielfach der *Gütefaktor Q* (Quality) als Kehrwert des Verlustfaktors angeschrieben:

Q-factor
Gütefaktor *Q*

$$Q = 1/\tan\delta\,. \tag{30}$$

Ein Glimmer-Kondensator mit $\tan\delta = 2 \cdot 10^{-4}$ bei 1 MHz besitzt demnach den Gütefaktor $Q = 1/2 \cdot 10^{-4} = 10^4/2 = 5000$.

Der dielektrische Verlustfaktor nimmt mit steigender Frequenz ab, wird jedoch nach einer Bauform-abhängigen Umkehrfrequenz wieder größer, weil dann Strahlungs- und Skineffekt (Hauteffekt)-Verluste (Abschnitt 13) auftreten.

11.2 Festkondensatoren

fixed capacitors

besitzen eine nicht veränderbare, feste Kapazität, abgesehen von temperaturabhängigen Änderungen der Dielektrizitätszahl ε_r einiger Werkstoffe. Man unterscheidet zwischen frequenzbestimmenden Schwingkreiskondensatoren mit eingeengtem Toleranzbereich und definiertem Temperaturbeiwert der Kapazität

$$\alpha_C = \frac{\Delta C}{C \cdot \Delta t} \quad \text{pF, °C} \tag{31}$$

und zwischen *Blockkondensatoren* für Entkopplung und Siebung mit Kapazitäts-Grobtoleranz.

bypass capacitor
Blockkondensator

11.2.1 Technische Werte von Kondensatoren

Die kennzeichnenden Daten (DIN 41311) handelsüblicher Kondensatoren sind *Nennkapazität C* in pF, nF oder µF, Kapazitätstoleranz in %, *Nennspannung* in V oder kV. Keramische NDK-Kondensatoren sind zusätzlich durch ihren Temperaturbeiwert α_C (Abschnitt 11.2.3) gekennzeichnet. HF-*Leistungskondensatoren* werden auch nach ihrer Belastbarkeit im Dauerbetrieb benannt (DIN 41900), nämlich Nennleistung (Blindleistung) P_q und Nennstrom (Blindstrom) $I_q = \sqrt{P_q/X_C}$. Die zulässige Wirkleistung ergibt sich zu $P = P_q \cdot \tan\delta$.

rated capacity
Nennkapazität
rated voltag
Nennspannung
power capacitors
HF-Leistungskondensator

Diese Werte dürfen einzeln nicht überschritten werden. Weitere Kennzeichen sind: Dauergrenzspannung U_g, das ist der Höchstwert aus Gleichspannung und Scheitelspannung der dauernd anliegenden Wechselspannung, ferner Spitzenspannung U_s, das ist der höchste Scheitelwert, der kurzzeitig auftreten darf, $U_s = 1{,}2\,U_g$.

Die technischen Werte sind entweder aufgedruckt oder mit einem Buchstaben- oder Farbcode angegeben.

11.2.2 Zusammenschaltung von Kondensatoren

Die Parallelschaltung mehrerer Kondensatoren C_1, C_2, C_3, ..., C_n nach Bild 17 ergibt eine Gesamtkapazität C_{ges} aus der Summe der Einzelkapazitäten:

Parallelschalter von Kondensatoren

$$C_{ges} = C_1 + C_2 + C_3 + \cdots + C_n\,. \tag{32}$$

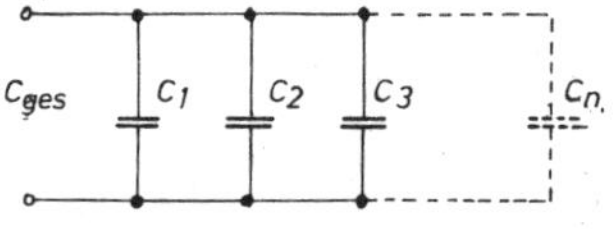

Bild 17 Parallelschaltung von *n* Kondensatoren

Die Belastbarkeit von C_{ges} ist gleich der Summe der beteiligten Einzelwerte. Die zulässige Dauergrenzspannung wird jedoch vom niedrigsten Einzelwert begrenzt.

Die *Serienschaltung* mehrerer Kondensatoren nach Bild 18 ergibt die Gesamtkapazität:

Serienschaltung von Kondensatoren

$$C_{ges} = \frac{1}{\dfrac{1}{C_1} + \dfrac{1}{C_2} + \dfrac{1}{C_3} + \dfrac{1}{C_n}}\,. \tag{33}$$

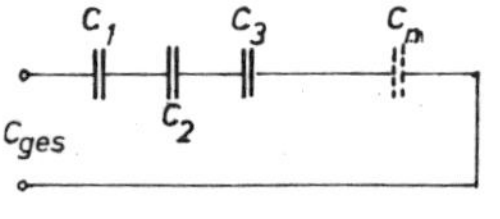

Bild 18 Serienschaltung von Kondensatoren

Zwei Einzelkondensatoren C_1 und C_2 in Serie haben die Kapazität

$$C_{ges} = \frac{C_1 \cdot C_2}{C_1 + C_2}\,. \tag{34}$$

C_{ges} bei Serienschaltung ist immer kleiner als die kleinste Einzelkapazität.

Die zulässige Dauergrenzspannung U_g entspricht bei reiner Gleichspannung der Summe der Einzelwerte. Bei Wechselspannung trifft dies nur dann zu, wenn die einzelnen Phasenwinkel

$\varphi - \delta$ gleich sind, was mit untereinander gleichen Einzelkondensatoren realisierbar ist.

11.2.3 Schwingkreiskondensatoren

Für frequenzbestimmende Schwingkreise und Netzwerke werden Schaltelemente verwendet, die ihre Nennwerte innerhalb der zulässigen Betriebsdaten der Geräte (Temperatur, Spannung, Erschütterung) nicht verändern.

Hier kommen Kondensatoren in Betracht, deren Dielektrikum mit fest haftenden Elektroden aus eingebrannten oder Flammgespritzten Metallen (Platin, Silber, Kupfer, Zink) beschichtet sind, vorzugsweise Glimmer- und Keramikkondensatoren.

Glimmerkondensatoren

mica capacitors Glimmerkondensatoren

sind als Kleinkondensatoren handelsüblich mit Kapazitätswerten von etwa $5 \cdots 25000$ pF und Nennspannungen bis 600 $V_=$ (Jahre, Siemens), als Leistungskondensatoren werden sie bis etwa 2 $kV_=$ verwendet. Der Temperaturbeiwert α_C Gl. (31) liegt zwischen $\pm 50 \cdot 10^{-6}/°C$.

Keramische NDK-Kondensatoren

NDK-Kondensatoren

werden nach IEC-Empfehlung[1] in Typ 1 und 2 unterteilt. Schwingkreiskondensatoren (Typ 1) besitzen ein Dielektrikum aus Mischkristallen von Erdalkali-Titanaten und sind nach bestimmten Temperaturbeiwerten α_C gestaffelt, wie in der Tabelle 5 aufgelistet ist.

Die Nennwerte reichen von $+100 \cdot 10^{-6}/°C$ bei Werkstoff P 100 bis $-2200 \cdot 10^{-6}/°C$ bei Werkstoff N 2200.

Die Kapazitätswerte sind von 0,5 bis etwa 3000 pF erhältlich, je nach Bauform und Werkstoff, die Nennspannungen bis 1 $kV_=$ und Nennleistungen P_q bis etwa 1 kVA.

NDK-Kondensatoren werden vorzugsweise zum Temperaturausgleich der Frequenz benutzt. Ihre Kapazität ändert sich in Abhängigkeit von der Temperatur um den Betrag:

$$\Delta_C = \alpha_C \cdot C \cdot \Delta t \quad \text{pF} . \qquad (35)$$

---

[1] IEC = International Electrotechnical Commission.

Tabelle 5 Keramikkondensatoren nach DIN 41920

Typ 1 Kondensatoren NDK			Temperaturbeiwert in $\alpha_c \cdot 10^6$						
			Typ 1 A		Typ 1 B				
			Nennkapazität in pF						
Kennfarbe	Typ	$\alpha_c \cdot 10^6$	15 bis 20	>20	3	3 – 6	6 – 10	10 – 15	>15
rot/violett	P 100	+ 100							
schwarz	NP 0	± 0							
braun	N 033	– 33							
rot	N 075	– 75	± 20	± 15	+ 250 – 30	+ 120 – 30	+ 60 – 30	+ 40 – 30	± 30
orange	N 150	– 150							
gelb	N 220	– 220							
grün	N 330	– 330	± 35	± 25	+ 250 – 50	+ 120 – 50	+ 80 – 50	+ 60 – 50	± 50
blau	N 470	– 470	± 50	± 35	+ 250 – 70	+ 120 – 70	+ 120 – 70	+ 80 – 70	± 70
violett	N 750	– 750	± 80	± 60	+ 250 – 120	± 120	± 120	± 120	± 120
orange/orange	N 1500	– 1500			+ 500 – 250	+ 500 – 250	± 250	± 250	± 250
gelb/orange	N 2200	– 2200			+ 1500 – 1000	± 1000	± 1000	± 1000	± 1000
blau/orange	N 5600	– 5600							

Typ 2 Kondensatoren HDK

Kennfarbe	Typ	Kapaz.-Toleranz	IEC-Typ
rot	DK 1000	± 10%	2 B 4
gelb	DK 3000	± 20%	2 C 4
blau	DK 6000	+ 20% – 55%	2 E 4
violett	DK 10000	+ 30% – 80%	2 F 4

Leistungskondensatoren für Dauergrenzspannungen über 1 kV gibt es in verschiedenen Bauformen (Wulstrand- (Bild 19) und Topfkondensatoren). Wulstrand-Platten sind ohne Zwangskühlung bis $P_q = 60$ kVA und $I_q = 45$ A bei $U = 15$ kV belastbar. Hö-

Bild 19 Keramische Wulstrandkondensatoren 200 mm Durchmesser, $U_g = 15$ kV, $P_q = 40$ kVA, $I_q = 20$ A

here Werte werden bei wassergekühlten Topfkondensatoren erreicht, nämlich P_q bis 1,5 MVA, I_q bis 200 A und U bis 14 $kV_=$ (Draloric, Valvo).

Derartige *Hochleistungskondensatoren* werden hauptsächlich in Leistungsstufen und Antennenkreisen von KW-Großsendern benötigt, weil die Leistungsaufteilung auf mehrere Kondensatoren bei Frequenzen ab etwa 10 MHz mit störenden Leitungsinduktivitäten gekoppelt ist, so daß die Kondensatoren keine phasenreine Kapazitanz (Abschnitt 8.1.2) („konzentrierte Kapazität") darstellen.

heavy-duty-capacitors
Hochleistungskondensatoren

Folienkondensatoren

aus Polyäthylen-, Polycarbonat- oder Polypropylenfolien mit Metallfolien- oder Haftelektroden werden für Spannungen von 30 · · · 1000 V= mit Kapazitäten von etwa 2 pF bis etwa 2 μF gefertigt (Roederstein, Siemens, Wima, Valvo). Ihr Temperaturbeiwert α_C liegt zwischen $\pm 100 \cdot 10^{-6}/°C$, je nach Werkstoff, ist jedoch infolge Alterung nicht streng reversibel (umkehrbar). Der dielektrische Verlustfaktor beträgt etwa $0{,}1 \cdots 1 \cdot 10^{-3}$ bei 1 MHz.

Folienkondensatoren

11.2.4 Blockkondensatoren

Für Siebschaltungen in Hochfrequenz-, Niederfrequenz- und Netzgleichrichter-Stromkreisen werden Kondensatoren angewendet, die sich durch hohe Kapazitätsvolumina (Kapazität pro Volumeneinheit) und Spannungsfestigkeit auszeichnen, weniger durch Konstanz und niedrigen Verlustfaktor. Der Ausdruck Blockkondensator beruht auf „abblocken" von Wechselstromkomponenten (Bild 20).

Blockkondensatoren

Bild 20 Verschiedene Blockkondensatoren

Keramische HDK-Kondensatoren

HDK-Kondensatoren

nach IEC-Empfehlung Typ 2 bestehen aus Barium- und Strontiumtitanat mit vergleichsweise unstabilen, hohen Dielektrizitätszahlen ε_r bis zu 10^4. Ihre Kapazität ist abhängig von Temperatur (nichtlinear), Spannung und Alterung. Daher sind sie für frequenzbestimmende Kreise ungeeignet. Sie werden als Rohr- und Scheibenkondensatoren mit Nennkapazitäten bis 0,2 μF bei Toleranzen bis +100−20% geliefert (Draloric, Siemens, Stettner, Valvo). Wegen ihrer kleinen Abmessungen und entsprechend niedriger Eigeninduktivität eignen sie sich zum Abblocken bis zum Höchstfrequenzbereich.

Papierkondensatoren

Papierkondensatoren

bestehen aus aufgewickelten Papierfolien von etwa 10 μm Dicke, die mit Paraffin oder Clophen (Diphenylchlorid) imprägniert sind. Die Elektroden aus mitgewickelten Aluminiumfolien sind an den Wickelkanten kurzgeschlossen, um die Eigeninduktivität zu verringern. Bei Verlustfaktoren von 10 bis $100 \cdot 10^{-3}$ bei 50 Hz, Kapazitätswerten von 1 nF bis über 10 μF und Nennspannungen bis 10 $kV_=$ werden sie in Rohrform oder in Metallbechern angeboten und hauptsächlich für NF-Koppelkondensatoren und für Netzgleichrichter-Siebkondensatoren angewendet (Hydra, Siemens und andere).

MP-Kondensatoren

sind Papier-Wickelkondensatoren, deren Elektroden aus Zink im Flammspritzverfahren aufgebracht sind. Bei einem elektrischen Durchschlag dampft die Metallschicht an der Fehlstelle ab, so daß kein Kurzschluß zustande kommt. Die Kondensatoren sind *selbstheilend.*

self-healing capacitor
MP-Kondensatoren, selbstheilend

Elektrolytkondensatoren (Elko)

electrolytic capacitor
Elektrolytkondensatoren

besitzen ein Dielektrikum aus einer dünnen Metalloxidschicht, die sich durch sehr hohe dielektrische Feldstärken bis zu 10 MV/cm auszeichnet und entsprechend große Kapazitäts-Volumina ergibt.

Die dielektrische Feldstärke E ist ein Maß für die elektrische Ladung q bezogen auf die Fläche s:

$$E = \frac{q}{\varepsilon_r \cdot \varepsilon_0 \cdot s}.$$

Übliche Metalle sind Aluminium mit Aluminiumoxidschicht (Al_2O_3) und Tantal mit Tantalpentoxidschicht (Ta_2O_5) mit Elektrolyten aus Glykol, Zitronensäure oder Lithiumchlorid.

Die Elektroden werden einerseits von dem Metall und andererseits von dem flüssigen oder pastenförmigen Elektrolyt dargestellt. Das Dielektrikum formiert sich erst nach Einwirken einer Gleichspannung und bleibt im Betrieb durch einen sog. Reststrom von etwa 0,1 µA/µF stabil. Die Kondensatoren sind gepolt (+ und −) und können durch Umpolen oder zu hohe überlagerte Wechselspannung zerstört werden.

Für den Betrieb bei Wechselstrom (zum Beispiel in Lautsprecher-Weichen) werden ungepolte (bipolare) Elkos benutzt, die zwei gegeneinander geschaltete Oxidschichten besitzen.

Bipolare Elkos lassen sich bedarfsweise auch durch Gegeneinanderschalten zweier gleicher Kondensatoren bei halber Gesamtkapazität darstellen.

Die Oxidschichten können nach gelegentlichen kleinen Durchschlägen durch erhöhten Reststrom ausheilen. Tantal-Kondensatoren ergeben bei gleichem Volumen eine um den Faktor 3 höhere Kapazität als Aluminium-Kondensatoren, haben jedoch eine geringere Nennspannung, wie aus nachstehender Übersicht hervorgeht:

Tantal-Kondensatoren

Niedervolttypen

Aluminium 1,5 ··· 100 $V_=$ Tantal 3 ··· 35 $V_=$
0,1 ··· 1200 μF

Hochvolttypen

Aluminium 150 ··· 500 $V_=$ Tantal 35 ··· 100 $V_=$
0,5 ··· 250 μF.

Für bestimmte Anwendungen unterscheidet man auch W (Wechselstrom)-Kapazität für Filter und NF-Stromkreise mit Kapazitätstoleranzen +50 −20% und G (Gleichstrom)-Kapazität für Speicherkondensatoren von Elektronenblitzgeräten mit Toleranzen +50 −0%.

Der Verlustfaktor beträgt etwa $50 \cdots 1000 \cdot 10^{-3}$ bei 50 Hz.

Übungsaufgaben

Aufgabe 1

Ein Foto-Elektronenblitzgerät enthält einen Speicherkondensatore von $C = 280$ μF, der auf die Blitzspannung $U = 500$ V geladen wird. Die volle Entladung erfolgt stets während der Blitzdauer von $t = 1/1000$ s. Welcher Strom fließt während der Entladung?

Lösung

Nach Gl. (25) gilt:

$$C = \frac{q}{U} = \frac{I \cdot t}{U} \quad \text{As/V in F}.$$

Wir stellen um:

$$I = \frac{C \cdot U}{t} = \frac{280 \cdot 10^{-6}\,\text{F} \cdot 500\,\text{V}}{10^{-3}\,\text{s}} = \frac{14 \cdot 10^{-2}}{10^{-3}}$$

$$= 14 \cdot 10^{-2} \cdot 10^{3} = 14 \cdot 10^{1} = 140\,\text{A}.$$

Aufgabe 2

Ein NDK-Kondensator von 1000 pF aus N 750 besitzt den Temperaturbeiwert $\alpha_C = -750 \cdot 10^{-6}$ pF/pF/°C. Um welchen Betrag ändert sich seine Kapazität nach Zunahme der Umgebungstemperatur von 20 auf 30 °C?

Lösung

Die Kapazität ändert sich nach Zunahme von t um $+10\,°C$ nach Gl. (35) um den Betrag:

$$\Delta_C = \alpha_C \cdot C \cdot \Delta_t = -750 \cdot 10^{-6} \cdot 1000 \cdot 10$$

$$= -750 \cdot 10^{-2} = -7{,}5\ \text{pF}\,.$$

Aufgabe 3

Ein *Antennenanpaßgerät* für eine Nennleistung von 1 kW (Matchbox) enthält einen antennenseitigen Filterkondensator von $C = 1010$ pF mit $\tan\delta = 10^{-3}$ bei phasenreiner Anpassung für $Z = 50\ \Omega$ und 3,5 MHz. Welche Verlustleistung wird in diesem Kondensator bei einer HF-Spannung von $U = 224\ V_{eff}$ umgesetzt?

Lösung

Nach Einsetzen der Werte in Gl. (28) erhalten wir:

$$P_v = U_{eff}^2 \cdot \omega \cdot C \cdot \tan\delta = 224^2 \cdot 2\pi \cdot 3{,}5 \cdot 10^6 \cdot 1010 \cdot 10^{-12} \cdot 10^{-3}$$

$$= 50176 \cdot 21{,}99 \cdot 10^6 \cdot 1010 \cdot 10^{-15} = 1{,}1\ \text{W}\,.$$

(Bei $\tan\delta = 10 \cdot 10^{-3}$ würde eine Verlustleistung von 11 W auftreten, was im Dauerbetrieb zum Auslöten des Kondensators führen würde.)

11.3 Veränderbare Kondensatoren

variable capacitors
Kondensatoren mit variabler Kapazität

Bei diesen Bauelementen kann die Kapazität durch mechanische oder elektrische Einstellung (zum Beispiel bei Drehkondensatoren oder Kapazitätsdioden) innerhalb gewisser Grenzen verändert werden. Die Endwerte heißen sinngemäß Anfangs- oder Minimalkapazität C_{min} und End- oder Maximalkapazität C_{max}, der Einstellbereich $C_{max} - C_{min} = \delta C$, das Kapazitätsverhältnis $C_{max}/C_{min} = v$. Man unterscheidet zwischen Abstimmkondensatoren für Dauerbetrieb von Hand oder motorisch und Trimmkondensatoren für einmalige Einstellung.

11.3.1 Drehkondensatoren (Drehko)

bestehen aus zwei Kondensatorplatten oder -Paketen, die so gegeneinander verdrehbar sind, daß die wirksame Plattenfläche bei konstantem Abstand verändert werden kann. Der feststehende Teil heißt Stator (Ständer), der drehbare Teil Rotor (Drehender). Die Platten sind meist halbkreisförmig geschnitten, wobei der Rotor mit einem Drehwinkel von 180° mittels einer gelagerten Welle von C_{min} zu C_{max} eingedreht werden kann. Enthält der Kondensator mehrere Platten (Anzahl n), so geht die Gl. (26) über in den Ausdruck:

Stator
Rotor

$$C = \frac{\varepsilon_r \cdot s}{11{,}3 \cdot s}(n-1) \quad \text{pF, cm}^2\text{, cm}. \tag{36}$$

Bild 21 zeigt schematisch den Aufbau eines Drehkondensators und Bild 22 die gebräuchlichen Schaltsymbole.

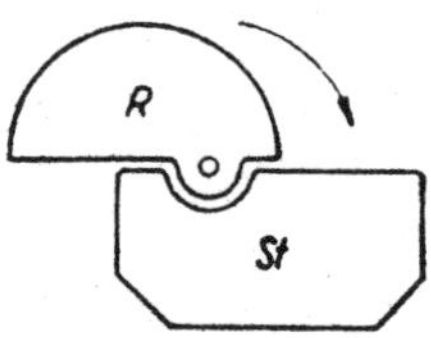

Bild 21 Schematische Zeichnung eines Drehkondensators (Aus H. Pitsch: Lehrbuch d. Funkempfangstechnik, Leipzig)

Bild 22 Schaltsymbole (von links nach rechts) veränderbarer Kondensator, allgemein, amerikanische Darstellung, einstellbarer Kondensator (Trimmer), Kapazitätsdiode

tuning
stufenloses Abstimmen

Drehkondensatoren dienen zum stufenlosen *Abstimmen* von Schwingungskreisen in Empfängern und Sendern. Ihr Einstellbereich kann bis zu $v = C_{max}/C_{min} = 10/1$ betragen.

Für bestimmte Anwendungsfälle kann man besondere Plattenschnitte wählen, zum Beispiel Kreisplattenschnitt für lineare Kapazitätsänderungen bei Normalkondensatoren, oder auch „frequenzgerade" Plattenschnitte für lineare Skalen.

Luft-Drehkondensatoren besitzen einen sehr niedrigen Verlustfaktor tan δ und werden vorwiegend bei Sendern angewendet. Ihr Einsatzbereich ist durch die zulässige Dauergrenzspannung U_g mit etwa 700 V_{ss} für 1 mm Plattenabstand und durch den Nennstrom I_q

(Abschnitt 11.2.1) begrenzt, der vom Rotorkontakt (Schleifkontakt oder Torsionsband) bestimmt wird.

Serienmäßig hergestellte Luftdrehkondensatoren sind für Senderleistungen bis etwa 5 kW erhältlich (Dau, Hopt und andere). Für höhere Leistungen benutzt man zweckmäßig Variometer (veränderbare Spulen). Beim Großsenderbau werden auch Vakuumkondensatoren bis $N_q = 1$ MVA eingesetzt.

Variometer

11.3.2 Kapazitätsdioden

varicap
Kapazitätsdiode

Die Funktion (Wirkungsweise) der Kapazitätsdioden beruht auf der Sperrschichtkapazität von Halbleiterdioden (Abschnitt 17.1). Eine in Sperrichtung gepolte äußere Spannung verändert die Breite der Sperrschicht und damit ihre Kapazität bis etwa $v = 6/1$. In Bild 23 ist als Beispiel die Abhängigkeit der Diodenkapazität C_D von der Vorspannung U_R der Kapazitätsdiode BB 209 (Telefunken) gezeigt.

Der Einsatzbereich liegt bei Kleinsignalanwendungen und wird durch die Amplitude der anliegenden Wechselspannung begrenzt, weil die Sperrschicht weder in Flußrichtung noch in den Durchlaßbereich gesteuert werden darf.

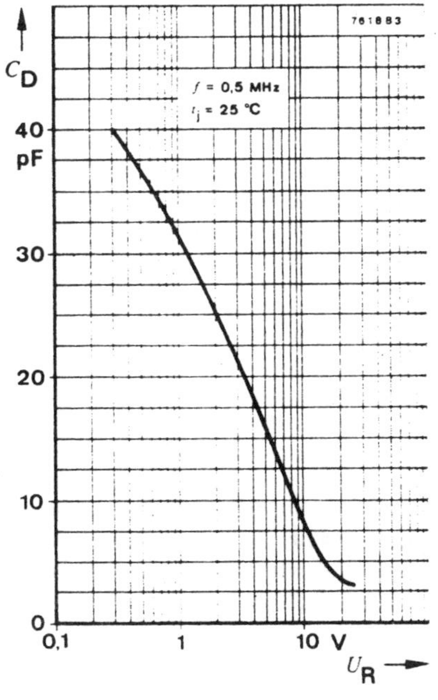

Bild 23 Diodenkapazität C_D in Abhängigkeit der Vorspannung U_R

Kapazitätsdioden unterscheiden sich von herkömmlichen Kondensatoren dadurch, daß der Kapazitäts-Zweipol C_D und der Dioden-Zweipol D denselben Anschluß besitzen. Daher müssen zwei getrennte Stromkreise abgegrenzt werden, wie in Bild 24 skizziert ist.

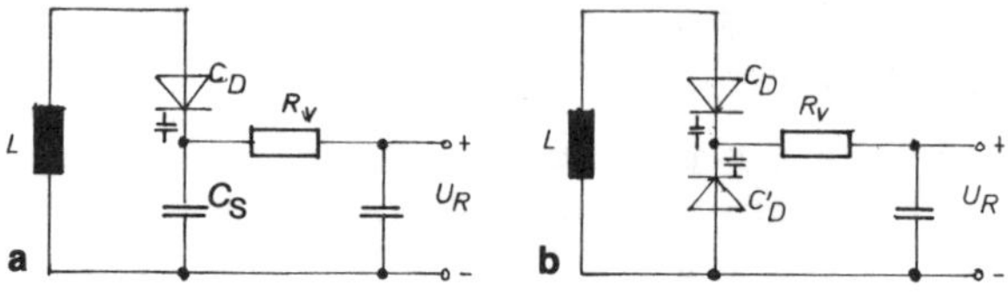

Bild 24 Prinzipschaltung von Kapazitätsdioden; a Einzeldiode mit Trennkondensator C_s, b Gegentaktschaltung mit Doppeldioden

Einzeldiode

Die Diode C_D in Bild 24a wird in dem Gleichstromkreis R_v und L durch die Vorspannung U_R gesteuert. Der Serienkondensator C_s trennt den Gleichstromkreis und schließt den Wechselstromkreis C_s, C_D und L. C_s verringert die Kapazität von C_D auf den wirksamen Wert

$$C_w = C_D \cdot \frac{1}{1 + \frac{C_D}{C_s}} \text{ pF} . \quad (37)$$

Praktische Werte sind: C_s etwa 1···5 nF (Glimmer), R_v etwa 20···100 kΩ, 1/10 W.

Bei der Gegentaktschaltung Bild 24b kann der Trennkondensator C_s entfallen. Die Dioden C_D und C'_D liegen kapazitiv in Serie, wodurch ihre Kapazität halbiert wird. Man kann zwei gleiche

Doppeldiode

Dioden oder eine Doppeldiode anwenden, zum Beispiel BB 204 oder BB 312.

Für verschiedene Anwendungen stehen passende Typen zur Wahl, beispielsweise für VHF mit kleinem Einstellbereich δC und hohem Gütefaktor $Q = 1/\tan\,\delta$, für mittlere Frequenzen mit großem Einstellbereich und kleinerem Gütefaktor.

Eine Auswahl ist in Tabelle 6 aufgelistet.

Tabelle 6: Kapazitätsdioden

Typ	Herstell.	ΔC/pF	ΔU/V	Serien-widerstand R_s/Ω	
BA 102	V	15···40	20···2	1,7	
BA 111	T	35···55	10···2	0,5	
BA 121	T	5···10	30···2	0,9	
BA 124	T	24···55	30···2	0,5	
BA 125	T	18···40	30···2	0,5	
BA 138	S	5···17	30···3	1,2	
BB 103	Bl S	11···31	30···3	0,3	
BB 104	Bl S	2× 14···40	30···3	0,2	Zweifachdiode
BB 105	MSTV	3···17	25···1	0,6	
BB 106	V	5···20	25···3	0,4	
BB 109	STV	5···30	25···3	0,6	
BB 110	V	11···30	30···3	0,3	
BB 113	S	13···255	30···1	4	
BB 117	V	3···10	15···4	1,2	
BB 119	V	15···25	10···2	0,9	
BB 122	I	2···20	25···1	1,2	
BB 139	I	5···29	25···3	0,5	
BB 141A	I	2···16	25···1	0,8	
BB 141	I	2···17	25···1	1,2	
BB 204	STV	2× 14···40	30···3	0,2	Zweifachdiode
BB 205A	MSTV	2···11	25···3	0,7	
BBY 31	SV	2···17	25···1		

Hersteller: M Motorola, S Siemens, T Telefunken, V Valvo, I ITT.
Die Liste enthält nur einen beispielhaften Auszug aus einigen Herstellerangaben.

11.3.3 Trimmkondensatoren

trimmer

sind Bauelemente für ein- oder mehrmalige Kapazitätseinstellung zum Ausgleich von Toleranzen. Sie sind nicht für Dauerbetätigung konstruiert und werden mit Schraubendrehern oder Profilschlüsseln eingestellt. Lufttrimmer sind als Dreh- oder Tauchkondensatoren ausgebildet. *Scheibentrimmer* besitzen meist einen keramischen Rotor, der als Dielektrikum für die halbkreisförmigen Elektroden mit dem Drehwinkel 180° dient. Der Temperaturbeiwert α_C des Rotorwerkstoffes bietet einen Anhaltspunkt für den angenäherten α_C des Trimmers, der stark vom Drehwinkel abhängig ist.

disc-type trimmer
Scheibentrimmer

Die Rotorelektroden bestehen aus Einbrennsilber mit einer Schichtdicke von etwa 5···10 µm und sind mit den Schlitzköpfen weich verlötet. Sollte diese Verbindung abreißen, weil der Rotor festgeklebt ist, kann sie nicht mit dem Lötkolben nachgelötet werden, da die dünne Silberschicht schnell im flüssigen Lot ablegiert, nicht jedoch „abbrennt“, wie gelegentlich vermutet wird.

Scheibentrimmer sind empfindlich gegen Überlastung, da hierbei das Gleitmittel zerstört wird. Genaue Werte sind nicht anzugeben, weil die Verlustleistung von der Einstellung abhängt. Es gilt folgende Faustregel: Scheibentrimmer mit 16 mm Rotordurchmesser sind bei 3 MHz mit 100 V_{eff} belastbar, bei 140 MHz mit 10 V_{eff}.

Handelsübliche Typen gibt es ab 4 mm Rotordurchmesser mit Einstellbereichen von 3···9 pF bis 7···35 pF, je nach Werkstoff (Stettner).

12 *R*-*C*-Glieder

Die Grundform der Widerstands-Kondensator(*R*-*C*)-Glieder stellen frequenzabhängige Spannungsteiler nach Bild 25 dar.

RC network

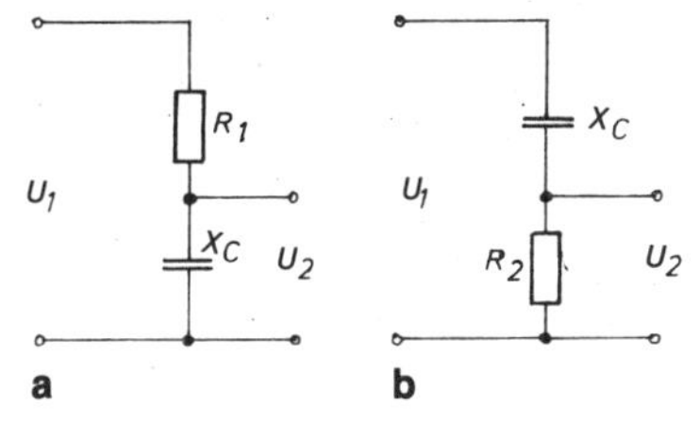

Bild 25 Frequenzabhängige Spannungsteiler; a Tiefpaß, b Hochpaß

Für die Schaltung Bild 25a errechnet sich eine Spannungsteilung U_2/U_1 ohne Belastung bei Wechselstrom durch Einsetzen des Blindwiderstandes X_c in Gl. (13):

$$U_2 = \frac{X_c}{\sqrt{R_1^2 + X_c^2}} \cdot U_1 \quad \text{V} . \tag{38}$$

Aus der Bestimmungsgleichung (19) für X_c

$$X_c = 1/\omega C = 1/(2\pi f \cdot C) \tag{19}$$

ist abzulesen, daß der Blindwiderstand X_c mit zunehmender Frequenz f kleiner wird. Damit nimmt auch U_2 mit zunehmender Frequenz ab.

Der frequenzabhängige Spannungsteiler Bild 25a heißt *Tiefpaß*.

low pass filter
Tiefpaß

Die *Grenzfrequenz*

cut off frequency
Grenzfrequenz

$$f_g = 1/(2\pi R_1 \cdot C) \quad \text{Hz}, \Omega, \text{F} \tag{39}$$

ist durch den Wert $U_2 = 0{,}7 \cdot U_1$, das heißt, durch den Abfall auf 70% von U_1 gekennzeichnet. Das Bild 26 zeigt eine *Frequenzkurve* in Form der Frequenzabhängigkeit von U_2/U_1 für das Bemessungsbeispiel R_1 etwa 8 kΩ und C etwa 20 nF.

frequency characteristic
Frequenzkurve

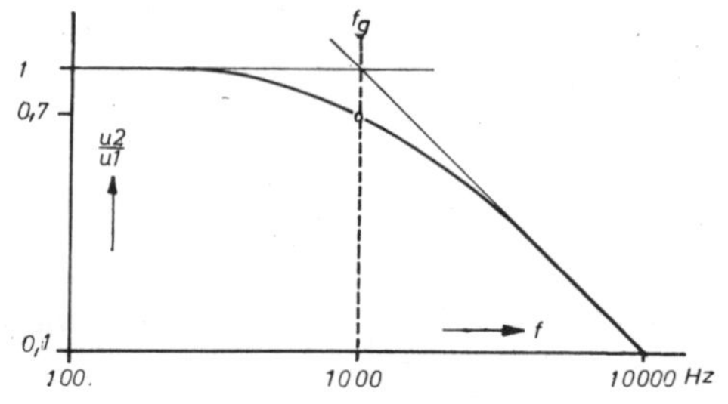

Bild 26
Frequenzkurve für einen Tiefpaß

Das *R-C*-Glied nach Bild 25b bewirkt eine Spannungsteilung U_2/U_1 in sinngemäßer Abwandlung von Gl. (38)

$$U_2 = \frac{R_2}{\sqrt{R_2^2 + X_c^2}} \cdot U_1 \quad \text{V}. \tag{40}$$

high pass filter
Hochpaß

Dieser Spannungsteiler wirkt als *Hochpaß* mit der Grenzfrequenz nach Gl. (39), dessen Frequenzkurve spiegelbildlich zu der des Tiefpasses verläuft.

time constant
Zeitkonstante

Eine weitere kennzeichnende Größe ist die Entladungszeit des Kondensators in s, bei der die Ladung des mit U_1 aufgeladenen Kondensators auf 37% abgesunken ist. Diese Größe heißt *Zeitkonstante* τ (griech. Kleinbuchstabe tau):

$$\tau = R \cdot C = \frac{1}{2 \cdot \pi \cdot f_g} \quad \text{s, Hz, } \Omega. \tag{41}$$

Die zeitliche Entladung dieser Kondensatoren läuft nach einer sog. e-Funktion ab, wobei e = 2,7183... (Basis der natürlichen Logarithmen) ist. Der Teil 1/e = 0,3678 = 37%.

equalize

Derartige *R-C*-Glieder werden häufig in NF- und HF-Übertragungssystemen verwendet, um den Frequenzgang in gewünschter Weise zu beeinflussen (*entzerren*).

Der Frequenzgang von UKW-FM-Sendungen wird beispielsweise mit einer Höhenanhebung (Akzentuierung) ab f_g = 3180 Hz ausgestrahlt. Hierfür besitzen die Empfänger ein Korrektur-*R-C*-Glied (Deakzentuierung) mit τ = 50 μs, beispielsweise mit R = 50 kΩ und C = 1 nF.

Entzerrer

Ähnliche Entzerrer werden zur Linearisierung der Aufnahmekennlinie von Schallplatten mit τ = 3180 μs im Baßbereich nach DIN 45541 verwendet.

R-C-Tiefpässe werden auch zur Siebung von Gleichströmen hinter Gleichrichtern angewendet, wobei das Verhältnis U_1/U_2 unter Berücksichtigung von Gl. (41) als *Siebfaktor* ausgedrückt wird:

hum-reduction factor
Siebfaktor

$$U_1/U_2 = \omega C \cdot R = 2\pi f \cdot \tau \quad \text{V, Hz, F, } \Omega \,. \tag{42}$$

Der Siebfaktor ist ein Maß für die Verringerung (Siebung) der Brummspannung von 50 oder 100 Hz hinter Netzgleichrichtern (Abschnitt 17.1.5).

coil

13 Spulen

Bauelemente aus mehreren gegeneinander isolierten Drahtwindungen mit gleichem Wicklungssinn heißen Spulen.

Bei Durchfluß eines Gleichstromes entsteht ein magnetisches Gleichfeld innerhalb der Windungen, dessen Polarität (Nord- und Südpol) von der Stromrichtung, und dessen magnetische Feldstärke von der Stromstärke, der Anzahl der Windungen und von der Form der Spule bestimmt werden.

Bei Durchfluß eines Wechselstromes entsteht ein magnetisches Wechselfeld, das mit der Frequenz des Wechselstromes auf- und abgebaut wird. Der in der Zeit t wirkende Wechselspannungsstoß $U \cdot t$ verursacht eine Änderung des Spulenstromes I, wodurch das Maß für die kennzeichnende *Induktivität* L bestimmt wird:

inductance
Induktivität

$$L = \frac{U \cdot t}{I} \quad \mathrm{V \cdot s/A}. \tag{43}$$

H Einheit der
Induktivität

Die Einheit der Induktivität ist 1 H (Henry)[1]**.**

Diese Induktivität besitzt eine Spule, bei der nach einem Spannungsstoß von 1 V innerhalb 1 s der Strom 1 A fließt:

$$1\,\mathrm{H} = \frac{1\,\mathrm{V \cdot s}}{1\,\mathrm{A}}.$$

In der HF-Technik verwendet man Bruchteile dieser Einheit, nämlich $\mathrm{mH} = 10^{-3}\,\mathrm{H}$ und $\mu\mathrm{H} = 10^{-6}\,\mathrm{H}$, sowie $\mathrm{nH} = 10^{-9}\,\mathrm{H}$ (Abschnitt 6).

Spulen (Induktivitäten) besitzen im Wechselstromkreis den induktiven Blindwiderstand (Induktanz) nach Gl. (20)

$$X_\mathrm{L} = \omega \cdot L \quad \Omega$$

und verursachen eine Phasenverschiebung von $\varphi + 90°$ zwischen Spannung und Strom. Die induktive Blindleistung nach Gl. (24)

[1] Amerikanischer Physiker 1797 – 1878.

$P_q = I_{eff}^2 \cdot X_L$ var

baut das „wattlose“ magnetische Wechselfeld auf, während der Realteil des Serien-Ersatzwiderstandes R_L die Verlustleistung P nach Gl. (22) verursacht:

$P = \sqrt{R_L^2 + X_L^2} \cdot I_{eff}^2$ V.

Im Kleinleistungsbereich bei Empfänger- und ähnlichen Spulen ist es anschaulicher, den Gütefaktor Q zu benutzen:

$$Q_L = 1/\tan\delta = (\omega \cdot L)/R_L \quad \Omega, \text{Hz}, \text{H}\,. \tag{44}$$

Im Frequenzbereich $1 \cdots 200$ MHz sind Gütewerte Q_L etwa $60 \cdots 400$ erreichbar.

Der Einsatzbereich von HF-Spulen wird durch ihre Eigenkapazität C_L begrenzt, die durch die Windungskapazität der Wicklung von etwa $2 \cdots 20$ pF zustande kommt. Daraus resultiert für unbelastete Spulen eine Leerlauf-Resonanzfrequenz (Eigenfrequenz) f_0 nach Gl. (62). Oberhalb dieser Frequenz wird der Blindwiderstand von Spulen kapazitiv.

Bei Leistungsspulen für Sender und Antennenfilter wird der Einsatzbereich durch den Spulenstrom begrenzt. Im Unterschied zu Gleichstrom ist der Wirkwiderstand von metallischen Leitern bei HF stets höher und steigt angenähert mit der Quadratwurzel der Frequenz $\sqrt{f}$ an.

(Der mathematische Einstieg ist wegen der unhandlichen Feldgleichungen etwas umständlich und kann bedarfsweise in der Fachliteratur nachgelesen werden, zum Beispiel bei O. Zinke: „Widerstände, Kondensatoren, Spulen und ihre Werkstoffe“. Springer-Verlag Berlin-Heidelberg-New York 1965.)

Die Ursache für die Widerstandserhöhung liegt in dem Bestreben des HF-Stromes, sich mit zunehmender Frequenz vom Inneren des Leiterquerschnittes zur Außenseite zu verlagern (*Skineffekt*), wodurch der wirksame Querschnitt verringert und der Widerstand erhöht wird. Um die wirksame Oberfläche der Leiter zu vergrößern, verwendet man bis etwa 1 MHz vieladrige Litzen und für höhere Frequenzen versilberten Kupferdraht, im Großsenderbau versilberte Kupferrohre und Flachbänder. In Endstufen von Kurzwellensendern können bereits im KW-Bereich angeschmolzene Lötstellen an versilberten Spulen auftreten.

Skineffekt

Spulen werden in der Funktechnik als *Drosselspulen* in Siebgliedern und *L-C*-Gliedern (Abschnitt 14) und in Schwingungskreisen (Abschnitt 15) angewendet.

choke
Drosselspule

13.1 Luftspulen

cylindrical solenoid
Zylinderspule

Die einfachste Form ist die gestreckte Zylinderspule nach Bild 27 mit einlagiger Wicklung von der Länge l (in m) und dem Durchmesser D (in m).

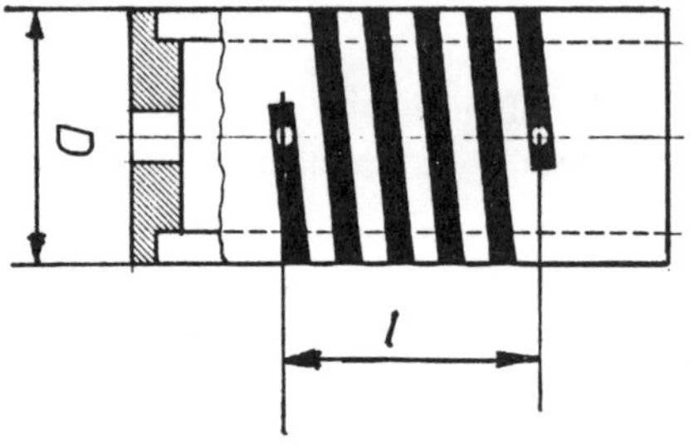

Bild 27 Einlagige Zylinderspule

Das magnetische Wechselfeld im Innern der Spule wird bestimmt durch die Querschnittsfläche $A = D^2 \cdot \pi/4$ m^2 und die magnetische Feldkonstante μ_0 (griech. Kleinbuchstabe my). Sie beträgt für Luft (genauer: Vakuum)

$$\mu_0 = 0{,}4\ \pi = 1{,}26 \cdot 10^{-6} \quad \text{H/m} . \tag{45}$$

Damit errechnet sich die Induktivität L mit der Windungszahl w:

$$L = \frac{w^2 \cdot \mu_0 \cdot A}{l} \quad \text{H} . \tag{46}$$

absolute permeability
absolute Permeabilität

Die magnetische Feldkonstante μ_0 wurde früher als Induktionskonstante bezeichnet und wird in der Literatur auch als *absolute Permeabilität* angegeben. Die hier benutzten Definitionen entstammen der Norm DIN 1325 und sind mit den Empfehlungen der IEC harmonisiert.

Rechenbeispiel

Die keramische Zylinderspule mit aufgebrannter Wicklung (siehe Bild 27) (Typ StS 20/42 D Fabrikat STEMAG, Katalogwert $L = 0{,}4\ \mu\text{H} \pm 10\%$) besitzt die Abmaße $l = 20$ mm und $D = 20$ mm mit $w = 5$ Windungen. Die Querschnittsfläche ist $A = D^2 \cdot \pi/4 = 20^2 \cdot \pi/4 = 314\ \text{mm}^2 = 3{,}14 \cdot 10^{-4}\ \text{m}^2$. Damit wird nach Gl. (46):

$$L = \frac{5^2 \cdot 1{,}26 \cdot 10^{-6} \cdot 3{,}14 \cdot 10^{-4}}{2 \cdot 10^{-2}} = 49{,}4 \cdot 10^{-8}\,\text{H} = 0{,}494\,\mu\text{H}\,.$$

13.2 Eisenkernspulen

iron cored coil

Nach Einführen eines magnetischen Werkstoffes in das Spulenfeld erhöht sich die Induktivität der Spule um den Faktor μ_w = *wirksame Permeabilität*. Dies ist das Verhältnis der Induktivität mit Eisenkern zu der ohne Eisenkern:

apparent permeability
wirksame Permeabilität

$$\mu_w = L_K / L_0\,. \tag{47}$$

Hier besteht eine Analogie zum dielektrischen Feld des Kondensators (Abschnitt 11).

Die Gl. (46) geht damit über in:

$$L = \frac{w^2 \cdot \mu_0 \cdot \mu_w \cdot A}{l} \quad \text{H}\,. \tag{48}$$

Von den Herstellern wird als Bemessungsgrundlage auch der *Spulenfaktor*

A_L value
Spulenfaktor A_L

$$A_L = \frac{\mu_0 \cdot \mu_w \cdot A}{l} \tag{49}$$

angegeben, wodurch die Rechnung vereinfacht wird:

$$L = w^2 \cdot A_L \quad \text{H}\,. \tag{50}$$

Die Windungszahl wird damit

$$w = \sqrt{L/A_L}\,. \tag{51}$$

Um die Ummagnetisierungsverluste im Eisen bei HF zu vermeiden, wird der *Eisenkern* oder Massekern aus kleinen Metallteilchen mit der Korngröße 5···20 µm hergestellt, die mit einem Kunststoff-Bindemittel zusammengebacken sind. Je nach Verfahren (Spritzen, Pressen, Walzen) und Eisensorte erhält man Kerne mit μ_w etwa 7···20. Bekannte Handelsnamen sind „Ferrocart" (Vogt), „Sirufer" (Siemens) und andere.

iron powder core
Eisenkern

ferrite core
Ferritkerne

In neuerer Zeit werden immer mehr nichtmetallische *Ferritkerne* verwendet. Sie bestehen aus Mischkristallen von Eisenoxid mit anderen Metalloxiden, zum Beispiel Nickel-Ferrit ($NiO + Fe_2O_3$) oder Mangan-Ferrit ($MnO + Fe_2O_3$), die nach keramischen Fertigungsverfahren aus reinen Oxiden gesintert werden („schwarze Keramik"). Die Korngröße der magnetischen Teilchen ist hier auf die Größenordnung von Molekularzellen zusammengeschrumpft, was entsprechend niedrige Ummagnetisierungsverluste und hohe Grenzfrequenzen zur Folge hat. Daher sind auch HF-Leistungsübertrager im KW-Bereich auf Ringkernen mit Kennfarbe rot herstellbar (zum Beispiel Balun-Trafos).

Ein Nachteil gegenüber metallischen Massekernen entsteht durch die vergleichsweise höhere Unstabilität der hohen μ_w-Werte, die von Temperatur, Vormagnetisierung und Alterung abhängig sind und ähnlichen Eigenschaften der keramischen HDK-Werkstoffe (Abschnitt 11.2.4) vergleichbar sind.

Ausführliche technische Daten und Applikationshinweise entnimmt man dem Prospektmaterial der Hersteller zum Beispiel für „Siferrit" (Siemens), „Ferroxcube" (Valvo) und anderen.

Ferrite werden auch als Kerne in Magnettonköpfen, als Trafokerne und als sogenannte „nichtreziproke" Filterelemente in der Mikrowellentechnik angewendet.

„Harte" Ferrite, zum Beispiel „Ferroxdure" (Valvo) werden als Permanent-(Dauer-)Magnete für Lautsprecher, Drehspulinstrumente und andere Magnete verarbeitet. Dazu zählen beispielsweise Kobaltferrit ($CoO + Fe_2O_3$) und Bariumferrit ($BaO + Fe_2O_3$).

variometer

13.3 Veränderbare Spulen (Variometer)

Für die einstellbare Änderung der Induktivität haben sich folgende Verfahren bewährt:

- *Änderung der Windungszahl*

  mit Rollspulen, deren Kontaktrolle die Windungen einer drehbaren Zylinderspule stufenlos kurzschließt. Bei einer anderen Konstruktion wird ein versilbertes Kupferband von einem drehbaren Keramikzylinder auf einen versilberten Kupferzylinder umgewickelt. Diese Typen besitzen einen großen Variationsbereich und werden im Senderbau (Bild 28) verwendet.

Bild 28

Bild 29

Bild 28 Antennenvariometer aus einem 5-kW-Kurzwellensender (Durchmesser 110 mm, Höhe 110 mm)

Bild 29 Keramisches Kurzschlußvariometer aus frequenzstabilem Steuersender (siehe Abschnitt 22.1.2). Die Abschirmung ist aufgeschnitten (Durchmesser 40 mm, Höhe 45 mm)

- *Änderung der Wicklungsrichtung*

Zwei in Serie geschaltete Spulen werden so gegeneinander verdreht, daß ihre Windungen innerhalb des gemeinsamen Magnetfeldes gleichsinnig (Höchstwert L_{max}) oder gegensinnig (Kleinstwert L_{min}) verlaufen. Hierzu zählen auch sogenannte Kurzschlußvariometer (Bild 29) mit einer oder mehreren Kurzschlußwindungen. Diese Ausführung besitzt keine Kontakte und eignet sich daher besonders für frequenzstabile Schwingkreise.

Kurzschluß-variometer

- *Änderung der Wicklungslänge*

Bei diesen Quetschspulen wird eine freitragende Wicklung durch mechanische Stellglieder gedrückt oder gedehnt. Eine Konstruktion, die hauptsächlich im Großsenderbau mit Kupferrohren Anwendung fand, aber nur eine geringe Variation gestattet.

- *Änderung der wirksamen Permeabilität*

Die Tauchkernvariometer besitzen einen verschiebbaren Eisenkern, der mechanisch in einer Zylinderspule bewegt werden kann. Die Permeabilitätsabstimmung ist weit verbreitet im

tuner
transceiver
pre-selector

Tauchkernvariometer

Empfängerbau, in *Kanalwählern* von FS-Geräten und in KW-*Sendeempfängern* für die *Vorkreisabstimmung*.

13.4 Zusammenschaltung von Spulen

Die gebräuchlichen Schaltsymbole sind in Bild 30 zusammengestellt.

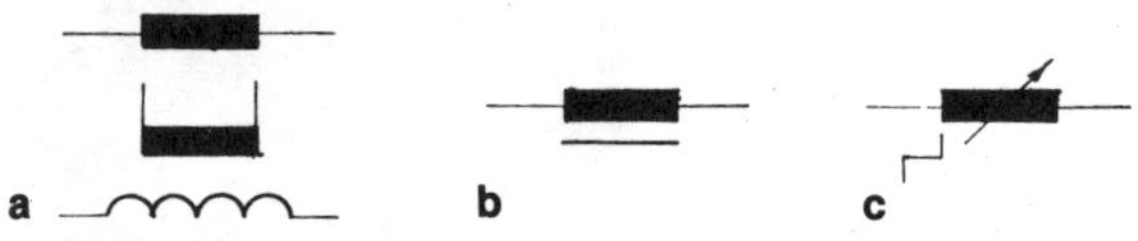

Bild 30 Schaltsymbole von Induktivitäten. a: allgemeines Symbol, b: mit Kern und c: in Stufen einstellbar

Bei der Serien- und Parallelschaltung von Spulen gelten grundsätzlich die entsprechenden Berechnungen wie bei Widerständen (Abschnitt 4.1), nämlich:

in Serie geschaltete Spulen

Bei zwei oder mehr in Serie (hintereinander) geschalteten Spulen werden die einzelnen Induktivitäten addiert.

parallelgeschaltete Spulen

Die resultierende Induktivität L_{res} von mehreren parallelgeschalteten Spulen beträgt:

$$L_{res} = \frac{1}{\frac{1}{L_1} + \frac{1}{L_2} + \frac{1}{L_3} + \cdots \frac{1}{L_n}} . \tag{52}$$

Bei zwei parallelgeschalteten Spulen vereinfacht sich die Rechnung:

$$L_{res} = \frac{L_1 \cdot L_2}{L_1 + L_2} . \tag{53}$$

Exakt stimmen die Gln. (52) und (53) allerdings nur dann, wenn die einzelnen Spulen magnetisch abgeschirmt sind.

14 L-C-Glieder

L-C-network

Die Grundform wird durch die frequenzabhängigen Spannungsteiler (vergleiche Abschnitt 12) nach Bild 31 dargestellt.

Die frequenzabhängige Spannungsteilung U_2/U_1 des Tiefpasses errechnet sich zu:

Tiefpaß

$$U_2 = \frac{X_C}{\sqrt{X_L^2 + X_C^2}} \cdot U_1 \quad \text{V}, \Omega. \tag{54}$$

Die Grenzfrequenz für $U_2 = 0{,}7 \cdot U_1$ beträgt:

$$f_g = 1/(2\pi \cdot \sqrt{L \cdot C}) \quad \text{Hz, H, F}. \tag{55}$$

Der Siebfaktor wird dann:

$$U_1/U_2 = \omega^2 \cdot L \cdot C. \tag{56}$$

Die Spannungsteilung des Hochpasses ergibt sich zu:

Hochpaß

$$U_2 = \frac{X_L}{\sqrt{X_L^2 + X_C^2}} \cdot U_1 \quad \text{V}, \Omega. \tag{57}$$

Derartige L-C-Siebglieder werden häufig für *Siebschaltungen* hinter Netzgleichrichtern (Abschnitt 17.1.5) und für *Frequenzweichen* benutzt.

filter network
Siebschaltung
diplexer
Frequenzweiche

Die Werte der Reaktanzen X_L und X_C nach Bild 31 a und Bild 31 b werden nach Maßgabe der gewünschten Grenzfrequenz f_g aus Gl. (55) und der Impedanzen Z_1 und Z_2 berechnet:

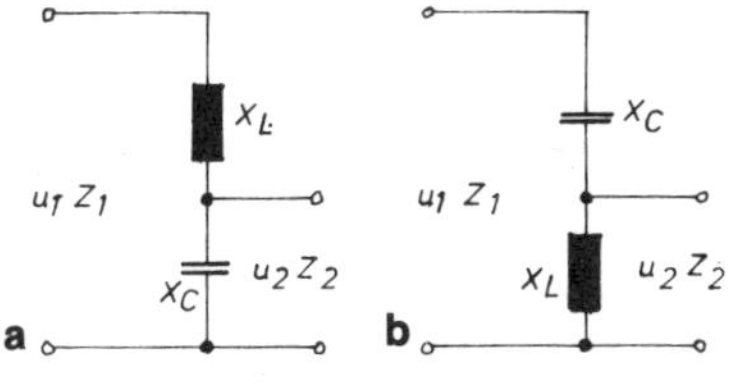

Bild 31 Frequenzabhängiger L-C-Spannungsteiler; a Tiefpaß, b Hochpaß

$$L = \frac{Z}{2\pi \cdot f_g} \quad \text{H}, \tag{58}$$

$$C = \frac{1}{Z \cdot 2\pi \cdot f_g} \quad \text{F}. \tag{59}$$

Übungsaufgaben

Aufgabe 1

loudspeaker dividing network
Lautsprecher-Frequenzweiche

Eine Zweiweg-Lautsprecherbox enthält einen Tiefton- und einen Mittel-Hochtonlautsprecher mit den Nennimpedanzen $Z = 8\ \Omega$. Die *Lautsprecher-Frequenzweiche* soll für eine Übernahmefrequenz von 800 Hz bemessen werden. Die Weiche besteht aus einem Tiefpaß und einem Hochpaß nach Bild 32.

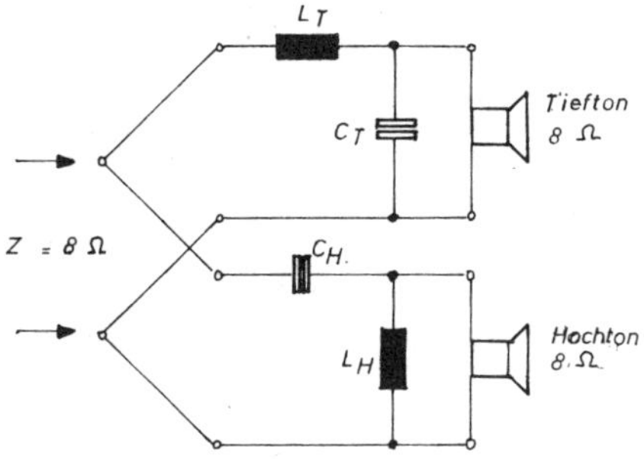

Bild 32 Lautsprecher-Frequenzweiche für Zweiwegbox

Lösung

Die Schaltelemente L und C werden in Anlehnung an die Gln. (58) und (59) so berechnet, daß sich die Grenzfrequenzen f_g bei der Übernahmefrequenz 800 Hz hinreichend überlappen, damit kein „Übertragungsloch" entsteht. Hierzu wird der Faktor 1,6 bei L_T und C_H eingeführt.

Tieftonkanal:

$$L_T = 1{,}6 \frac{Z}{2\pi \cdot f_g} = 1{,}6 \frac{8}{2\pi \cdot 800} = \frac{12{,}8}{5026{,}5}$$

$$= 0{,}0025\ \text{H} = 2{,}5\ \text{mH}$$

$$C_T = \frac{1}{Z \cdot 2\pi \cdot f_g} = \frac{1}{8 \cdot 5026{,}5} = 0{,}000025\ \mathrm{F} = 25\ \mu\mathrm{F}\,.$$

Hochtonkanal:

$$L_H = \frac{Z}{2\pi \cdot f_g} = \frac{8}{5026{,}5} = 0{,}0016\ \mathrm{H} = 1{,}6\ \mathrm{mH}$$

$$C_H = \frac{1}{1{,}6 \cdot Z \cdot 2\pi \cdot f_g} = \frac{1}{1{,}6 \cdot 8 \cdot 5026{,}5}$$
$$= 0{,}000015{,}5\ \mathrm{F} = 15{,}5\ \mu\mathrm{F}$$

Für C_T und C_H sind bipolare Elektrolytkondensatoren zu verwenden (Abschnitt 11.2.4).

Aufgabe 2

Für die verkürzte Stabantenne eines Handfunksprechgerätes im CB-Band (27 MHz) ist eine Verlängerungsspule mit $L = 8\ \mu\mathrm{H}$ zu entwerfen. Als Wickelkörper dient ein Plastikrohr mit 9 mm Durchmesser und 36 mm Länge. Wieviel Windungen müssen aufgewickelt werden (1 mm CuAg – Kupfer versilbert)?

Lösung

Der Wickelkörper besitzt die Querschnittsfläche:

$$A = \frac{D^2 \cdot \pi}{4} = \frac{(9 \cdot 10^{-3})^2 \cdot \pi}{4} = 0{,}0000636 = 63{,}6 \cdot 10^{-6}\ \mathrm{m}^2\,.$$

Der A_L-Wert beträgt nach Gl. (49)

$$A_L = \frac{\mu_0 \cdot \mu_w \cdot A}{l} = \frac{1{,}26 \cdot 10^{-6} \cdot 1 \cdot 63{,}6 \cdot 10^{-6}}{36 \cdot 10^{-3}} = 2{,}226 \cdot 10^{-9}\,.$$

Damit wird die Windungszahl nach Gl. (51)

$$w = \sqrt{L/A_L} = \sqrt{\frac{8000 \cdot 10^{-9}}{2{,}226 \cdot 10^{-9}}} = 60\,.$$

tuned circuit

15 Schwingkreise

auch Reaktanz-, Resonanz-, oder Selektionskreise genannt sind elektrische Zweipole bestehend aus Kondensatoren und Spulen nach der Grundschaltung Bild 33.

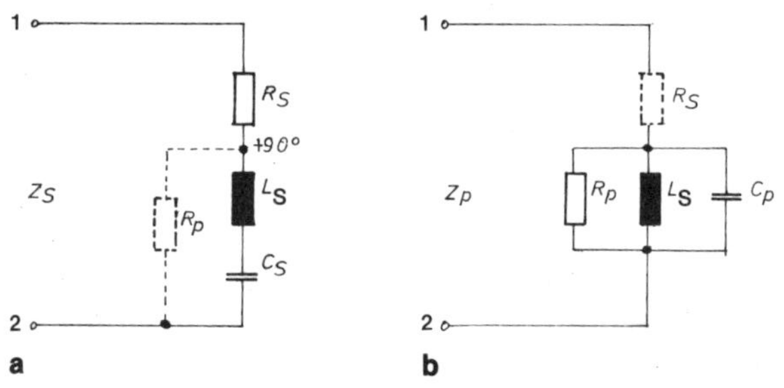

Bild 33 Schwingkreise; a Serienkreis, b Parallelkreis

series resonant circuit
Serienschwingkreis

Der *Serienschwingkreis* Bild 33a besteht aus der Serien-(Hintereinander-)Schaltung einer Spule L_S mit einem Kondensator C_S. Unter Vernachlässigung der anteiligen Verluste besitzt die Spule L_S die Induktanz X_{LS} nach Gl. (20) und der Kondensator C_S die Kapazitanz X_{CS} nach Gl. (19).

Bei Einspeisung einer Wechselspannung U_{eff} mit der Frequenz f an den Klemmen 1 – 2 treten zufolge der entgegengesetzten Phasenverschiebung an L_S (φ +90°) und C_S (φ –90°) die zugehörigen Wechselspannungen $U_{LS} = I_{eff} \cdot X_{LS}$ und $U_{CS} = I_{eff} \cdot X_{CS}$ mit zeitlich entgegengesetzter Polarität auf (Abschnitt 8). Der frequenzabhängige Blindwiderstand X_S des verlustfreien Serienschwingkreises ergibt sich daher aus der Differenz der Einzelwiderstände:

$$X_S = X_L - X_C \quad \text{oder} \quad X_C - X_L\,. \tag{60}$$

Bei Frequenzen oberhalb der Resonanzfrequenz f_{res} ist die Induktanz größer als X_C, der Blindwiderstand X_S des Kreises wird „kapazitiv".

Bei Frequenzen unterhalb der Resonanzfrequenz f_{res} ist die Kapazitanz größer als X_L, der Blindwiderstand X_S des Kreises wird „induktiv".

Einen Sonderfall beschreibt diejenige Frequenz, bei der X_L und X_C gleich sind, das ist die oben erwähnte ***Resonanzfrequenz*** (Scheinfrequenz) f_{res}. Sie errechnet sich aus:

resonant frequency
Resonanzfrequenz

$$X_L = X_C \tag{61}$$

$$\omega L = \frac{1}{\omega C}$$

$$\omega^2 = \frac{1}{L \cdot C}$$

$$\omega_{res} = 2\pi f_{res} = \frac{1}{\sqrt{L \cdot C}} \quad \text{Hz, H, F}, \tag{62}$$

$$f_{res} = \frac{1}{2\pi\sqrt{L \cdot C}} \quad \text{Hz, H, F},$$

$$f_{res} = \frac{159}{\sqrt{L \cdot C}} \quad \text{MHz, µH, pF}. \tag{62a}$$

Gl. (62) ist die THOMSONsche[1)] Schwingungsgleichung, die in Gl. (62a) auf kleinere Einheiten umgerechnet ist.

THOMSONsche Schwingungsgleichung

Hieraus errechnen wir:

$$L = \frac{10^6}{(2\pi)^2 \cdot f^2 \cdot C} = \frac{25350}{f^2 \cdot C} \quad \text{MHz, µH, pF}, \tag{62b}$$

$$C = \frac{25350}{f^2 \cdot L} \quad \text{MHz, µH, pF}. \tag{62c}$$

Der Blindwiderstand X_{res} des verlustfreien Serienkreises erreicht bei Resonanz theoretisch den Wert Null:

$$X_{res} = X_L - X_C = 0. \tag{63}$$

[1)] Engl. Physiker 1824–1907.

In der Praxis gibt es jedoch keine verlustfreien Bauelemente. Sowohl bei Spulen als auch bei Kondensatoren sind nach den Gln. (44) und (27) Verlustwiderstände anzusetzen. Diese werden zur besseren Übersicht als gemeinsamer Serien-Verlustwiderstand R_S zusammengefaßt. Bei Resonanz wird der Scheinwiderstand (Impedanz) des Serienkreises reell (ohmsch) vom Betrag R_s und erreicht damit einen Minimalwert:

$$Z_{res} = Z_{min} = X_L - X_C + R_S = R_S \quad \Omega. \tag{64}$$

In den meisten Fällen kann man den Verlustfaktor der Kondensatoren $\tan\delta = 1/Q$ gegenüber dem wesentlich höheren Verlustfaktor der Spulen vernachlässigen. Der Resonanzwiderstand $R_{res} = Z_{res}$ des Serienkreises ist daher ungefähr gleich dem Verlustwiderstand R_S der Spule:

$$R_{res} \approx R_S \approx (\omega \cdot L)/Q. \tag{65}$$

Bei Resonanz erreichen die Blindspannungen $U_{LS} = I_{eff} \cdot \omega \cdot L_S$ und $U_{CS} = I_{eff}/(\omega \cdot C_S)$ ein Maximum (Spannungsresonanz). Sie sind etwa um den Gütefaktor Q größer als die anregende Spannung U_{eff}. In der älteren Literatur war folglich auch der Ausdruck „Spannungsüberhöhung" für den Gütefaktor gebräuchlich.

parallel resonant circuit
Parallelschwingkreis

Der *Parallelschwingkreis* Bild 33b besteht aus der Parallelschaltung einer Spule L_p mit einem Kondensator C_p. Die Resonanzbedingung ist mit dem Serienkreis gleich: $X_L = X_C$.

Danach errechnet sich auch die Parallel-Resonanzfrequenz nach den Gln. (62) und (62a).

Der frequenzabhängige Blindwiderstand des verlustfreien Parallelkreises verhält sich hingegen invers (umgekehrt) zu dem des Serienkreises und erreicht bei Resonanz den theoretischen Wert

$$X_{res} = \frac{1}{X_L - X_C} = \frac{1}{0} = \infty \quad \text{(unendlich)}. \tag{66}$$

Nach Berücksichtigung des Parallel-Verlustwiderstandes R_P von Spule und Kondensator wird der Scheinleitwert (Admittanz) Y_{res} bei Resonanz reell und erreicht ein Minimum

$$Y_{res} = Y_{min} = \frac{X_L - X_C + 1}{R_P} = \frac{1}{R_P} \quad 1/\Omega. \tag{67}$$

Folglich erreicht der Resonanzwiderstand des Parallelkreises $R_{res} = Z_{res}$ als reziproke Admittanz ein Maximum

$$R_{res} = 1/Y_{res} \approx R_P \approx \omega \cdot L \cdot Q \quad \Omega . \tag{67a}$$

Im Resonanzfall erreichen die Blindströme $I_{CP} = U_{eff}/X_{CP}$ und $I_{CL} = U_{eff}/X_{CL}$ einen Höchstwert (Stromresonanz). Bei der graphischen Darstellung der Scheinwiderstände Z (oder $1/Y$) in Abhängigkeit der Frequenz f entstehen die Frequenzkurven der Schwingkreise nach Bild 34.

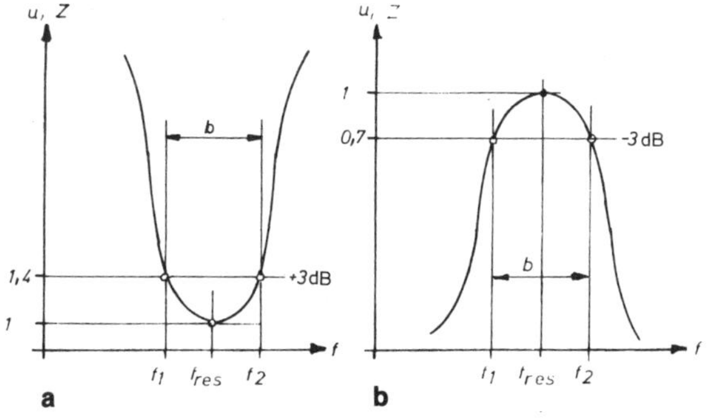

Bild 34 Schematische Frequenzkurven von Schwingkreisen; a Serienkreis, b Parallelkreis

Aus den Frequenzkurven sind zu entnehmen:

Die Resonanzfrequenz f_{res}
Die Bandbreite $b_{3\,dB} = f_2 - f_1$
$u_{res} + 3$ dB $= u_{res} \cdot 1{,}4$ bei Minimalimpedanz und
$u_{res} - 3$ dB $= u_{res} \cdot 0{,}7$ bei Maximalimpedanz.

Die Kreisgüte Q ergibt sich aus der Bandbreite $b_{3\,dB}$

$$Q = f_{res}/b_{3\,dB} \quad \text{und} \tag{68}$$

$$Q = \frac{1}{R_s}\sqrt{\frac{L}{C}} \text{ für den Serienkreis, oder} \tag{68a}$$

$$Q = R_P\sqrt{\frac{C}{L}} \text{ für den Parallelkreis .} \tag{68b}$$

(dB = Dezibel ist eine logarithmische Maßzahl n für Verhältnisse gleicher Größen, zum Beispiel von Spannungen: $n = 20 \log (U_2/U_1)$ dB, siehe Abschnitt 26.)

decay factor
Dämpfungsfaktor

Gelegentlich wird auch der *Dämpfungsfaktor d* als Reziprokwert der Kreisgüte angegeben:

$$d = 1/Q = b_{3\,\mathrm{dB}}/f_{\mathrm{res}}\,. \tag{69}$$

Die Verlustwiderstände R_S, die als gemeinsamer Ersatz für die einzelnen Verlustwiderstände von Spule und Kondensator eingeführt worden sind, können als Serienwiderstände R_S wie auch als Parallelwiderstände R_P zu den Reaktanzen der Schwingkreise angeschrieben werden. Sie sind reziproke Größen $R_S = 1/R_P$ und können nur als starke Vereinfachung gelten. Für eine genauere Verlusttrennung müssen mehrere Einzelwiderstände berücksichtigt werden, zum Beispiel bei Kondensatoren ein Serienwiderstand für die Zuleitungen und ein Parallelwiderstand für die dielektrischen Verluste.

Schwingungskreise werden in der Hochfrequenz- und Nachrichtentechnik in großem Umfang für die Trennung (Selektion) unterschiedlicher Frequenzen benutzt, beispielsweise für die Arbeitsfrequenzen von Empfängern und Sendern (Abschnitte 22 und 23).

15.1 Abstimmbare Schwingkreise

tuning
Abstimmen

Unter *Abstimmen* versteht man hier die einstellbare Veränderung der Resonanzfrequenz f_{res} nach Gl. (62), wobei entweder der Schwingkreiskondensator C bei fester Induktivität verändert wird, „C-Abstimmung“, oder die Induktivität L bei fester Kapazität, „L-Abstimmung“.

Für große Variationsbereiche wird auch ein Abstimmelement (zum Beispiel L) stufig umgeschaltet, das andere (zum Beispiel C) stufenlos eingestellt.

Die Berechnung der erforderlichen Werte für L und C für eine gewünschte Resonanzfrequenz f_{res} oder für einen Frequenzbereich $f_{\max} - f_{\min} = \delta f$ erfolgt nach Gl. (62). Die für eine Frequenzvariation $f_{\max}/f_{\min}$ benötigte Kapazitätsvariation $C_{\max}/C_{\min}$ errechnet sich zu

$$\left(\frac{f_{\max}}{f_{\min}}\right)^2 = \frac{C_{\max}}{C_{\min}} = \frac{1}{v}\,. \tag{70}$$

Die berechneten Resultate liefern in der Praxis oft nur Näherungswerte, weil die Nennwerte der Einzelteile und Schaltelemente um die unvermeidbaren Streuwerte des mechanischen Einbaues korrigiert werden müssen, nämlich *Zuleitungsinduktivität* von Spulen und Kondensatoren (0,1 ⋯ 0,5 μH), Eigenkapazität von Spulen (2 ⋯ 20 pF), *Schaltkapazität* der Leitungsführung und Eingangskapazität von Röhren und Halbleitern (0,5 ⋯ 10 pF).

leakage inductance
Zuleitungskapazität
wiring capacitance
Schaltkapazität

15.2 Temperaturkompensierte Schwingkreise

temperature compensated circuits

Die Schwingkreis-Bauelemente sind im Temperaturbereich Δt durch eine gewisse Temperaturabhängigkeit α ihres Nennwertes gekennzeichnet, nämlich für Kondensatoren

$$\alpha_C = \frac{\Delta C}{C \cdot \Delta t} \quad \text{pF, °C} \tag{31}$$

und sinngemäß für Spulen

$$\alpha_L = \frac{\Delta L}{L \cdot \Delta t} \quad \mu\text{H, °C}\,. \tag{71}$$

Bei frequenzbestimmenden Schwingkreisen in Oszillatorschaltungen (Abschnitt 22.1), für die weitgehende Temperaturunabhängigkeit angestrebt wird, kann der Temperaturbeiwert der Spule und der Schaltelemente durch einen keramischen Schwingkreiskondensator (Abschnitt 11.2.3) mit ausgewähltem Temperaturbeiwert aufgehoben werden.

Meist ist eine Spule mit positivem Temperaturbeiwert α_L vorgegeben, der durch einen Kondensator mit entgegengesetzt gleichem α_C kompensiert werden soll. Der Temperaturbeiwert der Frequenz wird dann

$$-\alpha_f = \frac{\alpha_L + \alpha_C}{2}\,. \tag{72}$$

Daraus resultiert die Frequenzänderung

$$\Delta_f = \alpha_f \cdot f \cdot \Delta t \quad \text{Hz, °C}\,. \tag{72a}$$

Der Temperaturausgleich $\Delta_f = 0$ ist erfüllt, wenn

$$\alpha_L = -\alpha_C\,. \tag{73}$$

Wenn kein keramischer NDK-Kondensator mit passendem α_C zur Verfügung steht, können zwei oder mehr Einzelkondensatoren C_1 und C_2 mit unterschiedlichem α_C parallelgeschaltet werden. Das ergibt den Gesamtwert

$$\alpha_{ges} = \frac{C_1 \cdot \alpha_{C_1} + C_2 \cdot \alpha_{C_2}}{C_1 + C_2}. \tag{74}$$

Daraus erhält man die Kapazität von C_1:

$$C_1 = C_{ges} \cdot \frac{\alpha_{C_2} - \alpha_{C_{ges}}}{\alpha_{C_2} - \alpha_{C_1}}. \tag{75}$$

Rechenbeispiel

In einem Schwingkreis mit $f_{res} = 27{,}5$ MHz für einen Konverter (Frequenzumsetzer) wird eine Keramikspule nach Bild 27 mit $L = 0{,}49$ µH und dem Temperaturbeiwert $\alpha_L = 25 \cdot 10^{-6}/°C$ benutzt. Die Schwingkreiskapazität errechnet sich nach Gl. (62c)

$$C = \frac{25\,350}{f^2 \cdot L} = \frac{25\,350}{27{,}5^2 \cdot 0{,}49} = \frac{25\,350}{756{,}25 \cdot 0{,}49} = 68{,}4 \text{ pF}.$$

Der benötigte Temperaturbeiwert $\alpha_C = -25 \cdot 10^{-6}/°C$ wird durch Parallelschaltung zweier Kondensatoren aus NDK-Keramik P 100 und N 150 hergestellt. Der Teilkondensator C_1 wird nach Gl. (75)

$$C_1 = 68 \frac{-150 - 25}{-150 - 100} = 68 \cdot 0{,}7 = 47{,}6 \text{ pF} \quad \text{P 100} \quad \text{und}$$

$$C_2 = C - C_1 = 68 - 48 = 20 \text{ pF} \quad \text{N 150}.$$

band-pass filter

15.3 Bandfilter

Koppelkreise

Sie bestehen aus zwei oder mehr gekoppelten Parallelschwingkreisen mit gleicher Resonanzfrequenz f_{res} (Koppelkreise). Im Unterschied zu Einzelkreisen mit gleicher Resonanzfrequenz und Kreisgüte, die zwischen aufeinanderfolgenden Verstärkerstufen eingeschaltet sind (Nullkopplung), besitzen Bandfilter eine höhere *Flankensteilheit*, das ist der Anstieg bzw. Abfall der Frequenzkurve in dB/Hz (siehe Abschnitt 26).

skirt selectivity (slope steepness)
Flankensteilheit

Bandfilter werden hauptsächlich im Empfängerbau als Selektionsmittel eingesetzt, da dort die Forderung besteht, daß ein HF-Signal mit der Frequenz f als *Trägerfrequenz* durch ein *Modulationssignal* für den Nachrichteninhalt mit der Bandbreite b *überlagert* ist. Hierfür muß das Filter die angemessene Bandbreite aufweisen.

carrier frequency
Trägerfrequenz
modulation signal
Modulationssignal

Die Bandfilter-Grundschaltungen gehen auf zwei Typen zurück, nämlich die mit induktiver und mit kapazitiver Kopplung, siehe Bild 35.

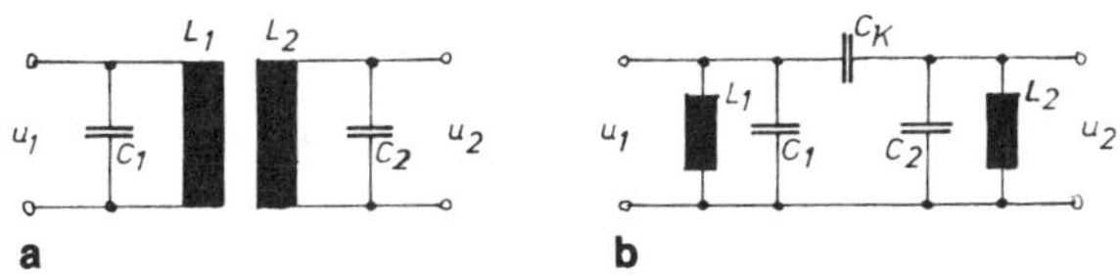

Bild 35 Bandfilter-Grundschaltungen; a mit induktiver, b mit kapazitiver Kopplung

Die Schwingkreise $L_1 C_1$ und L_2 C_2 sind auf die *Band-Mittenfrequenz* f_{res} abgestimmt. Die Bandbreite b ergibt sich bei Bild 35a durch mehr oder weniger feste induktive Kopplung der Einzelspulen L_1 und L_2 und bei Bild 35b durch die Größe des Koppelkondensators C_K.

midband-frequency
Band-Mittenfrequenz

Zweikreisfilter besitzen bei loser Kopplung eine geringe Bandbreite b, die bei fester Kopplung größer wird. Hierbei tritt aber auch eine tiefere Einsattelung am Scheitel der Frequenzkurve auf. Bild 36 zeigt eine Kurve mit der meist verwendeten *kritischen Kopplung* als günstigsten Kompromiß zwischen Bandbreite und Einsattelung. Bei festerer Kopplung treten zwei ausgeprägte Höcker auf, die durch einen dritten Kreis ausgeglichen werden können.

critical coupling
kritische Kopplung

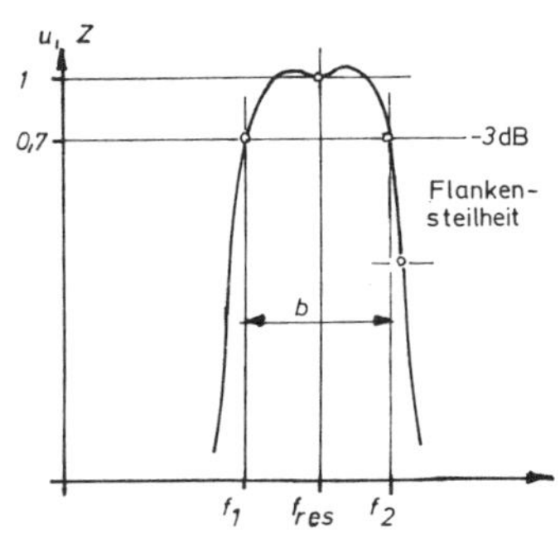

Bild 36 Bandfilter-Frequenzkurve eines Zweikreisfilters mit kritischer Kopplung

transformer

16 **Transformatoren** (Trafo)

Sie bestehen aus zwei oder mehr magnetisch fest miteinander gekoppelten Spulenwicklungen und besitzen die Eigenschaft, eine Transformation (Umspannung) zwischen den verschiedenen Wicklungen nach Maßgabe ihrer Windungszahlen zu bewirken. Die übertragene Leistung bleibt dabei, abzüglich der Verluste, konstant.

Übersetzungsverhältnis *ü*

Das Übersetzungsverhältnis *ü* ist ein Maß für das Verhältnis der Windungszahlen, der Spannungen, und auch der Impedanzen

$$\ddot{u} = w_2/w_1 = U_2/U_1\,, \tag{76}$$

$$\ddot{u} = \sqrt{\frac{Z_2}{Z_1}}\,. \tag{77}$$

power transformer
Netztransformator

audiotransformer
NF-Übertrager
matching transformer
Anpaßübertrager
rf-transformer
HF-Übertrager

Für verschiedene Anwendungen unterscheidet man *Netztransformatoren* für 50 Hz, Meßtransformatoren (Spannungs- oder Stromwandler), Trenntransformatoren zur Potentialtrennung mit $\ddot{u} = 1/1$, ferner *NF-Übertrager* für ein breites Frequenzband, *Anpaßübertrager* als Impedanzwandler, Symmetrieübertrager, und andere. Diese Typen besitzen einen magnetisch geschlossenen Eisenkern aus lamelliertem Trafoblech oder auch aus Ferrit bei Breitbandübertragern. Es gibt auch *HF-Übertrager* mit Eisenpulverkern oder ohne Eisenkern.

efficiency
Wirkungsgrad

Zur Beurteilung der elektrischen Daten ist bei der Leistungsbilanz ein *Wirkungsgrad* von 80% bei Kleintransformatoren anzusetzen. Großtransformatoren erreichen etwa 98%.

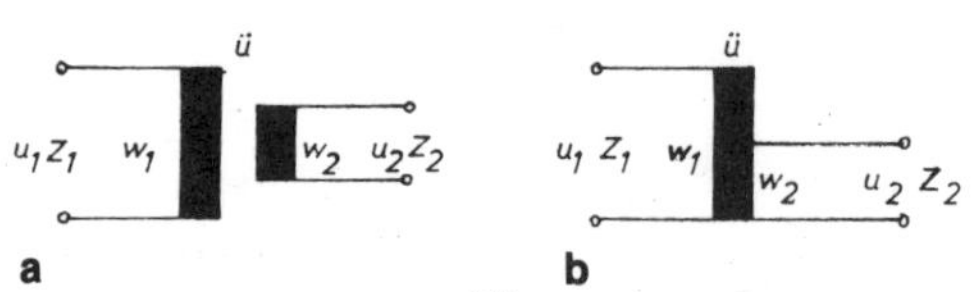

Bild 37 Prinzipschaltbilder von Transformatoren; a mit getrennten Wicklungen, b Spartrafo mit angezapfter Wicklung

Unter Wirkungsgrad ist der Anteil der übertragenen Leistung zur Gesamtleistung zu verstehen.

Ein Kleintransformator für die Ausgangs-Nenndaten 12 V und 2 A ist demnach für die Leistung $P = (12 \cdot 2) + 20\% = 28{,}8$ VA zu bemessen.

Bei Netztransformatoren wird die übertragbare Leistung durch den wirksamen Querschnitt des Eisenkernes Q_E begrenzt. Als Faustregel für gängige Kernschnitte und Trafobleche gilt näherungsweise:

$$Q_E \approx \sqrt{P} \quad \text{cm}^2, \text{VA}. \tag{78}$$

Für die Windungsspannung in mV kann man überschlägig rechnen:

$$U_W \approx 25 \cdot Q_E \quad \text{mV}, \text{cm}^2. \tag{79}$$

Bei Trafo-gespeisten *Netzgleichrichtern* ist für die Bemessung des Drahtquerschnittes zu berücksichtigen, daß der Effektivstrom in der Wicklung größer ist als der Gleichstrom I, nämlich um den Faktor:

power rectifier
Netzgleichrichter

$I \cdot 2{,}3$ bei Einweg-

$I \cdot 1{,}8$ bei Zweiweg-

$I \cdot 1{,}4$ bei Brückengleichrichtung.

Die *Gleichrichterschaltungen* sind in Abschnitt 17.1.4.1 beschrieben.

rectifier circuits
Gleichrichterschaltungen

Bei NF-Leistungsübertragern wird der Querschnitt des Eisenkerns durch die Leistung bei der unteren Grenzfrequenz f_u bestimmt. Gl. (78) geht damit über in

$$Q_E \approx \sqrt{\frac{200 \cdot P}{f_u}} \quad \text{cm}^2, \text{VA}, \text{Hz}. \tag{80}$$

Die obere Grenzfrequenz f_o wird durch die *Streuinduktivität* der Wicklung w_1 bestimmt. Man kann ungefähr mittels der Wicklungsinduktivität L_{w1} abschätzen:

leakage inductance
Streuinduktivität

$$f_o \approx 0{,}16 \frac{Z_1 + Z_2}{5 \cdot L_{w1}} \quad \text{Hz}, \Omega, \text{H}. \tag{81}$$

Übungsaufgaben

Aufgabe 1

Ein Steuersender für den Frequenzbereich $f_{max} - f_{min} = 8{,}6 - 8{,}1 = 0{,}5$ MHz soll für Drehko-Abstimmung mit einer Schwingkreisspule $L = 0{,}45$ µH entworfen werden. Welche Schwingkreiskondensatoren sind einzusetzen?

Lösung

Das Variationsverhältnis der Schwingkreiskapazität ist nach Gl. (70):

$$1/v = C_{min}/C_{max} = (f_{max}/f_{min})^2 = (8{,}6/8{,}1)^2 = 1/1{,}127$$

C_{min} wird nach Gl. (62c):

$$C_{min} = \frac{25\,350}{8{,}6^2 \cdot 0{,}45} = \frac{25\,350}{33{,}2} = 763 \text{ pF} .$$

Dann wird C_{max}:

$$C_{min} \cdot v = 763 \cdot 1{,}127 = 860 \text{ pF} .$$

Daraus berechnen wir den Variationsbereich des Drehkos:

$$\Delta C = C_{max} - C_{min} = 860 - 763 = 97 \text{ pF} .$$

Wir wählen einen handelsüblichen Typ mit $\Delta C = C_E - C_A = 110 - 10 = 100$ pF. Mit diesen Endwerten wird die erforderliche Schwingkreiskapazität $C_{min} = 763 - 10 = 753$ pF und $C_{max} = 761 + 100 = 861$ pF. Die zusätzliche Festkapazität ist dann $C = 753$ pF, die man zweckmäßig aus Parallelschaltung eines Keramikkondensators von 745 pF NO 33 und eines Scheibentrimmers 5 · · · 8 pF herstellt. Das ergibt die Schaltung Bild 38.

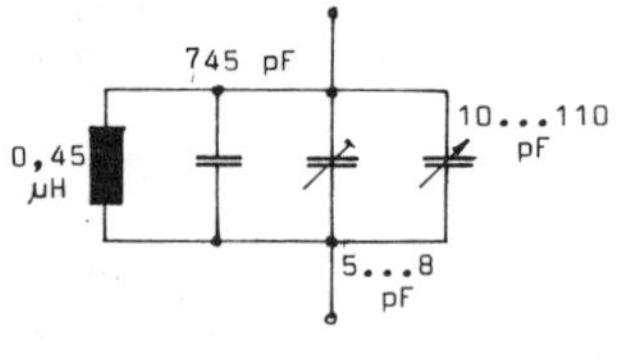

Bild 38 Schwingkreis eines Steuersenders für $f = 8{,}1 \cdots 8{,}6$ MHz

Das gegenüber der Rechnung etwas höhere Variationsverhältnis des verwendeten Drehkos ergibt einen erweiterten Abstimmbereich

$$f_{max}/f_{min} = \sqrt{C_{min}/C_{max}} = \sqrt{763/863} = 0{,}940 = 8{,}6/8{,}084 \text{ MHz} .$$

(Der Bereich eines praktisch ausgeführten Senders stimmt mit der Rechnung mit einem Fehler von 1% überein.)

Aufgabe 2

Schätzen Sie ab, welche Frequenzänderung Δf in Hz bei dem berechneten Schwingkreis während der Einlaufzeit des Steuersenders (Temperaturänderung Δt $+10\,°C$) für Mittelstellung des Drehkos zu erwarten ist. Die gemessenen Temperaturbeiwerte betragen für die Spule α_L $+25 \cdot 10^{-6}/°C$ und für den Drehko α_C $+45 \cdot 10^{-6}/°C$.

Lösung

Der Temperaturbeiwert α_f der Frequenz ist nach Gl. (72):

$$-\alpha_f = \frac{\alpha_L + \alpha_C}{2} = \frac{25 + 45 - 33}{2} = \frac{37}{2} = 18{,}5 \cdot 10^{-6}/°C .$$

Das ergibt nach Gl. (72a)

$$\Delta f = \alpha_f \cdot f \cdot \Delta t = -18{,}5 \cdot 10^{-6} \cdot 8{,}3 \cdot 10^6 \cdot 10 = -1535 \text{ Hz} .$$

(Bei einem Keramikkondensator 745 pF aus NPO würde die Frequenzänderung $\Delta f = -2905$ Hz/10 °C betragen.)

Aufgabe 3

Wir untersuchen einen unbekannten Kleintransformator und ermitteln die ungefähren Daten.

Lösung

Der Trafokern hat den Querschnitt 2,8 cm · 2,8 cm = 7,8 cm². Nach Gl. (78) ergibt sich eine Scheinleistung

$$P \approx Q_E^2 - 30\% \approx 7{,}8^2 - 30\% = 61 - 18 = 43 \text{ VA} .$$

Mit dem Durchgangsprüfer stellen wir fest, daß der Trafo 4 getrennte Wicklungen besitzt: A, B, C, D. Ihre Gleichstromwiderstände sind A 80 Ω, B 2 Ω, C 330 Ω, D 2 Ω.

Eine dieser Wicklungen ist für die Netzspannung 220 V bestimmt, wir entscheiden uns für A. Dann sind zwei Niedervoltwicklungen für Röhrenheizung und eine Hochvoltwicklung vorhanden. Zur Kontrolle benutzen wir eine Testspannung von 12 V_{eff} an Wicklung A, um etwaige gefährliche Überspannungen zu vermeiden. Wir messen nun an B 0,4 V, an C 14,1 V, an D 0,25 V. Daraus errechnen wir gegenüber A folgende Übersetzungsverhältnisse *ü*: B 0,035 : 1, C 2,3 : 1, D 0,022 : 1. Wenn nun A = 220 V hat, ergibt das die gerechneten Spannungen (Klammerwerte gemessen): B 7,7 (7) V, C 271 (265) V, D 4,8 (4,3) V. Die gemessenen Klammerwerte gelten für Anlegen der Netzspannung an A. Die entnehmbaren Ströme sind ebenfalls abzuschätzen. Ausgehend von Wicklung D für Gleichrichterheizung: Nennwert 4 V 1 A = 4 VA. Hochvoltwicklung C: Nennwert vermutlich 250 V 0,05 A · 2,3 (Einweggleichrichtung) = 28,8 VA, bleibt für Wicklung D Röhrenheizung: Nennwert 6,3 V 1,5 A = 9,5 VA, also insgesamt 4 + 28,8 + 9,5 = 42,3 VA, was ziemlich genau stimmen dürfte.

17 Halbleiter-Bauelemente

semiconductor device

Bauelemente mit Halbleiterwerkstoffen (Abschnitt 7) entwickeln einen eigentümlichen elektrischen Leitungsmechanismus, um *Gleichrichter* (elektrische Ventile) und Transistoren (gesteuerte elektronische Schalter und Verstärker) darzustellen. Dieser Leitungsmechanismus beruht auf einer Wechselwirkung freier *Elektronen* mit sogenannten Defektelektronen.

rectifier Gleichrichter

electron Elektronen

Im *Kristallgitter* der reinen Halbleiterwerkstoffe Germanium und Silizium bestehen vierwertige Elektronenbindungen, bei denen die vier *Valenz*[1]-*Elektronen* der äußeren Kugelschale eines Atoms mit je einem Elektron eines benachbarten Atoms abgebunden sind. Das heißt, alle benachbarten Atome besitzen vier gemeinsame Elektronen.

crystal lattice Kristallgitter

valence eletron Valenzelektronen

Wird dieses, mangels freier Elektronen, nichtleitende Kristallgitter mit vereinzelten Fremdatomen dotiert (besetzt), die auf der äußeren Kugelschale fünf Elektronen besitzen, beispielsweise mit Arsen (As), Antimon (Sb) oder Phosphor (P), so bleibt ein Elektron übrig, das sich frei bewegen kann.

Da die freien Elektronen des dotierten Halbleiters negativ geladen sind, heißt er *n-leitend.*

n-type material n-leitend

Das nichtleitende Kristallgitter kann andererseits mit Fremdatomen dotiert werden, die nur drei Elektronen auf der äußeren Kugelschale besitzen, zum Beispiel mit Aluminium (Al), Gallium (Ga) oder Indium (In). Dann bleiben freie Positionen übrig, die bestrebt sind, das *„Loch“* von anderer Stelle aufzufüllen, wobei dann ein anderes Loch zurückbleibt. Hierbei entstehen wandernde „Löcher“, Lochelektronen oder Defektstellen.

hole Loch

Da jede Defektstelle ein fehlendes Elektron mit negativer Ladung verkörpert, heißen sie Defektelektronen mit positiver Ladung in einem *p-leitenden Material.*

p-type material p-leitend

17.1 Halbleiter-Dioden

crystal diode

Dioden sind Zweipole mit stromrichtungsabhängigem Widerstand (Abschnitt 7.2.2). Sie werden aus Halbleiterwerkstoffen hergestellt, die aus gegenüberliegenden Bereichen mit unterschiedli-

---

[1] Latein.: Wertigkeit.

cher Dotierung bestehen. Sie sind einerseits p-leitend mit dreiwertigen Fremdatomen und andererseits n-leitend mit fünfwertigen Fremdatomen besetzt. Dazwischen bildet sich eine Grenzschicht mit einem *pn-Übergang.*

pn junction
pn-Übergang

In dieser Grenzschicht sind keine freien Ladungsträger in Form von Valenz- oder Defektelektronen vorhanden, weil sie zu den passenden freien Positionen auf der Gegenseite abgewandert sind. Die nichtleitende Grenz- oder *Sperrschicht* isoliert den p- vom n-Bereich.

barrier
Sperrschicht

Bei Anlegen einer Gleichspannung mit Pluspol an der (−) n-Schicht und Minuspol an der (+) p-Schicht wandern die Elektronen der n-Schicht zum Pluspol und die „Löcher" der p-Schicht zum Minuspol. Dadurch verarmen die Ladungsträger in diesen Bereichen, die Sperrschicht wird breiter und die Diode sperrt. Es fließt nur ein geringer Sperrstrom in der Größenordnung von µA (Bild 39a).

Beim Umpolen der Spannung wandern die Ladungsträger in die entgegengesetzte Richtung und bauen die Sperrschicht ab. Die Diode wird leitend (Bild 39b).

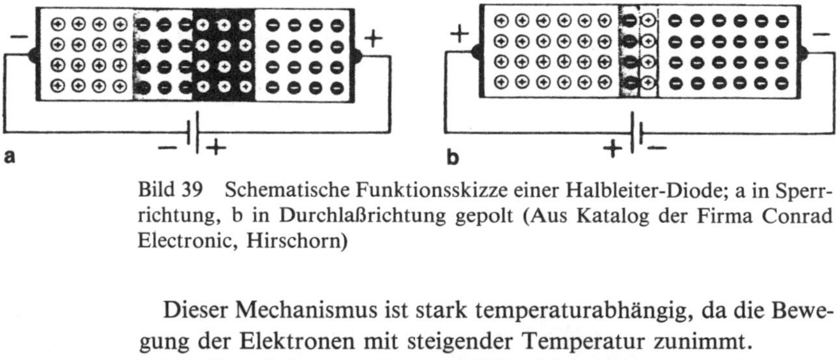

Bild 39 Schematische Funktionsskizze einer Halbleiter-Diode; a in Sperrrichtung, b in Durchlaßrichtung gepolt (Aus Katalog der Firma Conrad Electronic, Hirschorn)

Dieser Mechanismus ist stark temperaturabhängig, da die Bewegung der Elektronen mit steigender Temperatur zunimmt.

Die Kennlinien von Ge- und Si-Halbleiter-Dioden sind schematisch in Bild 40 gezeigt. Für die Ströme und Spannungen sind unterschiedliche Maßstäbe gewählt. Der scharfe Knick der Sperrspannung −90 V der Si-Diode ist der sogenannte Zener-Knick (Abschnitt 7.2.2).

designation code

17.1.1 Typenbezeichnung von Halbleiter-Dioden

Vor Einführung einer international harmonisierten Typenbezeichnung von Dioden und Transistoren gab es nur uneinheitliche Herstellerbezeich-

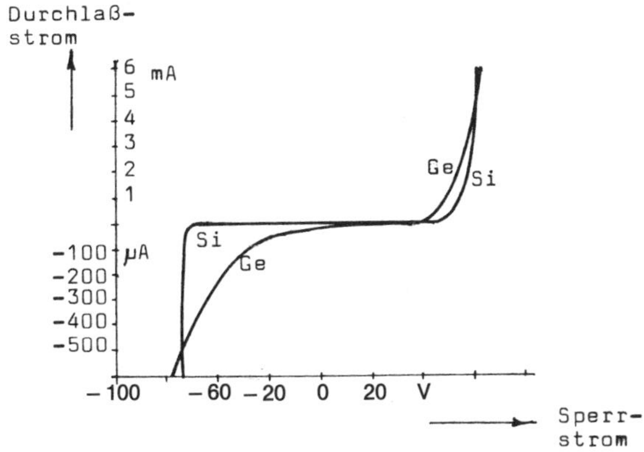

Bild 40 Kennlinien von Ge- und Si-Halbleiter-Dioden (schematisch)

nungen, die zum Teil noch in Gebrauch sind und den Anwender zwingen, Vergleichslisten einzusehen.

Ältere Bezeichnungen gelten oft nur für Ge-Dioden, da Silizium anfangs nicht mit hohem Reinheitsgrad herstellbar war.

Die Bezeichnungen bestehen aus Buchstaben und Ziffern. Letztere enthalten nicht immer technische Informationen, sondern bezeichnen numerische Entwicklungsreihen. Die Buchstaben enthalten nicht einheitliche Hinweise auf Werkstoff und Anwendung.

Die ersten deutschen Ge-Dioden trugen beispielsweise die Bezeichnung OA 5, OA 7, OA 9 ... (Valvo), OA 150, OA 154, OA 159 ... (Telefunken) GD 1, GD 2, GD 3, ... (Siemens), FD 4, FD 6 (Intermetall). Vergleichbare USA-Typen hießen beispielsweise 1 N 34, 1 N 38, 1 N 43 ... und japanische Typen SD 18, SD 34 ... Ge-Dioden

Die früheren deutschen Si-Dioden trugen beispielsweise die Bezeichnung OA 200, OA 202 (Valvo), OA 129, OA 130 (Telefunken), BA 104, BA 108 (Siemens), S 33, S 35 (Intermetall). Si-Dioden

Die ersten Z-Dioden findet man unter OA 126/5···/6···/7 (Telefunken), OAZ 200, OAZ 202, OAZ 204 (Valvo), Z 4, Z 5, Z 6 (Intermetall), 1 N 168, 1 N 169 (USA), RD 5A, RD 6A, RD 7A (Japan). Z-Dioden

Die neue harmonisierte Pro-Electron-Typenbezeichnung besteht aus zwei Buchstaben und einem fortlaufenden Kennzeichen:

Der 1. Buchstabe steht für das Material:

A Germanium

B Silizium

C Gallium-Arsenid

R andere Werkstoffe, zum Beispiel Cadmium-Sulfid.

Der 2. Buchstabe steht für die Funktion:

A Diode allgemein
B Kapazitätsdiode (Abschnitt 11.3.2)
E Tunneldiode (Abschnitt 17.1.2)
G Oszillatordiode
H Halleffektdiode (Abschnitt 17.1.2)
X Vervielfacherdiode
Y Leistungsgleichrichter (Abschnitt 17.1.4)
Z Referenzdiode (Abschnitt 7.2.2).

Das fortlaufende Kennzeichen besteht aus

3 Ziffern zwischen 100 bis 999 für Rundfunk- und Heimelektronik-Anwendung, oder
1 Buchstabe (A, W, Y) und zwei Ziffern zwischen 10 bis 99 für professionelle Anwendung oder für eingeengte Toleranzen.

Beispiele:	AA 112	Ge-Diode (für Modulatorschaltungen)
	BB 104	Si-Kapazitätsdiode
	BZY 85/C 12	Si-Z-Diode für $U_z = 12$ V.

In USA werden die JEDEC-Bezeichnungen benutzt, bestehend aus 1 N... und fortlaufenden Ziffern (JEDEC = Joint Electron Device Engineering Council).

17.1.2 Spezialdioden

tunnel diode
Tunnel-Dioden

Tunnel-Dioden, auch nach ihrem Entdecker ESAKI-Dioden genannt, besitzen streckenweise eine fallende (negativ verlaufende) Kennlinie im Durchlaßbereich, was einem negativen Leitwert entspricht. Diese Eigenschaft kann für einen aktiven Zweipol zum Entdämpfen und für *Schwingschaltungen* ausgenutzt werden.

oscillator circuit
Schwingschaltung

hall-effect diode
Halleffekt-Diode

Halleffekt-Dioden bestehen aus dünnen n-Halbleiterplättchen mit seitlichen Zusatzelektroden, an denen bei Einwirken eines Magnetfeldes eine zur Feldstärke proportionale Spannung auftritt.

photo diode
Foto-Diode

Foto-Dioden sind passive Halbleiterbauelemente, deren Sperr-Sättigungsstrom bei Lichteinwirkung ansteigt. Ge-Fotodioden können auch als aktive Fotoelemente eingesetzt werden.

Kapazitäts-Diode

Kapazitäts-Dioden nutzen die Abhängigkeit der Sperrschichtbreite und deren Kapazität von der in Sperrichtung angelegten äußeren Spannung zur Kapazitätsabstimmung (Abschnitt 11.3.2). In der Tabelle 5 sind einige Typen mit den Herstellerhinweisen zusammengestellt.

Referenz- oder Z-Dioden dienen zur Stabilisierung von Gleichspannungen (Abschnitt 7.2.2).

Referenz- oder Z-Dioden

Leucht- oder Lumineszenz-Dioden (Light Emitting Diodes). Diese Dioden bestehen vorzugsweise aus Galliumarsenid mit Zink- oder Sauerstoff-Dotierung. Dabei wird die beim Austausch der Ladungsträger auftretende Verlustleistung teilweise in Licht umgesetzt, anstatt in Wärme. Die je nach Dotierung rot, grün oder gelb leuchtenden Dioden arbeiten bei Durchlaßspannungen von etwa 1,5 V mit 10···30 mA.

LED
Leucht- oder Lumineszenzdioden

17.1.3 Schaltzeichen von Halbleiter-Dioden

In Bild 41 sind die Schaltzeichen von Halbleiter-Dioden dargestellt.

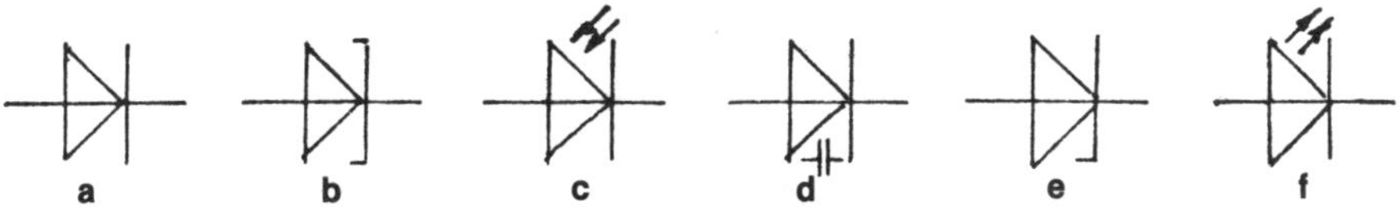

Bild 41 Schaltzeichen von Halbleiter-Dioden. a Gleichrichter, b Tunnel-Diode, c Foto-Diode, d Kapazitäts-Diode, e Z-Diode, f Lumineszenz-Diode

Falls die Durchlaßrichtung der Dioden aus Platzgründen nicht gekennzeichnet ist, wird die Katode (griech.: Ausgang) als Minuspol mit einem farbigen Ring oder Punkt versehen.

17.1.4 Leistungs-Gleichrichter

power rectifier

Gleichrichter- oder Richtleiter-Dioden sind elektrische Ventile, die Wechselstromleistung in Gleichstromleistung umsetzen.

Der Einsatzbereich wird durch die Verlustwärme begrenzt, die bei Betrieb in der Sperrschicht infolge der Verlustleistung $P_D = U_D \cdot I_D$ umgesetzt wird und als *Sperrschicht-Temperatur* in Erscheinung tritt. Der zulässige Grenzwert ist in den Datenblättern als t_j, t_{sp} oder T_j in °C verzeichnet und beträgt für Silizium meist 150 °C.

junction temperature
Sperrschicht-temperatur

Der niedrige Grenzwert für Germanium t_j etwa 90 °C erlaubte nicht die Konstruktion von Hochleistungsgleichrichtern.

Der Einsatzbereich wird auch durch die *Sperrspannung* U_R als Gleichspannung oder Spitzenspannung begrenzt, die bei Si-Gleichrichterzellen bis zu 1600 V zulässig sein kann.

reverse voltage
Sperrspannung

heat sink
Kühlkörper

heavy duty
rectifier
Hochleistungs-
gleichrichter

Während die Verlustwärme bei Kleinsignaldioden in der Regel unbedeutend bleibt, muß sie bei Kleingleichrichtern ab etwa $I_D = 3$ A abgeleitet werden, beispielsweise über *Kühlkörper* oder über wärmeleitende Anschlußarmaturen (Bild 42). Leistungsgleichrichter bis etwa $I_D = 300$ A besitzen massive Schraubarmaturen bis Gewinde M 24 für vergrößerte Kühlflächen oder für Zwangskühlung mit Luft oder Wasser. *Hochleistungsgleichrichter* (Bild 43) mit enger Packungsdichte, wie sie beispielsweise für elektrische Lokomotiven gebräuchlich sind, bestehen aus flachen Scheiben mit großflächigen Kontakten für Strom- und Wärmeableitung.

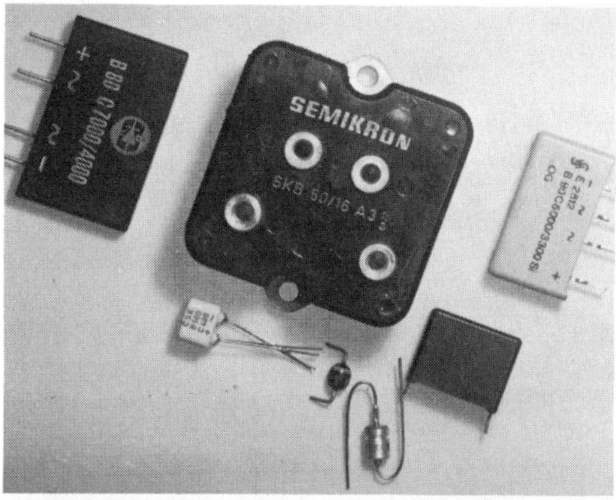

Bild 42
Brückengleichrichter verschiedener Fabrikate und Einweggleichrichter

Bild 43
Hochleistungsgleichrichter-Zellen für den mA-Bereich in Metall-Keramiktechnik aus Aluminiumoxid und cadmierten Kupfer

17.1.4.1 Gleichrichter-Schaltungen

half wave
rectifier
Einweggleichrichter

power supply
Netzteil

Der *Einweggleichrichter* (Bild 44a) nutzt nur eine Halbwelle des Wechselstromes aus. Der Netztransformator kann auch entfallen, sofern der Gleichstrompfad geschlossen ist, wie zum Beispiel bei transformatorlosen *Netzteilen* von Fernsehgeräten.

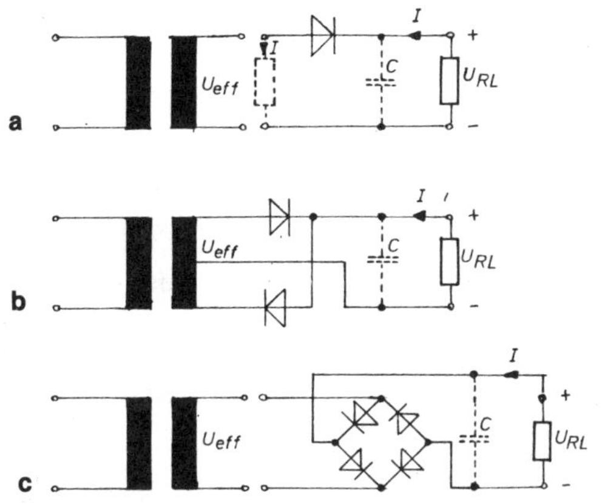

Bild 44 Gleichrichter-Schaltungen; a Einweg-, b Zweiweg-, c Brücken-(Graetz-) Schaltung

In diesem Falle sind die Sicherheitsvorschriften für elektrische Geräte zu beachten (zum Beispiel VDE 0860), weil das Minuspotential des Gerätes mit dem Stromnetz leitend verbunden ist.

Beim *Zweiweggleichrichter* (Bild 44b) werden beide Halbwellen des Wechselstromes ausgenutzt. Der Netztransformator benötigt eine doppelte Ausgangswicklung und kann nicht entfallen.

full wave rectifier Zweiweggleichrichter

Der *Brückengleichrichter* (Bild 44c) bietet gewisse Vorteile, weil er ebenfalls beide Halbwellen ausnutzt, aber nur eine Trafowicklung benötigt, die auch entfallen kann, wobei gleichfalls die Sicherheitsvorschriften für elektrische Geräte zu beachten sind.

bridge rectifier Brückengleichrichter

Tabelle 7: Übersichtstabelle für Gleichrichter-Schaltungen

	Einweg-	Zweiweg-	Brücken-Gleichrichter	Dimens.
U_{eff}	2,22 U	1,11 U	1,11 U	V
U	0,45 U_{eff}	0,9 U_{eff}	0,9 U_{eff}	V
U_D Sperrspannung der Diode	3,14 U	3,14 U	1,57 U	V_s
I_D Diodenstrom	3,14 I	1,57 I	1,57 I	A
I	0,318 I_D	0,637 I_D	0,637 I_D	A
Welligkeit	120	48	48	%
f = überlagerte Frequenz	1 f	2 f	2 f	Hz

(Werte ohne Ladekondensator.)

Für fertig geschaltete Gleichrichterzellen wird meist folgende Bezeichnung angegeben:

Beispiel: B 40 C 3700/2200.

Bedeutung: Brückengleichrichter für 40 V_{eff} mit Ladekondensator.
Dauerstrom 3700 mA bei Chassismontage,
2200 mA freistehend.

Spannungsvervielfacher-Schaltungen

voltage multiplier
Kaskadenschaltung

Die bekannteste Anordnung ist die Kaskadenschaltung nach Bild 45.

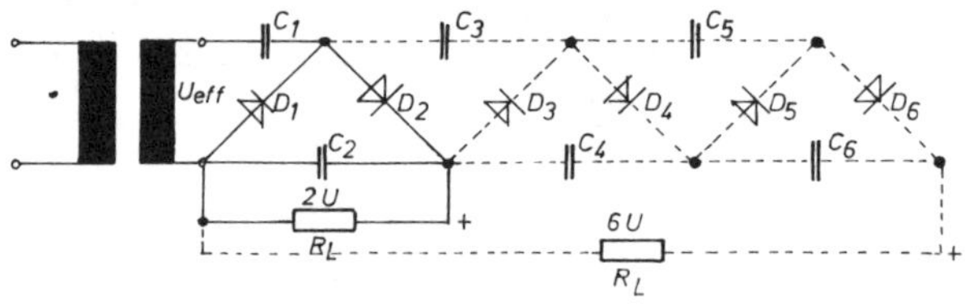

Bild 45 Kaskaden-Gleichrichter

Eine einstufige Kaskade bestehend aus D_1, D_2 und C_1, C_2 wirkt als Spannungsverdoppler. Die Dioden laden die Kondensatoren C_1 und C_2 bei jeder Halbwelle abwechselnd auf den Spitzenwert auf $U_{eff} \cdot \sqrt{2}$ (Abschnitt 1.3). Da die Kondensatoren im Wechselstromkreis in Serien liegen, steht an C_2 die mit $2f$ pulsierende Gleichspannung vom Betrag $2 \cdot U_{eff} \cdot \sqrt{2}$ bei Leerlauf zur Verfügung. Die Gleichspannung $2\,U$ ist vergleichsweise zu nicht verdoppelnden Gleichrichterschaltungen stärker vom Laststrom $I = 2 \cdot U/R_L$ abhängig, weil die Ersatzwiderstände der Kondensatoren X_C und die Durchlaßwiderstände der Dioden in Reihe liegen.

Die Vervielfacher-Kaskade kann sinngemäß erweitert werden, wobei an C_3 die dreifache, an C_4 die vierfache, an C_5 die fünffache und an C_6 die sechsfache Spannung auftritt.

Derartige „Hochspannungs-Kaskaden" werden vorteilhaft angewendet, wenn hohe Gleichspannungen bei niedrigem Strombedarf benötigt werden, beispielsweise bei Bild- und Sichtröhren, Bildwandlern, Nachtsichtgeräten und ähnlichen.

Eine handelsübliche 4-stufige Kaskade für Farbfernseh-Bildröhren ist beispielsweise mit den Nenndaten katalogisiert: Eingangsspannung 9 kV_{ss}, Ausgangsspannung 25 $kV_{=}$, Ausgangsstrom 1,5 mA (Valvo).

17.1.5 Siebschaltungen

Netzgleichrichter liefern eine pulsierende Gleichspannung, deren Wechselstromanteil bei der Stromversorgung von Geräten als störende ***Brummspannung*** auftritt und in Siebschaltungen auf ein zulässiges Maß reduziert werden muß.

ripple (voltage)
Brummspannung

Siebschaltungen bestehen meist aus einem Ladekondensator mit bedarfsweise nachgeschaltetem Tiefpaß. Der Ladekondensator C ist in den Gleichrichterschaltungen Bild 44a, b und c punktiert eingezeichnet. Er wird auf die Spitzenspannung $U_s = U_{eff} \cdot \sqrt{2}$ aufgeladen. Der zeitliche Spannungsverlauf der pulsierenden Gleichspannung am Ladekondensator C ist in Bild 46 schematisch dargestellt.

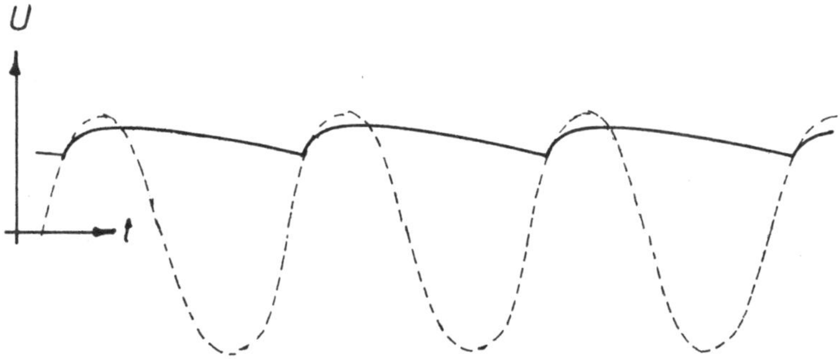

Bild 46 Pulsierende Gleichspannung U in Abhängigkeit von der Zeit t am Ladekondensator (schematisch)

Die überlagerte Brummspannung besteht aus dem Wechselstromanteil der pulsierenden Gleichspannung und hat bei Einweggleichrichtung angenähert den Betrag

$$U_{Br} \approx \frac{I \cdot 10^6}{2 \cdot \sqrt{2} \cdot C \cdot 2f} \quad V_{eff}\,. \tag{82}$$

Dabei ist I der entnommene Strom in A, C die Kapazität des Ladekondensators in µF und $2f$ die doppelte Netzfrequenz in Hz. Bei Zweiweggleichrichtung steht im Nenner $4f$.

Die Stromstöße bei der pulsierenden Aufladung des Kondensators C können bei Si-Gleichrichterelementen an einem niederohmigen Netzanschluß, zum Beispiel bei Fernsehempfängern, hohe Spitzenwerte erreichen.

Daher schaltet man bei Kondensatoren >100 µF Dämpfungswiderstände von einigen Ω in den Gleichrichterstromkreis, um die innere Kontaktierung der Elektrolytkondensatoren nicht zu überlasten.

Ein bedarfsweise nachgeschalteter Tiefpaß besteht meist aus einem *L*-*C*-Siebglied (Abschnitt 14), dessen Siebfaktor nach Gl. (56) zu berechnen ist. In der Praxis benutzt man den davon abgeleiteten Ausdruck für die Brumm-Restspannung

$$U_r = \frac{U_{Br} \cdot 10^6}{\omega^2 \cdot C \cdot L} \quad V_{eff}\,. \tag{83}$$

Darin ist U_{Br} die Brummspannung nach Gl. (82), ω die Kreisfrequenz des Wechselstromnetzes, zum Beispiel $\omega = 2\pi \cdot 50 = 314$, C in µF und L in H.

thyristor

17.2 Thyristoren

Der Oberbegriff Thyristor wird für Halbleiter-Bauelemente benutzt, die zwischen zwei stabilen Schaltzuständen sprunghaft wechseln können.

pnpn switching diode

17.2.1 Vierschicht-Dioden

Diese Dioden besitzen vier wechselweise entgegengesetzt dotierte Schichten mit der Zonenfolge p-n-p-n. Sie sperren folglich in beiden Richtungen für Spannungen unterhalb der für jede Sperrschicht gültigen Durchlaßspannung.

Überschreitet die angelegte Spannung den „Schaltwert“, so kippt die Diode in den Durchlaßbereich, der bei diesem „Haltepunkt“ mit einer normalen Durchlaßkennlinie beginnt. Wird der zugehörige Haltestromwert wieder unterschritten, so kippt die Diode in den Sperrzustand zurück.

Diese Verhaltensweise läßt sich in der Ersatzschaltung von Bild 47 durch 3 gegeneinander gepolte Z-Dioden darstellen.

Vierschicht-Dioden dienen als elektronische Schalter beispielsweise für Verzögerungs- und Kippschaltungen.

silicon controlled rectifier SCR

17.2.2 Vierschicht-Schalttriode

Trioden sind stromrichtungsabhängige elektronische Bauelemente mit 3 Elektroden: Anode, Katode und Steuer- oder Zünd-

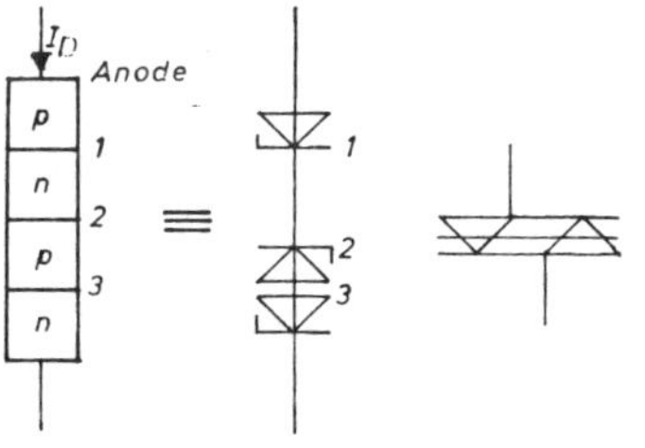

Bild 47 Vierschicht-Diode. Ersatzschaltung und Schaltsymbol

elektrode. Die Vierschicht-Schalttrioden, auch steuerbare Siliziumzellen genannt, besitzen einen zusätzlichen Anschluß an der inneren p-Schicht. Vierschicht-Schalttriode

Mit positivem Steuerstrom I_s kippt die Schalttriode aus dem Sperr- in den Durchlaßzustand. Sobald der Anodenstrom I_a unter den Haltewert sinkt, kippt die Schalttriode in den Sperrzustand zurück. Dies tritt bei Wechselstromspeisung gegen Ende jeder positiven Anodenspannungshalbwelle ein, was bei steuerbaren Gleichrichterschaltungen angewendet wird. Die Schalttrioden werden hier von Impulsen mit einstellbarer Phasenverschiebung so angesteuert, daß mehr oder weniger angeschnittene Anodenstromhalbwellen mit einstellbarer Einschaltdauer auftreten („Phasenanschnittsteuerung"). Das erspart einen Stellwiderstand.

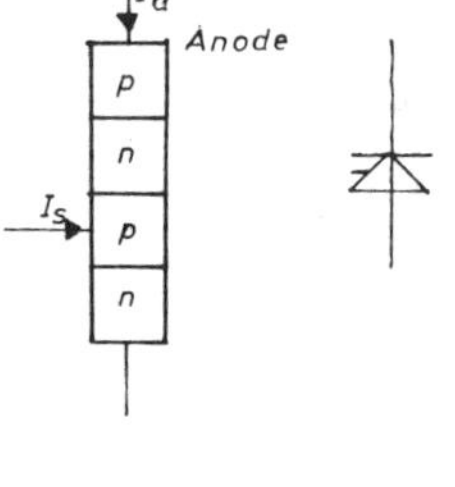

Bild 48 Vierschicht-Schalttriode mit Schaltsymbol

17.3 Transistoren

transistor

Transistoren (Transfer-Resistor: „Übertragungs-Widerstand") sind Halbleiter-Bauelemente, deren Stromdurchgang im Gleichstromkreis durch Einwirken einer äußeren Steuerspannung zwischen Null und einem Höchstwert nahezu trägheitslos verändert werden kann.

Sie wirken als schnelle Schalter zum Beispiel in der Digitaltechnik für die logischen Zustände „0" und „1" und als Verstärkerelement in der Analogtechnik. Die Verstärkung kommt dadurch zustande, daß der Durchgangsstrom durch einen sehr viel kleineren Steuerstrom direkt proportional (verhältnisgleich) gesteuert werden kann.

In der Digitaltechnik (Latein.: digitus = Finger) werden Signale, zum Beispiel Daten, Informationen, Zahlenwerte, durch elektrische Impulsfolgen verarbeitet, übertragen und dargestellt. In der Analogtechnik werden Signale durch analoge (ähnliche) Größen verarbeitet, meist durch elektrische Ströme.

bipolar transistor

17.3.1 Bipolare Transistoren

Diese Transistoren bestehen aus Ge- oder Si-Kristallen mit drei Schichten und besitzen einen pn-Übergang, entweder pnp oder npn. Ihr Leitungsmechanismus beruht daher entweder auf dem Transport von Defektelektronen (Löchern) oder von Valenzelektronen. Bild 49 zeigt den schematischen Aufbau eines bipolaren Transistors.

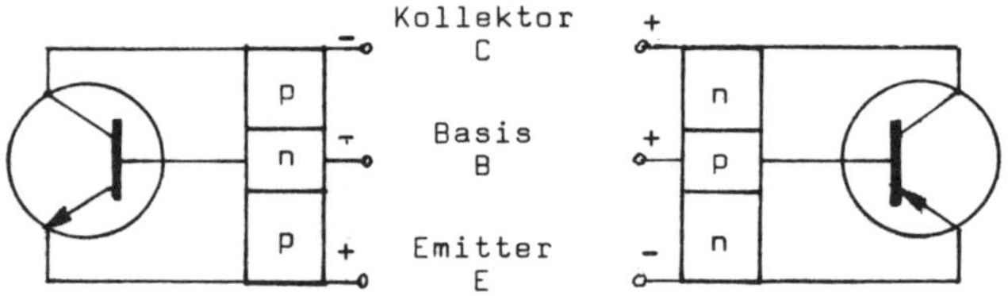

Bild 49 Schematischer Aufbau von bipolaren Transistoren

base
Basis
emitter
Emitter
collector
Kollektor

Bei richtiger Polung der Spannungsquellen wird die Sperrschicht zwischen *Basis* (Fußpunkt) B und Emitter (Herausgeber) E abgebaut, aber zwischen *Kollektor* (Stromabnehmer) C und Basis B erhalten.

17.3.1.1 Grundschaltungen

Die Benennung der Spannungen und Ströme ist in den Grundschaltungen eingezeichnet.

Bilder 50a und b zeigen die Polaritäten und Stromrichtungen bei pnp- und npn-Transistoren mit den am häufigsten gebrauchten Bezeichnungen, die in der anglo-amerikanischen (japanischen) und in der deutschen Literatur nicht immer einheitlich gebraucht wer-

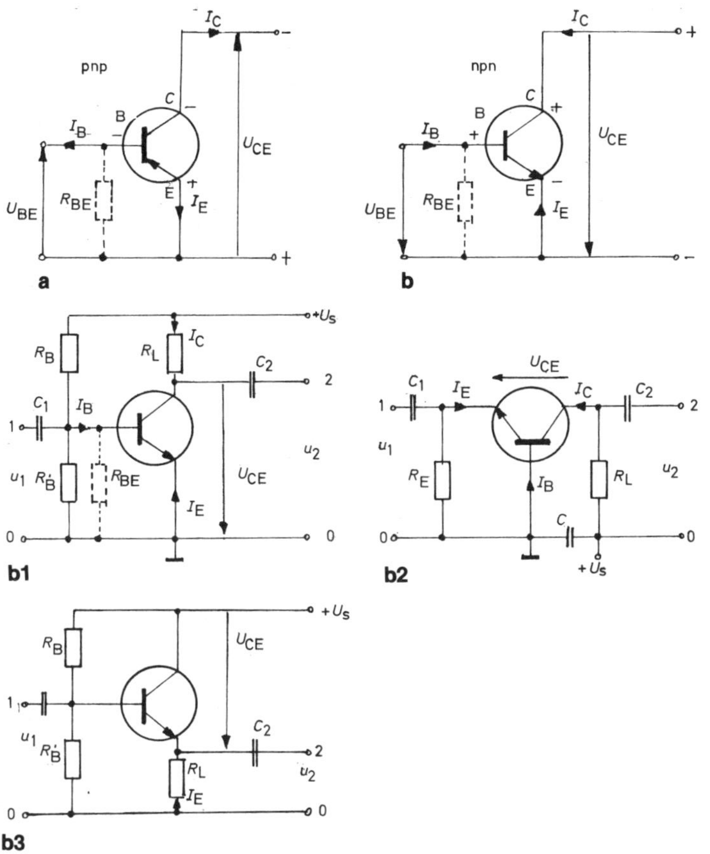

Bild 50 Grundschaltungen von bipolaren Transistoren. a npn-Transistor, b pnp-Transistor; b1 Emitterschaltung, b2 Basisschaltung, b3 Kollektorschaltung

den. Abweichende Bezeichnungen sind im Text in Klammern ( ) ergänzt. Die in der Fachliteratur oft verwendeten *y*- und *h*-Parameter beziehen sich auf eine Vierpol-Matrizenrechnung, die hier nicht benutzt wird, weil sie keinen direkten Zugang zur Praxis bietet.

Die Gleichspannungen U an Basis und Kollektor werden grundsätzlich auf den Emitter bezogen, also U_{BE} und U_{CE}.

Bei Ge-Transistoren beträgt die Durchbruchspannung der Basis-Emitterstrecke U_{BE} etwa 0,2 ··· 0,3 V, bei Si-Transistoren etwa 0,5 ··· 0,6 V. Bei weiterer Änderung von U_{BE} steigt der Basisstrom I_B stark an.

17.3.1.2 Kennlinien

input characteristic Eingangskennlinie transadmittance Steilheit

Die graphische Darstellung der Abhängigkeit (Funktion) des Basisstromes I_B von U_{BE} heißt *Eingangskennlinie* $I_B = f(U_{BE})$ und die Abhängigkeit des Kollektorstromes I_C von U_{BE} heißt *Steilheit* $I_C = f(U_{BE})$. Diese Funktion erleichtert die Wahl des Arbeitspunktes A.

Die nachfolgenden Angaben beziehen sich meist auf die am häufigsten gebrauchten Si-npn-Transistoren. Sie gelten im Prinzip auch für Ge-Transistoren und für pnp-Typen bei Berücksichtigung der Stromflußrichtungen.

Im linearen Kurvenabschnitt der Eingangskennlinie Bild 51 kann man ablesen, daß eine Basis-Emitterspannung U_{BE} zwischen $0{,}7 \cdots 0{,}75$ V einen Basisstrom I_B zwischen $0{,}1 \cdots 0{,}3$ mA „zieht". Daraus ergibt sich ein reeller Eingangswiderstand R_{BE} (r_e, r_i, h_{11}) aus der Spannungsänderung $\Delta U_{BE} = 0{,}75 - 0{,}7 = 0{,}05$ V und der Stromänderung $\Delta I_B = 0{,}3 - 0{,}1 = 0{,}2$ mA nach Gl. (84)

$$R_{BE} = \frac{\Delta U_{BE}}{\Delta I_B} \quad \Omega, \text{V}, \text{A}\,, \tag{84}$$

$$R_{BE} = \frac{0{,}05 \text{ V}}{0{,}2 \cdot 10^{-3} \text{ A}} = 250\ \Omega\,.$$

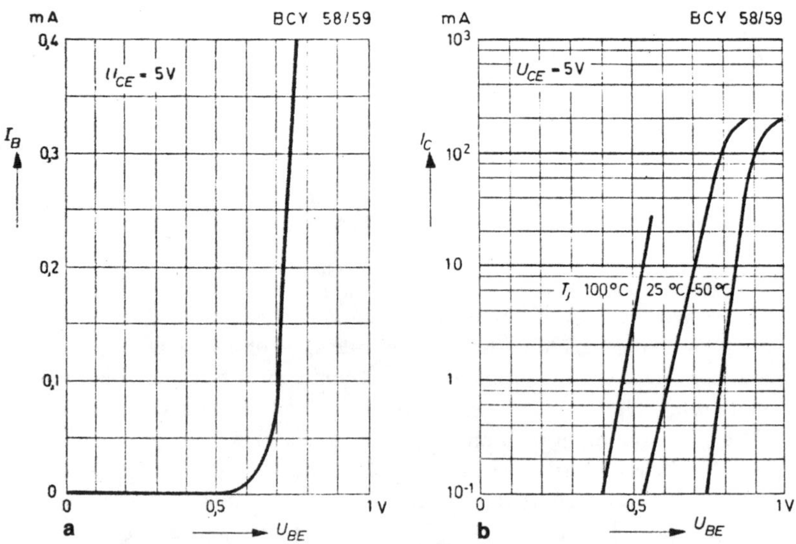

Bild 51 Eingangskennlinie a und Steilheit b des npn-Transistors BCY 59 (ITT)

Dieser Eingangswiderstand ist eine kennzeichnende Größe für diesen Transistor bei diesen Meßbedingungen. Er liegt allgemein zwischen 100 und 2000 Ω je nach Dotierung und Typ.

In einigen Datenblättern wird der Eingangswiderstand auch als Eingangsleitwert y_{11} angegeben.

Für die Spannungsänderung ΔU_{BE} ist in der Praxis bei Schalttransistoren die *Schaltspannung* und bei Verstärkerstufen die Amplitude der Eingangsspannung u_1 (v_{g1}) anzusetzen, deren Null-Linie von der Basis-Vorspannung U_{BE} bestimmt ist, beispielsweise $U_{BE} = +0{,}7$ V.

switching voltage
Schaltspannung

Der Eingangswiderstand belastet den Generator (Steuerspannungsquelle) und muß bedarfsweise angepaßt werden, zum Beispiel an Schwingkreise, Filter, Mikrofone und Transistor-Vorstufen. Die Ansteuerung von bipolaren Transistoren erfolgt mittels einer Steuerleistung. Sie unterscheiden sich hier von Feldeffekt-Transistoren FET (Abschnitt 17.3.2) und von Verstärker-Röhren, die auch leistungslos angesteuert werden können.

Eine weitere kennzeichnende Funktion ist die Abhängigkeit des Kollektorstromes I_C von der Kollektor-Emitter-Spannung U_{CE} bei verschiedenen Basis-Strömen I_B, nämlich $I_C = f(U_{CE})$. Diese Abhängigkeitsfunktion heißt *Ausgangs-Kennlinienfeld* und ist für den gleichen Transistor BCY 59 in Bild 52 dargestellt.

output characteristic
Ausgangs-Kennlinienfeld

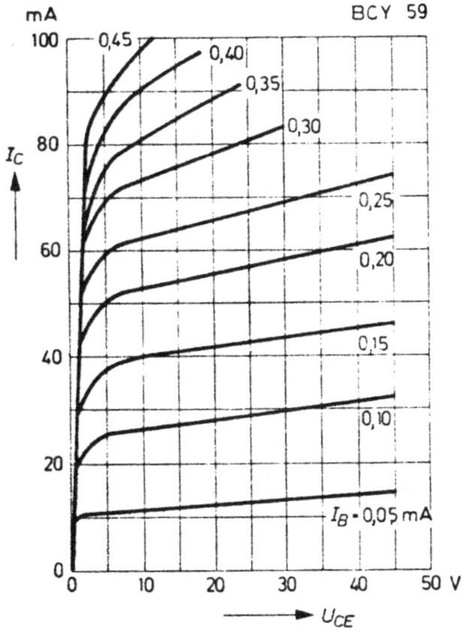

Bild 52 Ausgangs-Kennlinienfeld für den npn-Transistor BCY 59; I_B = Parameter

Die unterschiedlichen Basisströme $I_B = 0{,}05;\ 0{,}1;\ 0{,}15;\ 0{,}2\ldots$ mA sind als Parameter (mathemat. Kunstwort für eine charakteristische Größe) eingetragen. Hieraus erkennt man unter Zuhilfenahme der Eingangskennlinie den Zusammenhang mit der Basis-Emitter-Spannung U_{BE}.

data

17.3.1.3 Kennwerte

current gain
Gleichstrom-Verstärkung B

Aus den Kennlinien ergibt sich als weitere kennzeichnende Größe die *Gleichstrom-Verstärkung B*:

$$B = \frac{I_C}{I_B} \qquad (85\,a)$$

current amplification factor
Wechselstrom-Verstärkungsfaktor β

und der *Wechselstrom-Verstärkungsfaktor* $\beta(h_{fe}, h_{21})$

$$\beta = \frac{\Delta I_C}{\Delta I_B}\,. \qquad (85\,b)$$

Die zugehörigen Zahlenwerte werden in den Datenblättern als statische Kennwerte angegeben.

Die dynamischen Kennwerte enthalten Angaben über Betriebsgrößen bei einem bestimmten Arbeitspunkt, zum Beispiel bei $U_{CE} = 5$ V, $I_C = 5$ mA.

Dazu rechnen:

transition frequency

Transitfrequenz f_T als diejenige Frequenz, bei der β auf das 0,7-fache des Nennwertes abgesunken ist

collector to base capacitance

Kollektor-Basis-Kapazität C_{CB} in pF

emitter to base capacitance

Emitter-Basis-Kapazität C_{EB} in pF

noise factor

Rauschzahl F als Verhältnis der Eingangs- zur Ausgangs-Rauschleistung. Sie wäre bei einem (theoretisch) rauschfreien Transistor $F = 1$.

noise
Rauschen

Unter *Rauschen* versteht man ein breitbandiges Störsignal, das durch Spannungsschwankungen infolge der Wärmebewegung von Elektronen auftritt, beispielsweise als Transistor-, Röhren-, Widerstandsrauschen, aber auch als Antennenrauschen (kosmisches Rauschen). Dieses Störsignal begrenzt die praktisch ausnutzbare Verstärkung eines Empfangssignales insofern, als der Signal-Nutzpegel (*Pegel*: mittlere Spannung) erkennbar aus dem Störpegel herausragen muß.

level
Pegel

Die angegebenen *Grenzwerte* dürfen im einzelnen nicht überschritten werden.

limit value
Grenzwerte

Dazu rechnen:

Kollektor-Basis-Spannung U_{CB}
Kollektor-Emitter-Spannung U_{CE}
Basis-Emitter-Spannung U_{BE}
Kollektorstrom I_C (i_c)
Sperrschichttemperatur T_j
Verlustleistung P_{tot} bei Umgebungstemperatur $T_U = 25\,°C$ und bei Gehäusetemperatur $T_G = 45\,°C$.

Nach der Verlustleistung $P_{tot} = U_{CE} \cdot I_C + U_{BE} \cdot I_B$ unterscheidet man Kleinleistungs- oder *Vorstufentransistoren* mit P_{tot} bis etwa 500 mW und Leistungs- oder *Endstufentransistoren* mit P_{tot} ab etwa 500 mW.

small signal transistor
Vorstufentransistor
power transistor
Endstufentransistor

Die Transistor-Grundschaltungen nach Bild 50a und b ermöglichen noch keine Aussagen über die praktische Anwendung. Hierzu müssen äußere Schaltelemente für die Einstellung des Arbeitspunktes und die Trennung der Gleich- und Wechselstromkreise eingeführt werden.

In Bild 50b 1, 2 und 3 sind die wichtigsten praktischen Schaltungsarten für npn-Transistoren angegeben. Sie gelten sinngemäß auch für pnp-Transistoren mit anderen Polaritäten. Die statischen Kennwerte gelten hier auch, wir erfahren aber praktische Betriebsdaten mit Ein- und Ausgangs-Impedanzen, Verstärkung und Phasenlage.

17.3.1.4 Betriebsdaten

Der *Arbeitspunkt* auf den Kennlinienfeldern wird durch die Kollektor-Emitter-Spannung U_{CE} und die Basis-Spannung U_{BE} bestimmt. Beide sind nicht mit der Speisespannung U_s identisch.

operating point
Arbeitspunkt

Um eine *Verstärkung* zu erzielen, muß im Ausgangskreis, also im Kollektor- oder Emitterstromkreis, ein Arbeits- oder Lastwiderstand R_L (r_l) wirksam werden, der von dem Ausgangsstrom $i_2 = \Delta I_C$ oder ΔI_E durchflossen wird. Dann fällt dort die Ausgangsspannung u_2 (U_Q) ab:

gain
Verstärkung

$$u_2 = R_L \cdot \Delta I_C \quad \text{oder} \quad R_L \cdot \Delta I_E \quad \text{V}, \Omega, \text{A}. \qquad (86)$$

Der Lastwiderstand R_L kann beispielsweise bei Vorstufentransistoren ein ohmscher Widerstand oder ein Schwingkreis, bei Leistungstransistoren auch ein Transformator, ein Lautsprecher, ein π-Filter (Abschnitt 28.5) oder anderes sein. Die Ausgangsleistung P_o (P_Q) wird dann:

$$P_o = u_2^2 \cdot R_L \quad \text{W}. \tag{87}$$

Mit der Eingangsleistung P_{in} (P_I)

$$P_{in} = u_1^2 \cdot R_{BE} \quad \text{W} \tag{88}$$

errechnet man die Leistungsverstärkung v_p (G, V_{pe}):

$$v_p = P_o / P_{in}. \tag{89}$$

Die Spannungsverstärkung v_u (A_v) ist:

$$v_u = u_2 / u_1. \tag{90}$$

output impedance
Admittanz

Der *Ausgangswiderstand* r_a wird oft als Admittanz h_{22} angegeben und beträgt:

$$r_a = \frac{u_2}{i_1} \quad \Omega, \text{V}, \text{A}, \tag{91}$$

i_1 = Eingangsstrom.

Die Basis-Emitter-Spannung U_{BE} kann einfach durch einen Vorwiderstand R_B oder besser durch einen Spannungsteiler eingestellt werden.

Die zulässige Verlustleistung darf bei der Wahl des Arbeitspunktes nicht überschritten werden.

grounded emitter circuit
Emitterschaltung

Bei der *Emitterschaltung* Bild 50b 1 liegt der Emitter gemeinsam mit der Basis B im Eingangskreis 1 – 0 und mit dem Kollektor C im Ausgangskreis 2 – 0.

Betriebswerte:

Eingangswiderstand mittel	100 ··· 2000 Ω
Ausgangswiderstand hoch	10 ··· 100 kΩ
Stromverstärkung	10 ··· 200

Spannungsverstärkung	100···1000
Leistungsverstärkung	$10^3 \cdots 10^4$
Phasenwinkel zwischen Ein- und Ausgangsspannung	180°

Bei der *Basisschaltung* Bild 50b 2 liegt die Basis B gemeinsam mit dem Emitter E im Eingangskreis 1 – 0 und mit dem Kollektor C im Ausgangskreis 2 – 0.

grounded base circuit
Basisschaltung

Betriebswerte:

Eingangswiderstand klein	10···200 Ω
Ausgangswiderstand hoch	0,1···2 MΩ
Stromverstärkung	~1
Spannungsverstärkung	100···2000
Leistungsverhältnis	100···1000
Phasenwinkel zwischen Ein- und Ausgangsspannung	0°

Bei der *Kollektorschaltung* Bild 50b3 liegt der Kollektor C gemeinsam mit der Basis B im Eingangskreis 1 – 0 und mit dem Emitter E im Ausgangskreis 2 – 0.

grounded collector circuit
Kollektorschaltung

Betriebswerte:

Eingangswiderstand hoch	100···500 kΩ
Ausgangswiderstand mittel	50···5000 Ω
Stromverstärkung	10···200
Spannungsverstärkung	~1 [1)]
Leistungsverstärkung	10···200
Phasenwinkel zwischen Ein- und Ausgangsspannung	0°

17.3.1.5 Aufbau und Funktion

Der erste Ge-Transistor wurde 1947 von den Amerikanern Bardeen und Brattain aus einem n-dotierten Ge-Plättchen mit Punktkontakt entwickelt. Derartige Spitzentransistoren sind nicht mehr üblich. Sie haben nur in den Schaltbildern mit der Emitter-Spitze überlebt.

Die älteste technische Bauform ist der Legierungstransistor, bei dem auf n- bzw. p-dotierten Ge-Plättchen beiderseits p- bzw. n-dotierte kleine Formstücke für Emitter und Kollektor aufge-

---

1) Wegen 100% Gegenkopplung.

schmolzen werden, wobei sich der pn-Übergang der Basis am Ge-Plättchen ausbildet.

Diese Ge-Legierungstransistoren waren für HF-Verstärkung ungeeignet, da die Sperrschichtkapazität und die Laufzeit der Ladungsträger zu groß waren. Die Transitfrequenz lag bei einigen hundert kHz.

diffused base transistor
Drift-Transistor

Bei den *Drift-Transistoren* nimmt die Störstellendotierung von der Basis-Emitter-Zone in Richtung zur Kollektor-Zone stark ab, wodurch die Basis-Schicht entsprechend verkürzt und die Transitfrequenz bis etwa 100 MHz heraufgesetzt wird. Dies erreicht man durch Bedampfen des Halbleiterwerkstoffes mit dem Dotierungsstoff.

mesa transistor
Mesa-Transistor

Eine Weiterentwicklung stellen die *Mesa-Transistoren* dar (Mesa: span. = Tisch), bei denen Emitter und Basis dicht nebeneinander auf der Fläche des Halbleiters als Kollektor eindiffundiert sind. Ihre Transitfrequenz liegt bei etwa 500 MHz.

planar epitaxial transistor
Planar-Epitaxial-Transistoren

Auch die *Planar-Epitaxial-Transistoren* besitzen einen ebenen (planaren) Aufbau mit einem hoch dotierten Halbleiterplättchen, auf dem eine schwach dotierte Schicht aufwächst, die nachträglich durch Diffusion dotiert wird.

Diese Transistoren zeichnen sich durch eine geringe Rauschzahl und eine hohe Transitfrequenz aus.

Die Halbleiterplättchen sind unter Luftabschluß oder mit Schutzgas bei Vorstufentransistoren in einem Glas- oder Kunststoffgehäuse mit herausgeführten Anschlußdrähten und bei Leistungstransistoren auf einem kräftigen Metallsockel unter einer Metallkappe untergebracht. Die Metallteile sind für die Montage auf Kühlblechen oder -Profilen ausgebildet, um die Verlustwärme abzuleiten.

Die Elektrodenanschlüsse und die zahlreichen Bauformen und Gehäusegrößen entnimmt man zweckmäßig den einschlägigen Handbüchern und Datenblättern.

17.3.1.6 Rechenbeispiel

Der Si-npn-Planar-Epitaxie-Transistor BCY 59 ist für rauscharme NF-Vor- und Treiberstufen bestimmt. Seine Grenzwerte betragen laut Datenblatt:

Kollektor-Basis-Spannung	U_{CB}	45 V
Kollektor-Emitter-Spannung	U_{CE}	45 V
Basis-Emitter-Spannung	U_{BE}	7 V

Kollektorstrom	I_C	200 mA
Sperrschichttemperatur	T_i	200 °C
Verlustleistung bei $T_U = 25\,°C$	P_{tot}	390 mW

Bild 53 zeigt eine gebräuchliche Schaltung für eine NF-Verstärkerstufe. Die Einstellungen und Betriebswerte können an Hand der Kennlinien abgeschätzt werden. Die Rechnung liefert allerdings wegen der Exemplarstreuungen nur Näherungswerte.

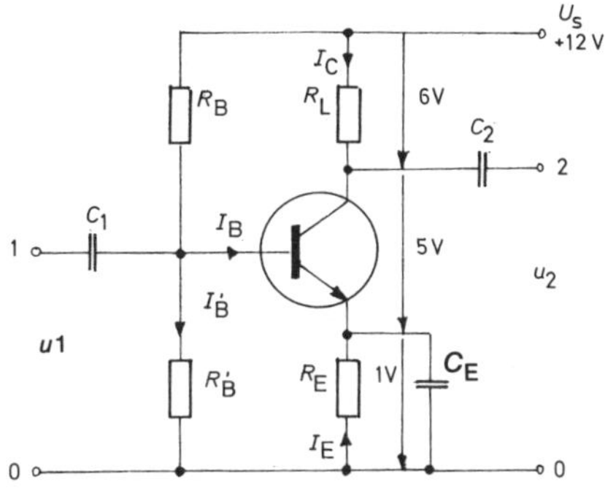

Bild 53 NF-Verstärkerstufe mit BCY 59

Zur Stabilisierung des Arbeitspunktes bekommt der Emitter eine Vorspannung gegen Nullpotential $U_{E0} = +1$ V. Der Lastwiderstand im Gleichstromkreis $I_C \approx I_E$ wurde zu diesem Zweck in die Teilwiderstände R_L und R_E aufgeteilt. Der Ausgangsstrom im Wechselstromkreis ΔI_C soll aber nur an R_L eine Ausgangsspannung $u2 = R_L \cdot \Delta I_C$ hervorbringen. Daher muß R_E durch einen Überbrückungskondensator C_E für Wechselstrom kurzgeschlossen werden. Die Kapazität ergibt sich nach Umstellen von Gl. (39) für die untere Grenzfrequenz f_g als Minimalwert zu:

$$C_E \approx 1/(2\pi \cdot f_g \cdot R_E) \quad \text{Hz, } \Omega\text{, F}\,.$$

Anderenfalles tritt an R_E eine Spannung $u_E = R_E \cdot \Delta I_E$ als Gegenspannung zu $u1$ auf, weil sie in Gegenphase ($\varphi = 180°$) die wirksame Eingangsspannung vermindert:

$$u'1 = u1 - u_E\,.$$

Dieser Effekt heißt *Stromgegenkopplung*. Das vom Ausgangsstrom ΔI_E abhängige Spannungsverhältnis $u_E/u2 = \beta$ heißt Gegenkopplungsgrad.

current feedback
Stromgegenkopplung

Bei der *Spannungsgegenkopplung* wird die rückgeführte Gegenspannung von der Ausgangsspannung $u2$ bestimmt:

inverse voltage feedback
Spannungsgegenkopplung

$$u'2/u2 = \beta\,.$$

non-linear distortion
nichtlineare Verzerrungen

In beiden Fällen sinkt die Verstärkung direkt proportional mit zunehmendem Gegenkopplungsgrad und wird bei $\beta = 1$ zu $v = 1$. Im gleichen Verhältnis sinken auch die *nichtlinearen Verzerrungen,* die durch Nichtlinearität der Verstärkerkennlinie in Form von Oberwellen oder Klirrfaktor auftreten.

Die an diesem Beispiel dargestellte Gegenkopplung kann unabhängig vom Verstärkerelement (Transistor, IS, Röhre) eingeführt werden. Sie wirkt auch auf andere Parameter ein. Die Stromgegenkopplung erhöht den Innenwiderstand und den Eingangswiderstand des Verstärkerelementes, während die Spannungsgegenkopplung den Innenwiderstand und den Ausgangswiderstand verringert.

Eine Gleichstrom- bzw. Gleichspannungsgegenkopplung wird ebenfalls zur Arbeitspunktstabilisierung von Verstärkerelementen ausgenutzt. So wirkt der Spannungsteiler R_B, R'_B als speisespannungsabhängige Gegenkopplung.

Die Gegenkopplung von Verstärkerstufen ist in Abschnitt 19.1.2 beschrieben.

Die gegenphasige Rückführung von Signalen wirkt in jedem gesteuerten System stabilisierend. Die Hauptanwendung liegt bei Elektronik und Verstärkertechnik. Bekannt ist auch die akustische Gegenkopplung in „aktiven" Lautsprecherboxen (motional feedback) zur Linearisierung der Wiedergabecharakteristik.

positive feedback
Mitkopplung

Die gleichphasige Rückführung von Signalen heißt *Mitkopplung* und bewirkt hauptsächlich eine Erhöhung der Verstärkung, die im Grenzfall zur Selbsterregung führen kann. Die Hauptanwendung liegt bei Schwingschaltungen (Oszillatoren) und Sendern.

feedback
Rückkopplung

Der Oberbegriff heißt *Rückkopplung* und wurde früher für die allein bekannte Mitkopplung benutzt, zum Beispiel „Rückkopplungs-Audion" für eine empfindliche Röhren-Empfangsschaltung.

Für eine Ansteuerung der Transistorstufe von Bild 53 mit $u1 = 25\ \text{mV}_{\text{eff}} = 25 \cdot 2 \cdot \sqrt{2} = 71\ \text{mV}_{\text{ss}}$ wählen wir auf der Steilheitskennline für $T_j = 25\,°\text{C}$ in Bild 51 b den Arbeitspunkt A mit $U_{BE} = +0{,}645$ V und $I_C = 2$ mA bei $U_{CE} = +5$ V.

Die Basis-Emitter-Spannung U_{BE} +0,645 V ändert sich bei Ansteuerung mit $71 = \pm 35{,}5\ \text{mV}_{\text{ss}}$ von $U_{BE} = 0{,}6095 \cdots 0{,}6805$ V. Damit ändert sich der Kollektorstrom I_C vom Ruhepunkt 2 mA um etwa $1 \cdots 4\ \text{mA} \mathrel{\hat{=}} \Delta I_C = 3$ mA.

transadmittance
Steilheit

Der Quotient $\Delta I_C / \Delta U_{BE}$ heißt *Steilheit S* (g, Y, y_{21}) und beträgt in diesem Arbeitspunkt $S = 3\ \text{mA}/0{,}071\ \text{V} = 42\ \text{mA/V} = 42\ \text{mS} = 42$ mMhos (Abschnitt 1.4.1) und wird in Abschnitt 17.3.2.5 näher erläutert.

Die Verlustleistung liegt mit $P = 5\ \text{V} \cdot 2 \cdot 10^{-3}\ \text{A} = 10$ mW unterhalb des zulässigen Grenzwertes. Der Lastwiderstand wird nach Gl. (3) $R_L = 6\ \text{V}/2 \cdot 10^{-3}\ \text{A} = 3000\ \Omega$ und der Emitterwiderstand

$R_E = 1\ V/2 \cdot 10^{-3}\ A = 500\ \Omega$. Die Ausgangsspannung beträgt nach Gl. (86):

$$u2 = 3000\ \Omega \cdot 3 \cdot 10^{-3}\ A = 9\ V_{ss} = 3{,}18\ V_{eff}\,.$$

Die Spannungsverstärkung wird nach Gl. (90)

$$v_u = 9/0{,}071 = 126{,}7 \approx S \cdot R_L\,.$$

Die Basisvorspannung $U_{B0} = U_{BE} + U_{E0} = 0{,}645 + 1 = 1{,}645$ V wird durch den Spannungsteiler R_B, R_B' eingestellt, dessen Querstrom etwa das 10fache des Basisstromes I_B betragen soll, also 0,05 mA · 10 = 0,5 mA. Damit wird R_B' nach Gl. (3): 1,645 V/0,5 · 10^{-3} A = 18827 Ω (praktischer Wert 18 kΩ).

17.3.2 Unipolare oder Feldeffekt-Transistoren FET

field effect transistor FET
Feldeffekt-Transistoren (FET)

Gegenüber bipolaren Transistoren zeichnen sich die FET durch wesentlich höhere Eingangswiderstände und daher nahezu leistungslose Ansteuerung aus. Insoweit sind sie mit dem Steuermechanismus von Elektronenröhren vergleichbar, was auch in der Definition einiger Kenndaten zum Ausdruck kommt.

Die Steuerung des Durchgangsstromes wird durch ein quer zu dem Strompfad ausgerichtetes elektrisches Feld in folgender Weise bewirkt:

bulk
Halbleiter-Substrat

Ein p- oder n-dotiertes Halbleiter-*Substrat* (Latein.: Unterlage) trägt zwei Elektroden für den Durchgangsstrom: Source (Quelle) S und Drain (Abfluß) D. Dazwischen fließt im Gleichstromkreis ein Ladungsträgerstrom I_D in Form von „Löchern" oder Elektronen, dessen Stromstärke zunächst von der Spannung zwischen Drain und Source U_{DS} und dem Widerstand R_{DS} abhängt.

Eine weitere Elektrode des Substrates, das sogenannte Gate (Tor) G ist zwischen D und S angebracht. Falls dort eine Gate-Source-Spannung U_{GS} angeschaltet wird, die zur Source S entgegengesetzt gepolt ist, baut sich zwischen diesen Elektroden ein elektrisches Feld auf (*Raumladungszone*).

space charge region
Raumladungszone

Dieses Feld behindert den Löcherstrom in der positiv (+) geladenen Zone bei positiver Spannung $+U_{GS}$, da der verfügbare Strompfad durch die elektrische Abstoßung der gleichpoligen Ladungen abgeschnürt wird.

Bei n-dotierten Substraten wird der Elektronenstrom sinngemäß durch negative Spannung $-U_{GS}$ behindert.

Dieser Steuermechanismus läßt sich sehr anschaulich als spannungsabhängige Änderung des Leiterquerschnittes q eines Halbleiter-Strompfades erklären, die nach Gl. (2) eine Widerstandsänderung verursacht.

Der ohmsche Widerstand des Strompfades R_D verursacht aber auch einen Spannungsabfall $U_P = R_D \cdot I_D$, der am Drain D eine zusätzliche Abschnürung hervorruft. Oberhalb dieser Abschnürgrenze wird der Durchgangsstrom I_D durch weitere Spannungssteigerung U_D nur geringfügig erhöht.

junction FET

17.3.2.1 **Sperrschicht-FET** (J-FET)

channel width
Kanalbreite

Die Steuerung des leitenden Querschnittes, der sogenannten *Kanalbreite*, erfolgt mittels der Sperrschicht eines pn-Überganges. In das n- bzw. p-leitende Material ist eine Zone mit p- bzw. n-Leitung eindotiert, die über die Gate-Elektrode G vorgespannt werden kann. Dabei wird eine Sperrschicht aufgebaut, deren Breite mit steigender Vorspannung zunimmt und den Querschnitt des leitenden Kanals beeinflußt.

Sperrschicht-FET
(J-FET)

Die Polarität der Spannungen zwischen D und S ist grundsätzlich unerheblich, weil der Ladungsträgerstrom im Substrat in beiden Richtungen fließen kann. Der konstruktive Aufbau bevorzugt allerdings die Polung plus (+) am Drain D des Kanal J-FET und minus (−) am Drain D des P-Kanal J-FET gegenüber dem Bezugspotential an der Source S. Für den Aufbau der Sperrschicht und des elektrischen Feldes muß daher das Gate G gegen die Source S bei N-Kanal J-FET *n*egativ (−) und bei P-Kanal-Typen *p*ositiv (+) gepolt sein.

Das Funktionsprinzip ist in Bild 54 skizziert. Die Diodenpfeile am Gate G der Schaltsymbole zeigen in Richtung plus (+).

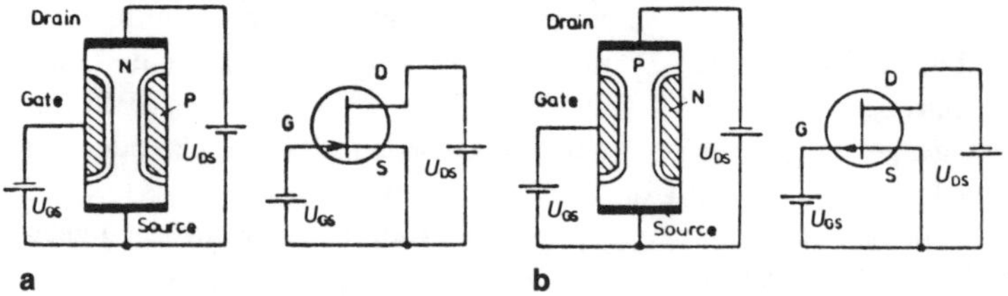

Bild 54 Funktionsprinzip der Sperrschicht-FET mit Schaltsymbolen; a N-Kanal, b P-Kanal (Aus QRV 4/76, S. 118)

(In der Literatur wird gelegentlich zwischen p- und n-Leitung in Kleinschreibweise und zugehörigem P- und N-Kanal in Großschreibweise unterschieden.)

17.3.2.2 Isolierschicht-FET (IG-FET, MOSFET)

insulated gate FET
Isolierschicht FET

Diese FET besitzen eine Isolierschicht zwischen der Gate-Elektrode G und dem halbleitenden Kanal des Substrates. Daher ist ihr Eingangswiderstand R_E besonders hoch. Die Isolation wurde früher durch eine Metall-Oxid-Schicht hergestellt, daher der Name MOS. Moderne IG-FET werden in Planartechnik auf einem n-oder p-leitenden Substrat hergestellt, dessen Oberfläche mit einer dünnen Quarzschicht (Si-Oxid) bedampft oder mit Sauerstoff oxidiert wurde. Die Isolierschicht wird unter den D- und S-Elektroden ausgespart oder abgeätzt, bleibt aber unter der G-Elektrode erhalten.

Nach der elektrischen Funktion unterscheidet man zwei Typen:

Beim *Verarmungstyp* ist der leitende Kanal zwischen D und S selbstleitend vordotiert und wird in bekannter Weise durch das elektrische Feld eingeschnürt.

deflection type
Verarmungstyp

Beim *Anreicherungstyp* ist der Kanal zwischen D und S nicht dotiert. Er leitet daher nicht und ist „selbstsperrend". Erst durch eine Spannung am Gate G zieht die entstehende Raumladung die zugehörigen Ladungsträger aus der Umgebung heran und sorgt für die Leitfähigkeit des Kanals.

enhancement type
Anreicherungstyp

Die elektrische Funktion dieser Typen ist schematisch in Bild 55 mit den zugehörigen Schaltsymbolen dargestellt, wobei der leitend dotierte Kanal zwischen S und D des Verarmungstyps an einer

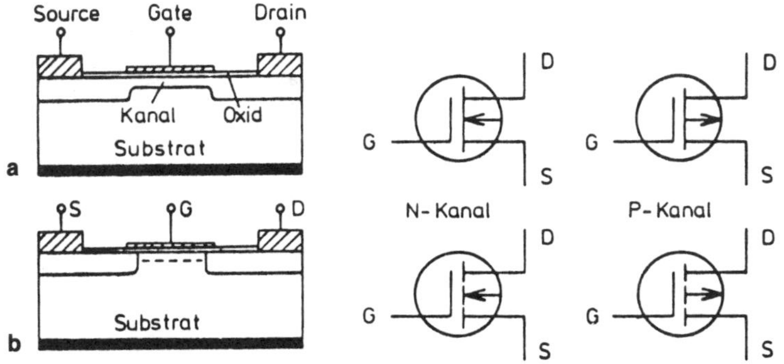

Bild 55 Funktionsprinzip der Isolierschicht-FET mit Schaltsymbolen; a Verarmungstyp, b Anreicherungstyp (Aus QRV 4/76, S. 199)

durchgehenden und der nichtleitende des Anreicherungstyps an einer unterbrochenen Verbindung kenntlich ist.

17.3.2.3 Grundschaltungen

Sie entsprechen mit sinngemäßen Abwandlungen den Grundschaltungen der bipolaren Transistoren und werden in Bild 56 am Beispiel der am häufigsten angewendeten N-Kanal-J-FET erläutert.

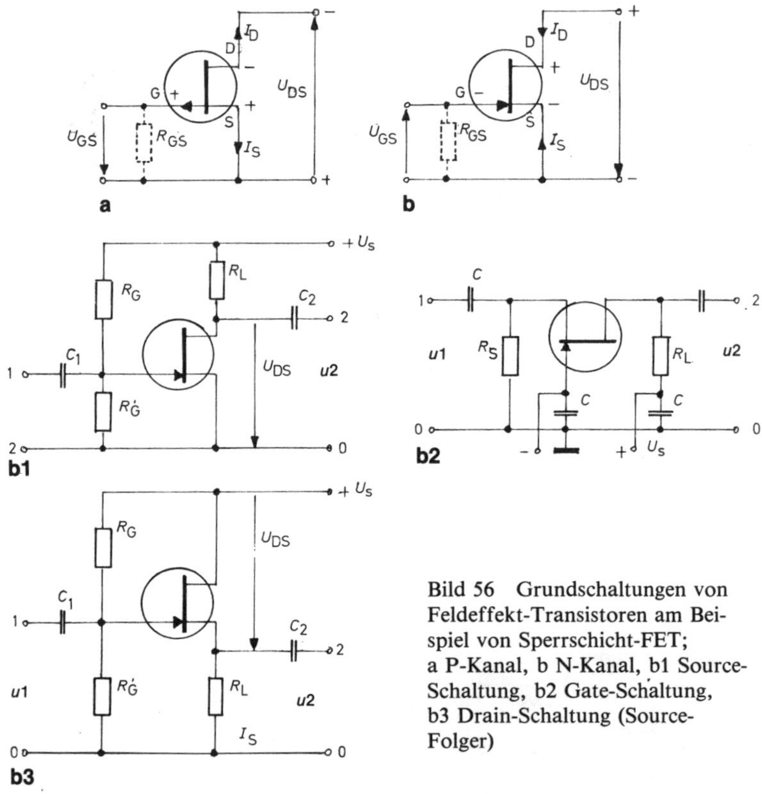

Bild 56 Grundschaltungen von Feldeffekt-Transistoren am Beispiel von Sperrschicht-FET; a P-Kanal, b N-Kanal, b1 Source-Schaltung, b2 Gate-Schaltung, b3 Drain-Schaltung (Source-Folger)

Die Elektroden-Spannungen werden grundsätzlich auf die Source S bezogen, also: U_{GS} und U_{DS}. Abweichende Bezeichnungen aus der Literatur sind in Klammern ( ) gesetzt. Gelegentlich werden die Elektroden wegen der ähnlichen Eigenschaften gleichnamig mit Röhren-Elektroden bezeichnet: Gate G = Gitter G, Drain D = Anode A und Source S = Katode D.

17.3.2.4 Kennlinien

Die bei bipolaren Transistoren angegebenen Eingangskennlinien sind bei FET wegen der hohen Eingangswiderstände von 10^9 bis 10^{12} Ω wenig sinnvoll. Daher wird in den Datenblättern die Steuerkennlinie als Funktion des Drain-Stromes I_D von der Gate-Source-Spannung U_{GS} angegeben: $I_D = f(U_{GS})$ und die Ausgangskennlinie als Funktion des Drain-Stromes I_D von der Drain-Source-Spannung U_{DS}: $I_D = f(U_{DS})$ mit der Gate-Source-Spannung U_{GS} als Parameter. Diese Kennlinien sind als Beispiel für den N-Kanal-J-FET 2 N 3823 in Bild 57 dargestellt.

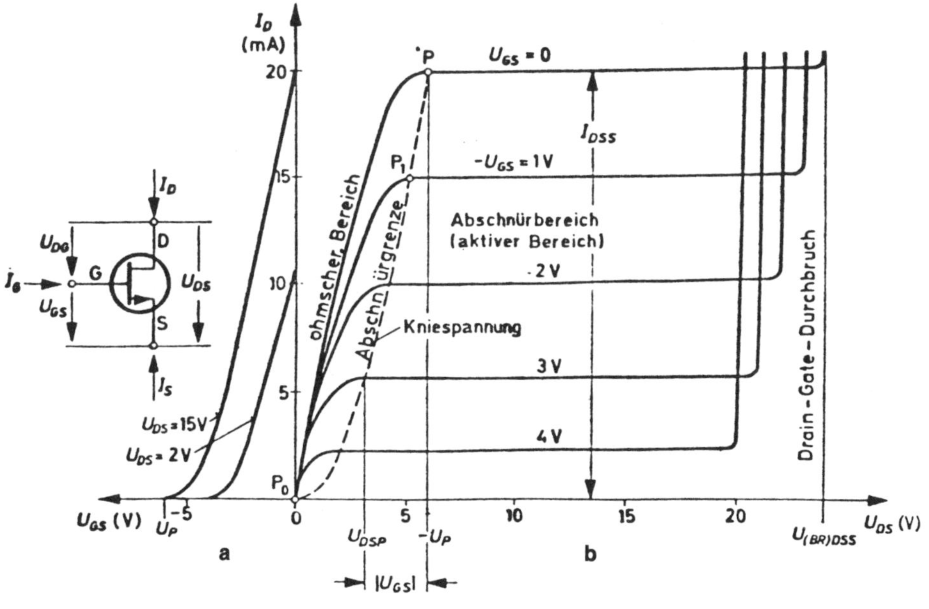

Bild 57 Kennlinie des N-Kanal J-FET 2 N 3823; a Steuerkennlinie, b Ausgangskennlinie

17.3.2.5 Kennwerte

Die *Steilheit* S (g, Y, y_{21}) ist ein Maß für die Neigung der Steuerkennlinie $I_D = f(U_{GS})$ im Arbeitspunkt und für die Verstärkung des Transistors in der betreffenden Schaltung. Sie hat den Betrag:

$$S = \frac{\Delta I_D}{\Delta U_{GS}} \quad \text{mA/V oder mS} . \qquad (92)$$

Die Steilheit S besitzt mit dem Quotienten I/U die Dimension eines Leitwertes (Abschnitt 1.4.1) und wird daher auch in mS, oder in amerikanischen Datenblättern in mMhos oder 1000 µMhos angegeben.

saturation voltage
Restspannung

bulk resistance
Bahnwiderstand

Die *Knie- oder Restspannung* U_P oder U_{DSP} bezeichnet die Grenze des ohmschen Bereiches vom Abschnürbereich. Im ohmschen Bereich verhält sich der *Durchgangs- oder Bahnwiderstand* wie ein reeller ohmscher Widerstand, im Abschnür- oder aktiven Bereich wirkt die feldabhängige Steuerung des Bahnwiderstandes durch die Gate-Source-Spannung U_{GS}.

Die Drain-Gate-Durchbruchspannung U_{BR} oder U_{DSS} kennzeichnet den Beginn des „Avalanche"-Bereiches (Abschnitt 7.2.2).

Der Eingangswiderstand ist gegeben durch:

$$R_{GS} = \frac{U_{GS}}{I_{GSS}} \quad \Omega . \tag{93}$$

I_{GSS} ist der Gate-Source-Reststrom. Für den FET 2 N 3823 ergibt das:

$$R_{GS} = 20\ \mathrm{V}/0{,}5\ \mathrm{nA} = 20\ \mathrm{V}/0{,}5 \cdot 10^{-9}\ \mathrm{A} = 40 \cdot 10^{9}\ \Omega .$$

17.3.2.6 Betriebsdaten

Source-Schaltung

Die *Source-Schaltung* nach Bild 56b 1 besitzt einen hohen Eingangswiderstand und einen mittleren bis hohen Ausgangswiderstand bei einem Phasenwinkel von 180° zwischen Ein- und Ausgangsspannung. Die Spannungsverstärkung beträgt

$$v_u = u2/u1 = \frac{R_d \cdot R_L}{R_d + R_L} \approx S \cdot R_L . \tag{94}$$

Darin bedeuten: S = Steilheit nach Gl. (92) und R_D = Drain-Innenwiderstand:

$$R_d = U_{DS}/I_D \quad \mathrm{V, mA, k\Omega} , \tag{95}$$

R_L = Lastwiderstand:

$$R_L = \frac{U_S - U_{DS}}{I_D} \quad \mathrm{V, mA, k\Omega} . \tag{96}$$

Die *Gate-Schaltung* nach Bild 56b 2 zeichnet sich durch eine niedrige Eingangsimpedanz $Z1$ und hohe Ausgangsimpedanz $Z2$ aus. Diese Schaltung besitzt nur eine niedrige Spannungsverstärkung und wird gern als Impedanzwandler benutzt, auch in HF-Stufen. Die Spannungsverstärkung beträgt:

Gate-Schaltung

$$v_u = u2/u1 = \frac{(S \cdot R_d + 1) \cdot R_L}{(S \cdot R_d + 1) \cdot Z_G + R_d + R_L} .$$

Dabei ist Z_G die Ausgangsimpedanz des ansteuernden Generators, beispielsweise eines Source-Folgers. Zwischen Eingangs- und Ausgangsspannung besteht Phasengleichheit. Am Anschluß U_{GS} kann eine *Regelspannung* zugeführt werden, die eine einstellbare Spannungsteilung zwischen dem Drain-Innenwiderstand R_d und dem Lastwiderstand R_L bewirkt (Abschnitt 23.2).

automatic gain control voltage
AGC
Regelspannung

Die *Drain-Schaltung,* auch Source-Folger genannt, Bild 56b 3, besitzt eine sehr hohe Eingangs- und niedrige Ausgangs-Impedanz. Sie verarbeitet hohe Eingangsspannungen $u1$ bei geringen Verzerrungen. Wegen der Source-Gegenkopplung von 100% durch R_L ist die Spannungsverstärkung <1, nämlich:

Drain-Schaltung

$$v_u = u2/u1 = \frac{S \cdot R_L}{1 + S \cdot R_L} . \tag{98}$$

Die Ausgangsimpedanz ergibt sich zu:

$$Z_2 = \frac{R_d \cdot R_L}{(S \cdot R_d + 1) \cdot R_L + R_d} \quad \Omega . \tag{99}$$

17.3.2.7 Rechenbeispiel

Der N-Kanal-J-FET 2 N 3823 besitzt laut Datenblatt die Grenzdaten (Valvo):

Drain-Source-Spannung	U_{DS}	30 V
Drain-Gate-Spannung	U_{DG}	30 V
Gate-Source-Spannung	$-U_{GS}$	30 V
Gate-Strom	I_G	10 mA
Sperrschicht-Temperatur	T_i	175 °C
Verlustleistung	P_{tot}	390 mW .

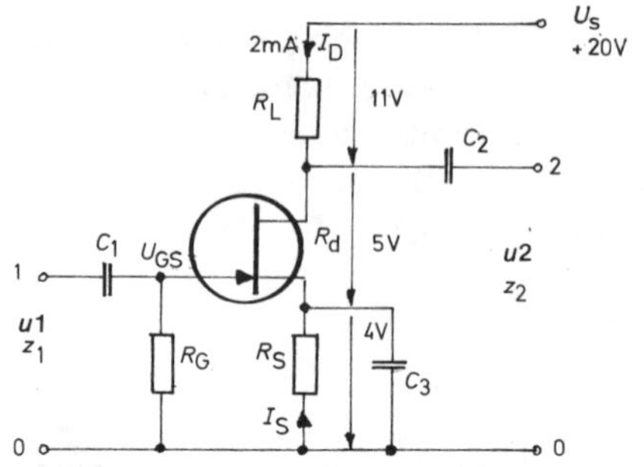

Bild 58 NF-Verstärkerstufe mit 2 N 3823

In einer gebräuchlichen Source-Schaltung für NF-Verstärker nach Bild 58 ermitteln wir überschlägig die Betriebswerte.

Der Arbeitspunkt wird eingestellt mit $U_{GS} = -4$ V und $UD_S = 5$ V. Hierfür entnehmen wir aus dem Kennlinienfeld Bild 57 den Ruhestrom $I_D = I_S = 2$ mA. Die Vorspannung $U_{GS} = -4$ V wird durch „Anheben" der Source-Spannung U_{S0} auf $+4$ V und Verbindung des Gate mit Null-Potential durch den Widerstand R_G erreicht, der beispielsweise 1 MΩ betragen kann.

Bei der Speisespannung $U_S = 20$ V und der genannten Einstellung ergibt sich für den Lastwiderstand in sinngemäßer Erweiterung von Gl. (96):

$$R_L = \frac{U_S - U_{DS} - U_{S0}}{I_D} = 20 - 5 - 4 = 11 \text{ V}/2 \cdot 10^{-3} \text{ A} = 5{,}5 \text{ k}\Omega\,. \tag{100}$$

Der Drain-Innenwiderstand R_d wird nach Gl. (95):

$$R_d = U_{DS}/I_D = 5 \text{ V}/2 \cdot 10^{-3} \text{ A} = 2{,}5 \text{ k}\Omega\,.$$

Damit wird die Spannungsverstärkung nach Gl. (94):

$$v_u = u2/u1 = S\frac{R_d \cdot R_L}{R_d + R_L} = 5\,\frac{2{,}5 \cdot 5{,}5}{2{,}5 + 5{,}5} = 8{,}6\,.$$

Darin ist die Steilheit S nach Datenblatt (Valvo) mit 5 mS angenommen.

17.3.3 Typenbezeichnung von Transistoren

Die Bezeichnungen sind international noch nicht einheitlich, d.h. harmonisiert. Wie bei Halbleiterdioden (Abschnitt 17.1.1) sind verschiedene unsystematische, meist historisch entwickelte Buchstaben- und Ziffernfolgen anzutreffen, die nicht immer Informationen über Werkstoff und Anwendung enthalten.

Zu den ersten Ge-Transistoren aus deutscher Produktion zählen beispielsweise die Typen OC 22 bis OC 141 (Valvo), OC 303 bis OC 410 (Intermetall), OC 602 bis OC 615 (Telefunken), OD 603 bis OD 652 (Telefunken), CDT ..., CRT ..., CTP ... (Intermetall-Leistungstransistoren), TF ..., TS ... (Siemens).

Die ersten Si-Transistoren von Intermetall waren beispielsweise mit OC 430 bis OC 480 bezeichnet.

Die Vielfalt der ausländischen Typen ist kaum noch übersichtlich zu registrieren. Allerdings erscheinen oft gleiche Typen aus fernöstlicher Produktion unter verschiedenen Bezeichnungen auf europäischen Märkten.

Vereinzelt sind auch nicht registrierte Typen in handelsüblichen Geräten der erwähnten Produktion anzutreffen, die ausgelaufenen Serien entstammen und durch Vergleichsmessung identifiziert werden müssen.

Pro-Electron-Typenbezeichnung

Nach der harmonisierten Pro-Electron-Typenbezeichnung gelten folgende Kennzeichen:

Der 1. Buchstabe steht für das Material:

A Germanium
B Silizium
C Gallium-Arsenid
R andere Werkstoffe, zum Beispiel Cadmium-Sulfid.

Der 2. Buchstabe steht für die Funktion:

C NF-Vorstufentransistor
D NF-Endstufentransistor
F HF-Vorstufentransistor
L HF-Leistungstransistor
S Schalttransistor
T Thyristor
U Leistungs-Schalttransistor.

Die folgenden Ziffern 100···999 kennzeichnen verschiedene Typen für Rundfunk- oder Heimelektronik-Anwendung.

Ein weiterer Buchstabe (W, X, Y, Z) mit den Folgeziffern 10···99 kennzeichnet Typen für professionelle Anwendung.

Beispiele

AC 150 Ge pnp-Transistor für NF
BLY 14 Si npn-Leistungstransistor für HF

BU 562 Si npn Leistungstransistor für die Horizontalablenkung von FS-Bildröhren.

Die in USA gebräuchlichen JEDEC-Bezeichnungen (Abschnitt 17.1.1) bestehen aus der Zeichenfolge:

2 N... (2 bis 4 Ziffern) für bipolare Transistoren und FET,
3 N... (3 bis 4 Ziffern) für Transistoren mit 2 Steuerelektroden, zum Beispiel: Doppelgate-MOSFET.

17.3.4 Spezial-Transistoren

Darlington-Transistoren

Darlington-Transistoren. Die Darlington-Schaltung enthält zwei oder mehr in Kaskade direkt gekoppelte Transistoren, wobei der erste Transistor als Emitterfolger des nachgeschalteten Transistors dient. Diese Kombination ist in einem gemeinsamen Gehäuse mit gemeinsamen Elektrodenanschlüssen (E, B, C) untergebracht und besitzt die Eigenschaft eines einzelnen bipolaren Transistors mit sehr hohem Eingangswiderstand und hoher Stromverstärkung.

Doppelgate-MOSFET

Doppelgate-MOSFET. Diese Ausführung besitzt zwei isolierte Gate-Elektroden G1 und G2, die beispielsweise zum Anschluß einer getrennten Regelspannung oder einer zweiten Signalspannung für Frequenzmischung und Modulation dienen (Abschnitt 22.1.3).

MES-FET

Der *MES-FET* (Metall-Semiconductor-FET) ist ein Gallium-Arsenid-FET (GaS) des Sperrschicht-Typs mit Basis-Metallkontakt für Anwendungen im SHF(Zentimeterwellen)-Bereich.

photistor
Foto-Transistoren

Foto-Transistoren sind lichtempfindliche Schaltelemente, die beispielsweise aus der Kombination einer Foto-Diode (Abschnitt 17.1.2) mit einem pnp-Transistor bestehen.

Piezo-Transistor

Der *Piezo-Transistor* (piezo: Griech. = Druck) ist ein druckempfindlicher Flächentransistor, dessen Kollektorstrom durch mechanischen Druck verändert wird.

Unijunction-Transistor

Der *Unijunction-Transistor* UJT besitzt zwei Basiszonen B1 und B2 und dient hauptsächlich als elektronischer Schalter.

Die zahlreichen Neuentwicklungen sind zweckmäßig den einschlägigen Datensammlungen der Hersteller zu entnehmen.

integrated circuits
IC

17.4 Integrierte Schaltkreise (IS, IC)

Integrieren ist ein Kunstwort aus dem Lateinischen (integer = rein) und bedeutet das Zusammenfügen verschiedener Teile zu einem einheitlichen Ganzen. Die Bauelemente dieser Schaltkreise treten einzeln nicht mehr in Erscheinung, sie sind integriert.

Darlington-Transistoren sind einfache integrierte Schaltungen bestehend aus mehreren Einzeltransistoren im gemeinsamen Gehäuse.

IS sind durch eine erhöhte Packungsdichte gekennzeichnet (Menge der Einzelteile pro Flächen- oder Volumeneinheit). Sie bestehen aus Halbleitern, Kondensatoren und Widerständen und bilden ein Netzwerk für bestimmte elektrische Funktionen, zum Beispiel für Spannungsregler, Verstärker, Frequenzteiler und Rechenwerke für die elektronische Datenverarbeitung (EDV). Die höchste Packungsdichte wird derzeit in den sog. Mikroprozessoren erreicht, die auf einem Siliziumplättchen (Chip) von einigen mm^2 Fläche bis zu 10^5 Einzelteile enthalten und nicht an bestimmte Schaltfunktionen gebunden sind, sondern innerhalb gewisser Grenzen programmiert werden können.

Mikroprozessor

Unter Programmieren versteht man das Vorgeben einer eindeutigen Anweisung für einen bestimmten Funktionsablauf. Beispiel: Programmieren eines Mikroprozessors für elektronische Geschicklichkeitsspiele.

Die technische Zuverlässigkeit (Wahrscheinlichkeit der korrekten Funktionsdauer) liegt bei IS höher als bei konventionell verdrahteten Funktionsstufen, weil die störanfälligen Verbindungsstellen entfallen.

Technische Zuverlässigkeit

Fehlerhafte Lötstellen können beispielsweise zu Spätausfällen durch „kalte Lötung“ infolge schlechter Lotbenetzung, Kristallisation oder Oxidation der Lötung führen.

Die historische Entwicklung der IS führte über folgende Stufen:

Die *Printplatten* bestehen aus Isolierstoffplatten mit aufgedruckten oder ausgeätzten metallischen Leiterbahnen in zweidimensionaler (flächenhafter) Struktur. Passive und aktive Bauelemente müssen eingesetzt und verlötet werden, in der Mengenfertigung mit Bestückungs- und Lötautomaten.

Printplatte

Bei *Dickfilmschaltungen* werden die Leiterbahnen aus druckfähigen Edelmetallsuspensionen (Aufschwemmungen) auf keramische Plättchen im Siebdruckverfahren aufgedruckt und in Schichtdicken von etwa 5 μm eingebrannt. Bei diesem Verfahren sind auch Widerstände herstellbar. Weitere Schaltelemente werden nachträglich eingesetzt.

Dickfilmschaltung

Die *Dünnfilmschaltung* entsteht durch Vakuumbedampfung von Glasplättchen mit Leiterbahnen (etwa 1 μm Dicke), Kondensatoren und Widerständen. Aktive Bauelemente werden nachträglich eingesetzt.

Dünnfilmschaltung

monolithisch IS

Die *monolithischen* IS (Griech.: Einzelstein) bestehen aus Silizium-Scheibchen, in deren Oberflächen die n- und p-leitenden Zonen von Dioden und Transistoren und Halbleiterwiderständen in Planartechnik eindiffundiert sind. Auf diese Schicht kann eine Quarzhaut aufoxidiert oder aufgedampft werden, in deren „Fenster“ Leiterbahnen aufgedampft werden. Mit dieser Technik lassen sich höchste Packungsdichten erzielen. Anschlußverbindungen werden im Bonder-Verfahren hergestellt, wobei dünne Gold-Folienbänder auf dünne Goldschichten mit hohem Flächendruck zwischen Spitzen oder Schneiden aufgepreßt und „kalt“ miteinander verschweißt werden.

Gehäusebauformen

Die *Gehäusebauformen* sind nach der technischen Entwicklung entstanden. Printplatten liegen meist offen und dienen auch als Träger für IS. Dickfilm- und Dünnfilmschaltungen besitzen meist keine standardisierten Gehäuse und werden nach Kundenvorschrift gefertigt. Monolithische IS sind in großer Auswahl für verschiedene Anwendungen in standardisierter Ausführung handelsüblich (Siemens, Telefunken, Valvo, Motorola und viele andere). Typen mit vergleichsweise niedriger Packungsdichte sind in Transistorgehäusen untergebracht, zum Beispiel in Plastikgehäusen (TO-92, TO-220) oder in Metallgehäusen (TO-3 bis TO-100). Die Keramik-

Bild 59 Dual-in-line Flatpak-Gehäuse. Links Video-Impulsgeber für Kameras, rechts elektrisch programmierbarer Rechnerbaustein (Werkbild Siemens)

Plastikgehäuse in Flachform (Flatpak) tragen bis zu 24 Anschlußfahnen. Größere Einheiten bis zu Kantenlängen von 15×15 ×50 mm³ können 40 steck- oder lötbare Anschlußarmaturen tragen, die an der Längskante des Gehäuses in zwei Reihen angebracht sind (Dual-in-line) (Bild 59).

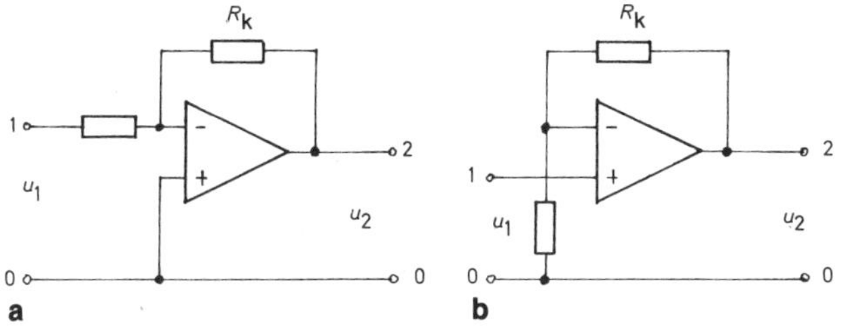

Bild 60 Grundschaltungen eines Differenzverstärkers mit Gegenkopplung über R_k; a invertierend, b nicht-invertierend

17.4.1 Analoge Schaltungen

analog circuits

Dieser Oberbegriff gilt für IS, die analoge Signale verarbeiten. Das sind elektrische Signale, deren Informationsparameter (zum Beispiel Meßgröße, Modulationstiefe, Nachrichteninhalt) jeden beliebigen Zwischenwert von zwei Endwerten einnehmen können. Zu den elektrischen Größen zählen Spannung, Strom und Phasenwinkel.

Analoge IS werden auch *Operationsverstärker* genannt. Bei *linearen Schaltungen* steht das Ausgangssignal in einem direkten Verhältnis zum Eingangssignal.

operation amplifier
OpAmp
Operationsverstärker OP

Operationsverstärker werden oft als *Differenzverstärker* mit zwei Eingängen ausgelegt, wobei am Verstärkerausgang nur die Differenz beider Eingangssignale auftritt.

differential amplifier
Differenzverstärker

Die praktische Anwendung ist sehr vielseitig für lineare Verstärker, Meßverstärker, Oszillatoren und andere. In Bild 60 ist die Grundschaltung dargestellt. Die Vorzeichen (+) und (−) stehen nicht für die Polarität der hier nicht gezeichneten Versorgungsspannung, sondern für die Umkehrung oder Nicht-Umkehrung des Eingangssignales. Der (−)-Eingang ist umkehrend (invertierend), der (+)-Eingang nicht-invertierend. Das heißt, bei Wechselstrom-Einspeisung besteht eine Phasendrehung von 180° zwischen Ausgang und (−)-Eingang, sowie von 0° zwischen Ausgang und (+)-Eingang. Bei diesem einfachen Beispiel wird der invertierende Eingang (−) für eine Gegenkopplung über den Koppelwiderstand R_k benutzt.

Ein weiteres Beispiel zeigt **Bild** 61 eines in Si-Planar-Technik hergestellten IS. Das **Bild** 62 eines speziellen Typs des TAA 661 (SGS) enthält einen 3stufigen Verstärker mit Demodulator (Empfangsgleichrichter) für Frequenzmodulation (FM) für den Fernseh-ZF-Tonteil.

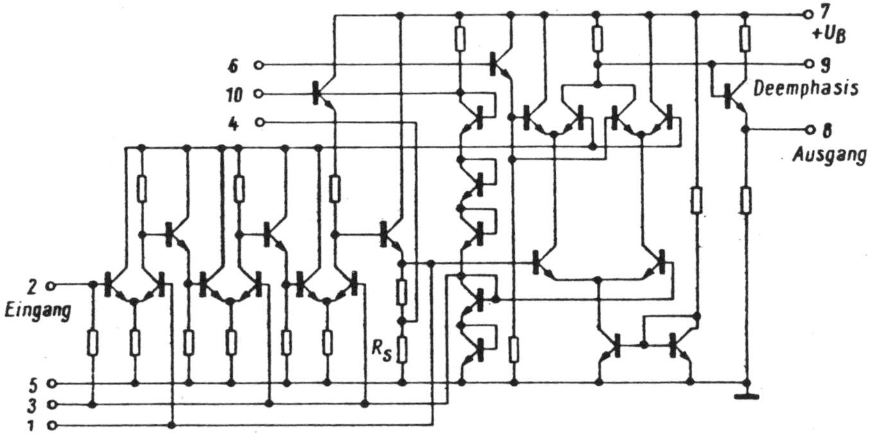

Bild 61 TAA 661 (SGS) in Si-Planar-Technik (Aus Funkschau (1969) H. 8, S. 225)

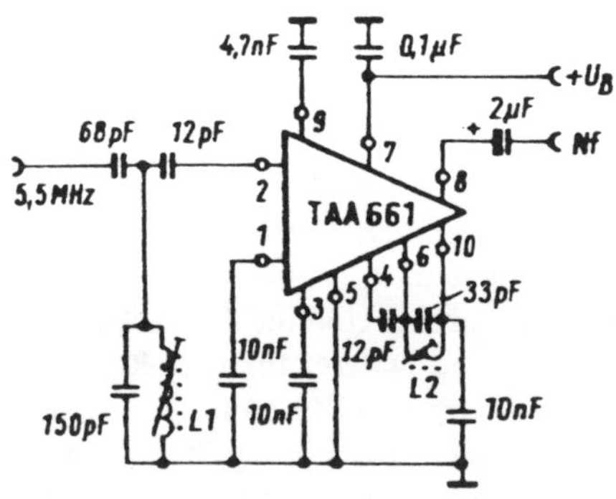

Bild 62 Applikationsbeispiel eines TAA 661 in einem Fernseh-ZF-Tonteil

digital circuits

17.4.2 Digitale Schaltungen

Dieser Oberbegriff gilt für IS, die digitale Signale verarbeiten (Abschnitt 17.3), deren Informationsparameter als elektrische Impulsfolge dargestellt ist. Eine diesbezügliche Codierung (Zuord-

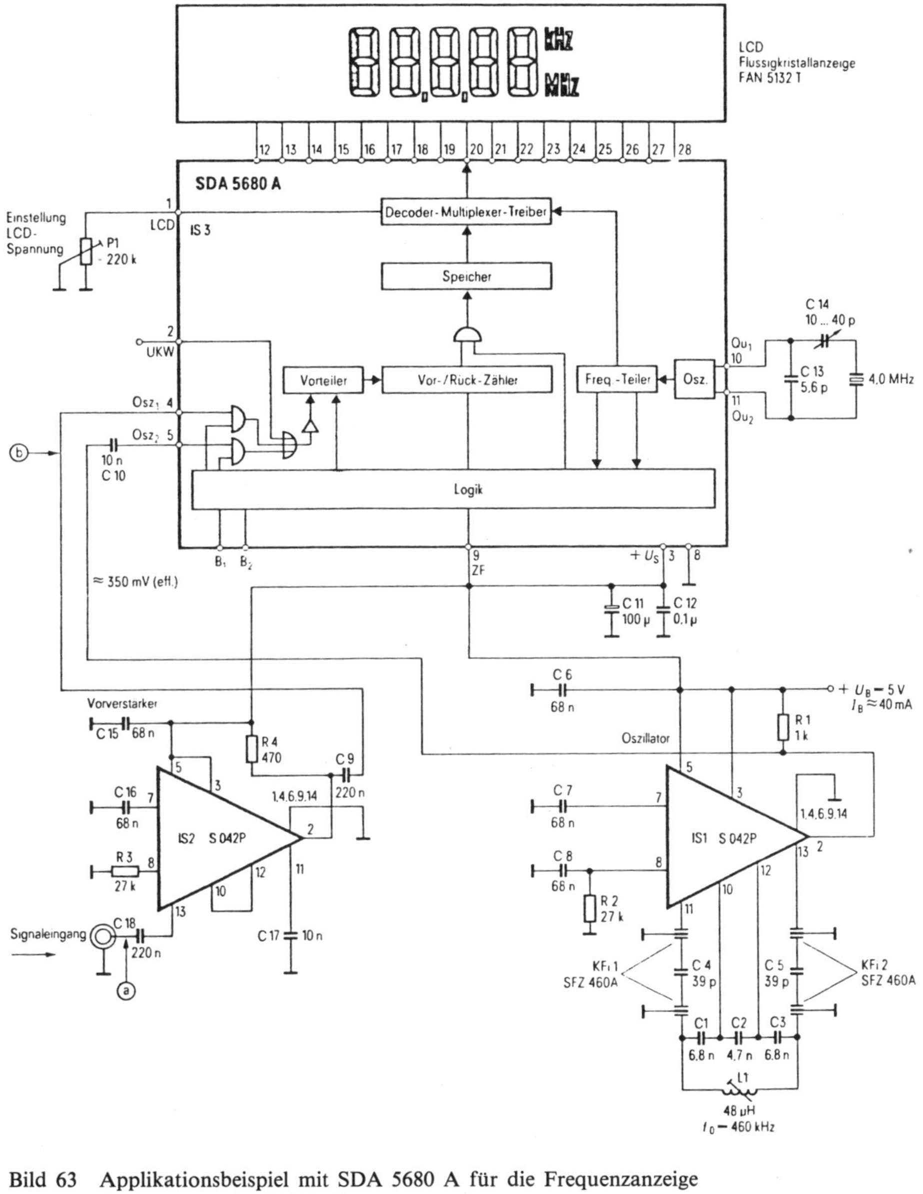

Bild 63 Applikationsbeispiel mit SDA 5680 A für die Frequenzanzeige von Rundfunkgeräten (Werkbild: Siemens)

nung eines Zeichenvorrates zu einer Information) mit der Basis 2 heißt binär (Latein.: zweifach) mit dem Zeichenvorrat 0 und 1, der durch die elektrischen Schaltzustände „aus“ und „ein“ dargestellt werden kann.

Computer

Bei elektronischen Rechenmaschinen (Computern) werden vorwiegend binäre Codierungen angewendet, zum Beispiel mit Dualzahlen, weil sich hohe Rechengeschwindigkeiten mit kurzen Schaltzeiten ermöglichen lassen.

Ein weiterer Vorteil der digitalen Signalverarbeitung besteht in der Störfestigkeit der Schaltzustände „aus“ und „ein“, deren Qualität nicht durch analoge Störgrößen wie Rauschen, lineare Verzerrungen, Interferenzen (Überlagerungsprodukte) und andere beeinträchtigt werden kann.

Zu den allgemein geläufigen Codierungen aus der Nachrichtentechnik zählen beispielsweise: Morse- und Fernschreib-Code, Telefax, Bildschirmtext. In der Rundfunk- und Übertragungstechnik werden zunehmend Verfahren zur Digitalisierung analoger Informationsparameter eingeführt, zum Beispiel: Digital-*Plattenspieler,* Sprachsynthese und andere.

disc player
Plattenspieler

Das Angebot listenmäßiger Digital-IS für Datenverarbeitung (Logik-Schaltungen, Speicher) und Mikroprozessoren ist sehr reichhaltig. Daneben sind auch digitale Systemschaltungen für die Unterhaltungselektronik handelsüblich, zum Beispiel Videotext-Decoder, Fernsteuerungen und andere. Als Beispiel wird hier die Applikation des integrierten Frequenzzählers SDA 5680 A (Siemens) für die Frequenzanzeige von Rundfunkgeräten in Bild 63 gezeigt.

18 Elektronenröhren

Amerikan.: electron tube, Engl.: electron valve

In Heimelektronik, Empfängerbau, Nachrichtentechnik und in der professionellen Elektronik sind Elektronenröhren fast vollständig durch Halbleiter-Bauelemente ersetzt worden, weil die Leistungsbilanz der Röhren wegen der erforderlichen Heizleistung unvorteilhaft war.

Spezialröhren

Allein im Großsenderbau, bei UKW-Sendern und bei Puls-Tastung im Höchstfrequenzbereich (SHF) für Radar-Sender zählen Spezialröhren zum Stand der Technik.

Sehr verbreitet sind ferner Sichtröhren für Radar-Beobachtung und für Oszilloskope und Bildröhren für Rasteraufzeichnung von Fernseh- und Bildschirmgeräten.

Die Elektronenemission im Vakuum wurde bereits 1883 von Edison entdeckt, aber die Anwendung als Gleichrichter- und Verstärkerelement konnte erst 1901 durch Richardson bzw. 1906 durch R. v. Lieben praktiziert werden.

Die Funktion beruht auf der Elektronen-Emission (Heraussendung) eines im Vakuum glühenden Metallfadens aus Wolfram (W) oder Thorium (Th) bei direkt geheizten Röhren, oder einer glühenden Barium-Oxidschicht (BaO) bei indirekt geheizten Röhren. Die aus derartigen Glühkatoden emittierten Elektronen bilden dort als negative Ladungsträger eine Raumladungswolke und werden von der benachbarten flächenhaften Anode A angezogen, sofern eine

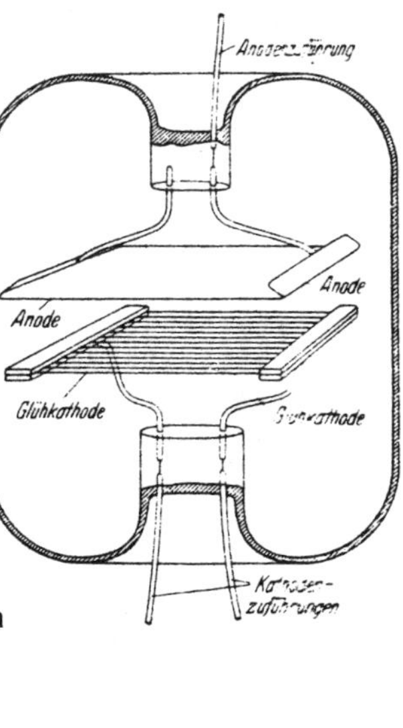

a

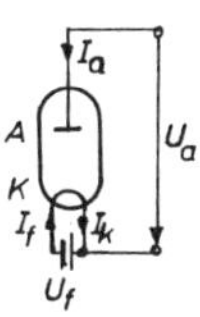

b

Bild 64b Zweipolröhre im Gleichstromkreis

Bild 64a Zweipolröhre (Diode) schematisch mit direkt geheizter Glühkatode und ebener Anode (Aus J. Kammerloher: Hochfrequenztechnik, Band 2)

positive (+) Spannung zwischen Katode K und Anode A angelegt wird, die Anodenspannung U_a.

Zweipolröhren (Dioden)

Elektronenröhren mit zwei Elektroden, nämlich Glühkatode und Anode, heißen Zweipolröhren (Dioden) (Bild 64a).

Die Spannungen und Ströme im Gleichstromkreis sind aus Bild 64b ersichtlich. Darin bedeuten: U_a Anodenspannung, I_a Anodenstrom, U_f Heizspannung, I_f Heizstrom. Die konventionelle Zählrichtung von I_a verläuft entgegengesetzt zum Elektronenfluß im Vakuum von Katode zur Anode.

18.1 Verstärkerröhren

Sie enthalten ein Drahtgitter zwischen Glühkatode K und Anode A, das sog. Steuergitter G. Eine Änderung der Gittervorspannung bewirkt eine Änderung des Anodenstromes I_a bei konstanter Anodenspannung U_a, der leistungslos von Null bis zu einem Höchstwert gesteuert werden kann. Hinsichtlich dieser Steuerung des Strompfades sind Elektronenröhren mit N-Kanal IG-FET des Verarmungstyps vergleichbar (Abschnitt 17.3.2.2).

Die Verstärkung einer Eingangswechselspannung u_1 kommt durch Stromänderung ΔI_a in einem äußeren Lastwiderstand R_L zustande, wie aus dem Prinzipstromlauf Bild 65 ersichtlich ist.

Triode

In dieser Darstellung einer indirekt geheizten Dreipolröhre (Triode) ist der für die Verstärkerfunktion bedeutungslose Heizstromkreis nicht gezeichnet.

grounded cathode circuit
Katodenbasisschaltung

Aus der *Katodenbasisschaltung* Bild 65a entnehmen wir, daß eine Eingangswechselspannung u_1 eine Anodenstromänderung ΔI_a bewirkt, wobei an dem Lastwiderstand R_L die Ausgangswechselspannung

$$u_2 = R_L \cdot \Delta I_a \quad \text{V, Ω, A} \tag{101}$$

abfällt, die über den Koppelkondensator C_2 abgenommen wird (vergleiche Gl. (86)). Die Spannungsverstärkung errechnet sich nach:

$$v_u = \frac{u_2}{u_1} = S \cdot \frac{R_i \cdot R_L}{R_i + R_L}. \tag{102}$$

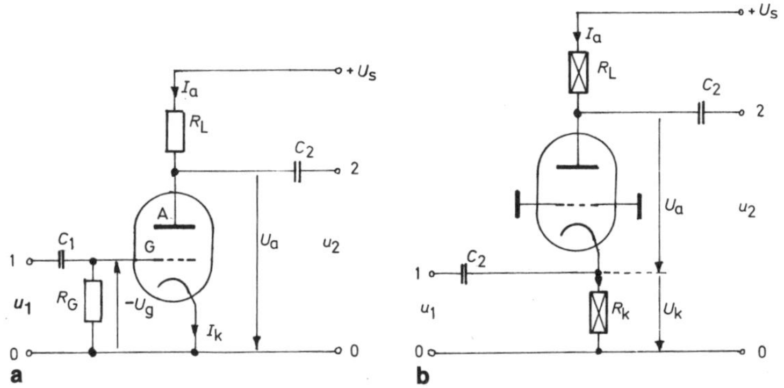

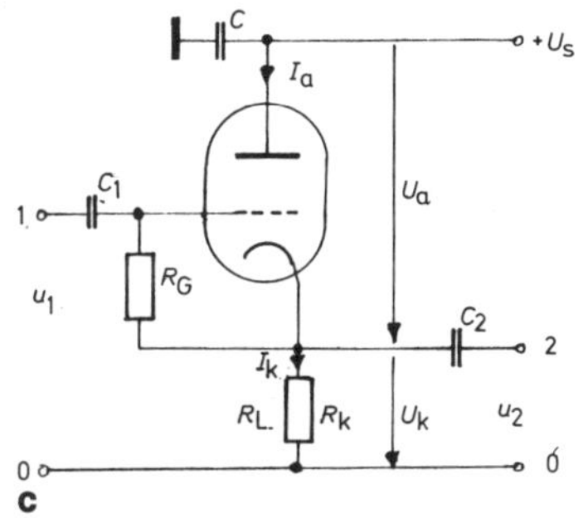

Bild 65 Elektronenröhre (Triode) als Verstärker; a Katodenbasis-, b Gitterbasis-, c Anodenbasis-Schaltung

Darin sind

$$R_i = \text{Innerer Widerstand} = \Delta U_a / \Delta I_a \quad \text{V, A, } \Omega\,, \tag{103}$$

$$S = \text{Steilheit} = \Delta I_a / \Delta U_g \quad \text{mS}\,. \tag{104}$$

Der Eingangswiderstand ist sehr hoch, etwa $10^6\ \Omega$ und wird in erster Näherung durch den Gitterableitwiderstand R_g bestimmt, der in Bild 65a bis etwa 20 MΩ betragen kann und hier eine Vorspannung von U_g -2 V durch den Gitteranlaufstrom erzeugt.

Bei Vorverstärkerschaltungen wird vorausgesetzt, daß kein Gitterstrom fließt, wobei der Gitterstrom-Einsatz mit $I_g > 0{,}3$ µA definiert ist, was bei indirekt geheizten Röhren bei $U_g > -1{,}3$ V eintritt. Bei höheren Spannungen wirkt die Strecke Katode – Gitter als Diode, und es muß eine entsprechende Steuerleistung aufgebracht werden. Dieser Fall tritt bei *Leistungs-Verstärkern* auf.

power amplifier
PA
Leistungs-
Verstärker

Bei der Katodenbasisschaltung beträgt die Phasendrehung zwischen Eingang und Ausgang 180°.

grounded grid circuit
Gitterbasis-Schaltung

coaxial resonator
Koaxial-Schwingkreis

transmission line
Leitungskreis

Die *Gitterbasis (GB)-Schaltung* nach Bild 65b wird für moderne Leistungsverstärker im UHF-Bereich angewendet, weil das auf Massepotential „geerdete" Gitter eine wirksame Entkopplung zwischen Eingangs- und Ausgangskreis erlaubt, wobei spezielle GB-Röhren als Scheibenröhren mit induktionsarmen konzentrischen Anschlüssen für *Koaxial-Schwingkreise* (Abschnitt 27) hergestellt werden. Die hier benutzte Darstellung der Widerstände R_k und R_L soll andeuten, daß in der Praxis mit den Scheinwiderständen von Reaktanzen oder *Leitungskreisen* zu rechnen ist. Der Eingangswiderstand beträgt hier:

$$R_e = \frac{1}{S} = \frac{2(R_i + R_L)}{R_i} + R_k \approx \frac{2}{S} + R_k \quad \Omega \,. \tag{105}$$

R_e liegt in der Praxis zwischen $100 \cdots 200\ \Omega$.

Für die Ansteuerung muß eine Steuerleistung aufgebracht werden:

$$P_1 = u_1^2 / R_e \quad \text{V}, \Omega, \text{W} \,. \tag{106}$$

Die Steuerleistung addiert sich jedoch zur Ausgangsleistung hinzu. Die Spannungsverstärkung wird:

$$v_u = \frac{u_2}{u_1} = S \cdot \frac{R_i \cdot R_L}{R_i + R_L} \quad (1 + 1/S) \,. \tag{107}$$

Die Stromverstärkung ist <1, wegen der starken Gegenkopplung durch R_k.

Die GB-Schaltung ähnelt der Basis- bzw. Gate-Schaltung bei Transistoren. Die Phasendrehung zwischen Eingang und Ausgang beträgt 0°.

grounded anode circuit
Anodenbasis-schaltung

Die *Anodenbasisschaltung* nach Bild 65c wird auch Katodenfolger genannt. Der Eingangswiderstand ist sehr hoch und beträgt:

$$R_e = \frac{R_G}{1 - v_u} \,. \tag{108}$$

Die Spannungsverstärkung ergibt sich nach:

$$v_u = \frac{u_2}{u_1} \frac{S \cdot R_k}{1 + S \cdot R_k} \,. \tag{109}$$

Wegen der starken Gegenkopplung durch R_k ist die Spannungsverstärkung ≈ 1.

Die Schaltung wird als Impedanzwandler angewendet und ähnelt der Kollektor- bzw. Source-Schaltung von Transistoren.

18.1.1 Mehrgitterröhren

Die elektrischen Eigenschaften von Elektronenröhren werden durch zusätzliche Gitter zwischen Katode und Anode hinsichtlich Verstärkungsfaktor, Steilheit und Rückwirkungsfreiheit verbessert. Die Gitter werden ab Katode fortlaufend beziffert: G 1, G 2, ··· G 6, oder nach ihrer Funktion benannt: Steuergitter G 1, Schirmgitter G 2, Bremsgitter G 3, evtl. 2. Steuergitter und Hilfsanode für Doppelsteuerung und Mischung.

Die Röhren werden nach der Anzahl ihrer Elektroden mit griechischen Zahlwörtern gekennzeichnet: Zweipol-Röhre – Diode, Dreipol-Röhre – Triode, Vierpol-Röhre – Tetrode, Fünfpol-Röhre – Pentode, Sechspol-Röhre – Hexode, Siebenpol-Röhre – Heptode, Achtpol-Röhre – Oktode. Es gab auch Mehrfachsysteme, zum Beispiel Triode – Hexode.

Bei der modernen Sendertechnik werden oberhalb der Leistungsgrenze von Transistoren *Leistungs-Verstärkerröhren* in Form von Trioden, Tetroden und Pentoden verwendet.

power amplifier tubes, PA tubes
Leistungs-Verstärkerröhren

18.1.2 Kennlinien

Als typisches Beispiel einer rauscharmen NF-Vorverstärkerröhre sind in Bild 66 die Kennlinienfelder der Pentode EF 86 gezeigt. Röhren dieses Typs ähneln N-Kanal IG-FET des Verarmungstyps, abgesehen von der Größenordnung der Spannungen und Ströme.

Pentoden enthalten außer dem Steuergitter G 1 ein Schirmgitter G 2 mit der Vorspannung $+U_{g2}$ und ein Bremsgitter G 3 auf Null-Potential.

Das Kennlinienfeld 1 (Anodenstrom – Gitterspannung) entspricht den Steuerkennlinien von Transistoren und das Kennlinienfeld 2 (Anodenstrom – Anodenspannung) den Ausgangskennlinien von Transistoren (Bild 56).

Anode

18.1.3 Elektrische Daten

Steilheit S ähnlich Gl. (92):

$$S = \Delta I_a / \Delta U_{g1} \quad \text{mS}. \tag{110}$$

Innenwiderstand R_i:

$$R_i = \Delta U_a / \Delta I_a \quad \Omega. \tag{111}$$

Zulässige Anodenbelastung P_a (Q_a) als Grenzwert nach Datenblatt:

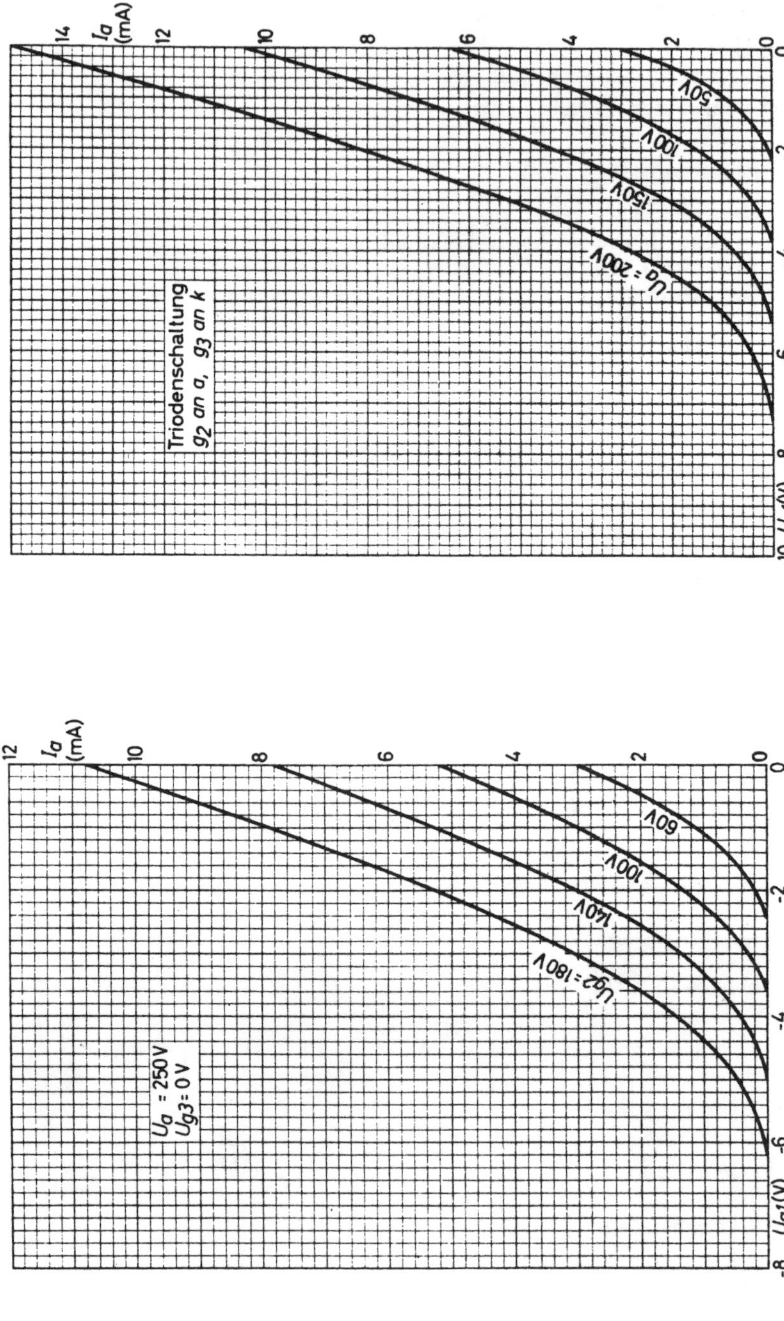

Bild 66 Zwei Kennlinienfelder der NF-Pentode EF 86 (Werkbild: Valvo)

$$P_a = U_a \cdot I_a \quad \text{V, A, W} . \qquad (112)$$

Auch die Grenzwerte für Katodenstrom I_k und für die Spannungen zwischen den Elektroden sind aus den Datenblättern zu entnehmen.

Eine praktische Schaltung für die Pentode EF 86 ist in **Bild 67** skizziert.

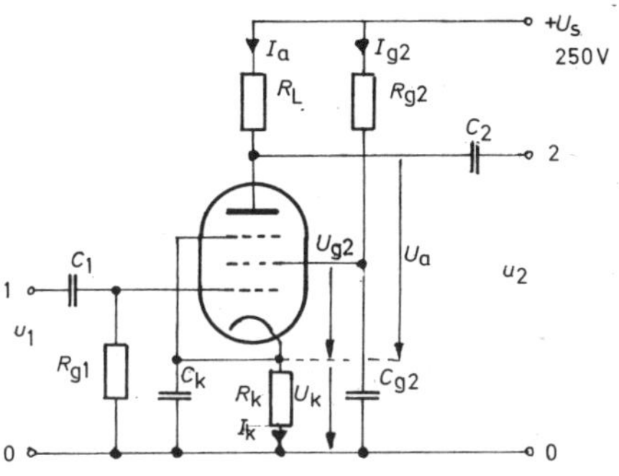

Bild 67 Schaltungsbeispiel der Pentode EF 86

18.1.4 Typenbezeichnung

Ähnlich den Transistoren, haben sich die Bezeichnungen uneinheitlich entwickelt.

Amerikanische Bezeichnungen bestehen aus mehrstelligen Zahlengruppen, zum Beispiel 5894 für eine UKW-Doppel-Tetrode des deutschen Typs QQE 06/40 mit der Steuerleistung 2×6 W und der Ausgangsleistung 2×40 W bis 250 MHz.

Moderne Bezeichnungen von Senderöhren lauten beispielsweise bei Philips (Valvo):
QB... für Tetroden, QBL... – mit Luftkühlung, QBW... – mit Wasserkühlung,
TB... für Trioden, TBL... – mit Luftkühlung, TBW... – mit Wasserkühlung.

Übungsaufgaben

Aufgabe 1

Bei einem Stereo-Tonbandgerät trat in Schalterstellung „Wiedergabe“ und „Aufnahme Mikro“ eine Störung durch das Nahfeld einer CB-Antenne auf, die mit handelsüblichen Entstörfiltern in der Netzzuleitung nicht restlos behoben werden konnte. Als Aufpunkt für die störende Einstrahlung wurden die Eingangstransistoren BC 149 der beiden Stereo-Kanäle ermittelt, an denen vermutlich ein unerwünschter Gleichrichtereffekt des amplitudenmodulierten CB-Signales bei 27,1 MHz auftrat.

Das Ermittlungsverfahren bestand in dem Abblocken der 6 Eingangspotentiale von einem der beiden Stereo-Verstärker an der Basis der 6 Transistoren mit 6 keramischen HDK-Kondensatoren von 22 nF und 63 V gegen Masse. Der störende CB-Sender wurde behelfsweise über sein Mikrofon mit dem Ticken einer mechanischen Weckeruhr moduliert. Dann wurden die Drahtanschlüsse der Kondensatoren, beginnend an der Endstufenplatine, fortlaufend aufgetrennt, wobei das Störsignal erst nach Freigabe des Eingangstransistors auftrat.

Die Schaltung der Eingangsstufe ist in **Bild 68** skizziert.

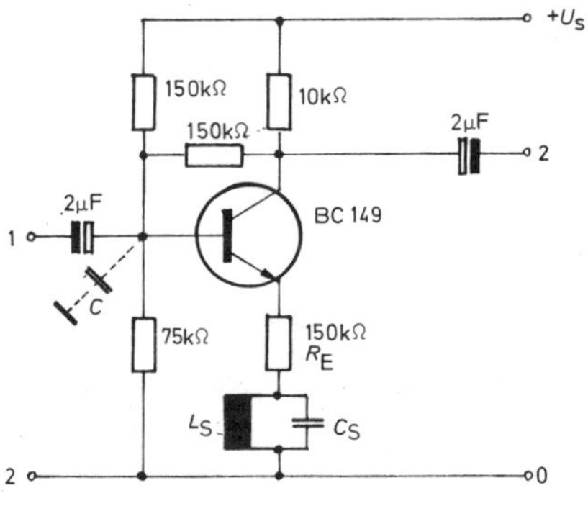

Bild 68 Eingangsstufe eines Tonbandgerätes mit eingelötetem Testkondensator $C = 22$ nF

Um die Störeinstrahlung an dieser Stelle zu unterbinden, wird üblicherweise ein *L-C*-Tiefpaß (Abschnitt 14) vorgeschaltet, der aus einer handelsüblichen Ferrit-Drossel bestehen kann, im einfachsten Falle aus „Ferrit-Perlen“, die über die Anschlußdrähte des 2-µF-Kondensators geschoben werden können. Diese Maßnahme reichte jedoch nicht aus, so daß ein Sperrkreis vorgeschaltet wurde, der auf die Störfrequenz 27,1 MHz abgestimmt war. Der Einbau am elektrischen „Hochpunkt“ verursachte jedoch Brummstörungen. Daher wurde eine frequenzabhängige Stromgegenkopplung in Form eines Sperrkreises L_s, C_s im niederohmgen Emitter-Stromkreis gewählt (siehe Abschnitt 17.3.1.6).

Für die Sperrkreisspule stand eine Ferrit-Drossel (Amphenol-Tuchel) mit $L = 1{,}8$ µH, $R = 0{,}135$ Ω und $Q = 60$ zur Verfügung.

Wie ist der Sperrkreiskondensator C_s zu bemessen, welcher Resonanzwiderstand ergibt sich für den Sperrkreis und welche Sperrtiefe (-Absenkung der Störfrequenz) ist überschlägig zu erwarten?

Lösung

Der Sperrkreiskondensator wird nach Gl. (62c) berechnet:

$$C_s = \frac{25350}{f^2 \cdot \mathrm{L}} = \frac{25350}{27{,}1^2 \cdot 1{,}8} = 19{,}2\ \mathrm{pF}\ \text{(gewählt 19 pF)}\ .$$

In der Praxis sind die berechneten Kapazitätswerte abzurunden, weil beim Einbau durch die Streukapazität ohnedies höhere Werte erreicht werden.

Der Resonanzwiderstand des Sperrkreises ergibt sich nach Gl. (67a) unter Vernachlässigung des Verlustfaktors von C_s (Abschnitt 11.1):

$$R_{\mathrm{res}} = \omega \cdot L \cdot Q = 2\pi \cdot 27{,}1 \cdot 10^6 \cdot 1{,}8 \cdot 10^{-6} \cdot 60 = 18390\ \Omega\ .$$

Der Verstärkungsfaktor der über $R_{\mathrm{E}} = 150\ \Omega$ gegengekoppelten Stufe ergibt sich aus $v_{\mathrm{u}} \approx S \cdot R_{\mathrm{L}}$ mit $S \approx 1/R_{\mathrm{E}} = 1/150\ \Omega = 6{,}6 \cdot 10^{-3}$ S und $R_{\mathrm{L}} = 10\ \mathrm{k}\Omega$ (Abschnitt 17.3.1.6):

$$v_{\mathrm{u}} \approx 6{,}6 \cdot 10^{-3}\ \mathrm{S} \cdot 10^4 = 66\ .$$

Bei der Resonanzfrequenz 27,1 MHz erhöht sich der Emitterwiderstand auf $R'_{\mathrm{E}} = R_{\mathrm{E}} + R_{\mathrm{res}} = 150 + 18390 = 18540\ \Omega$. Damit verringert sich die Steilheit auf $S' \approx 1/18540 = 0{,}054$ mS und der Verstärkungsfaktor auf

$$v'_{\mathrm{u}} \approx 0{,}054 \cdot 10 = 0{,}54\ .$$

Die Sperrtiefe wird:

$$v_{\mathrm{u}}/v'_{\mathrm{u}} = 66/0{,}54 = 122 = 20 \cdot \log 122 = 20 \cdot 2{,}086 = 49\ \mathrm{dB}$$

(Abschnitt 25).

Die Bandbreite ergibt sich aus Gl. (69):

$$b_{3\,\mathrm{dB}} = f_{\mathrm{res}}/Q = 27{,}1 \cdot 10^6/60 = 0{,}45 \cdot 10^6\,\mathrm{Hz} = 450\,\mathrm{kHz}\,.$$

notch filter

Diese Form eines Entstörfilters ist ein *„Loch-Filter“* in Gestalt einer frequenzabhängigen Strom-Gegenkopplung für die Störfrequenz 27,1 MHz mit der Sperrtiefe 42 dB und der Bandbreite 450 kHz.

Aufgabe 2

variable frequency oscillator VFO

Der frequenzbestimmende Schwingkreis eines *abstimmbaren HF-Generators* (Abschnitt 22.12) für $f = 4 \cdots 4{,}5$ MHz ist für Kapazitätsabstimmung mit der Diode BA 111 zu entwerfen.

Lösung

In Anlehnung an Bild 24a wird der Schwingkreis (ohne Schwingschaltung) nach **Bild 69** entworfen.

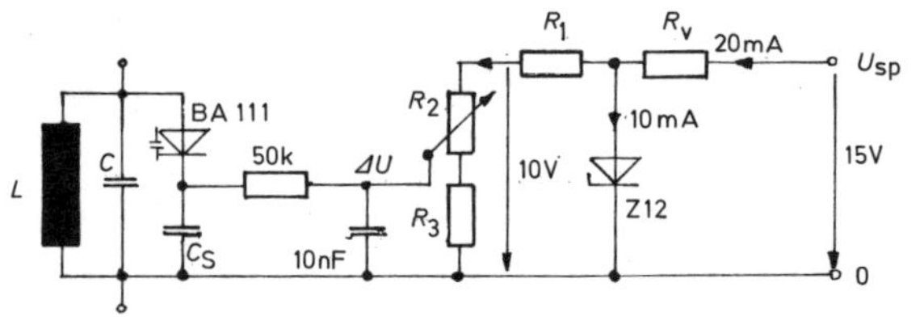

Bild 69 Schwingkreis mit Diodenabstimmung

Die Diode überdeckt laut Datenblatt (Telefunken) den Kapazitätsbereich $\Delta C = C_{\max} - C_{\min} = 55 - 35 = 20$ pF im Spannungsbereich $\Delta U = U_{C\max} - U_{C\min} = 10 - 2 = 8$ V entsprechend einer Spannungsabhängigkeit $\Delta C/\Delta U = 20$ pF/8 V = 2,5 pF/V. Das erreichbare Kapazitätsverhältnis wird demnach:

$$1/v = C_{\max}/C_{\min} = 55\,\mathrm{pF}/35\,\mathrm{pF} = 1{,}571\,.$$

Das benötigte Kapazitätsverhältnis nach Gl. (70) ist jedoch kleiner, nämlich:

$$1/v = \left(\frac{f_{\max}}{f_{\min}}\right)^2 = C_{\max}/C_{\min} = \left(\frac{4{,}5\,\mathrm{MHz}}{4{,}0\,\mathrm{MHz}}\right)^2 = 1{,}125^2 = 1{,}266\,.$$

Um das Kapazitätsverhältnis von 1,571 auf 1,266 einzuschränken, kann man den einstellbaren Spannungsbereich $\Delta U'$ um 19,4% von 8 V auf 6,5 V begrenzen.

Aus Gründen der Frequenzstabilität ist es jedoch günstiger, das Kapazitätsverhältnis durch Parallelschalten eines Kondensators $C = 40$ pF einzuschränken auf:

$$C_{max}/C_{min} = 1/v = (55 + 40 \text{ pF})/(35 + 40 \text{ pF}) = 95/75 \text{ pF} = 1{,}266\,.$$

Wie man sieht, bleibt hierbei der ursprüngliche Kapazitätsbereich voll erhalten: $\Delta C = C_{max} - C_{min} = 95 - 75 = 20$ pF.

Der Serien-Trennkondensator C_s wird zweckmäßig mit 5000 pF Glimmer bestückt. Damit verringert sich die wirksame Diodenkapazität nach Gl. (37) auf den Wert C_w, der allerdings für diese Überschlagsrechnung vernachlässigt werden kann, weil die Kapazitätsabnahme unter 1,5% bleibt und so innerhalb der Einzelteil-Toleranzen und der Streuwerte des Aufbaues liegt.

Zur Berechnung der Spule L nach Gl. (62b) benutzen wir für C den mathematischen Mittelwert

$$C = 1/2\,(C_{max} + C_{min}) = 1/2\,(95 + 75 \text{ pF}) = 85 \text{ pF}$$

und für die Frequenz den Mittelwert

$$f = 1/2\,(f_{max} + f_{min}) = 1/2\,(4{,}5 + 4 \text{ MHz}) = 4{,}25 \text{ MHz}\,.$$

Damit rechnen wir

$$L = \frac{25\,350}{4{,}25^2 \cdot 85} = 16{,}5\ \mu\text{H}\,.$$

Die Spule kann beispielsweise auf einen Spulenkörper Siferrit K 12 (Siemens) gewickelt werden. Der Kondensator C besteht vorzugsweise aus Keramik N 150 (Abschnitt 11.2.3) und bewirkt in einer später beschriebenen Schwingschaltung (Abschnitt 19.3) einen angenäherten Temperatur-Frequenzausgleich.

(Derartige Berechnungen liefern für die Praxis Richtwerte zur Bemessung der Einzelteile. Weil man gewisse Abweichungen durch Exemplarstreuungen erwarten kann, wird ein bestimmendes Bauelement abgleichbar eingesetzt, in diesem Beispiel die Spule L.)

Die Referenzdiode Z 12 wird mit $I_D = 10$ mA betrieben, der Laststrom auf 10 mA eingestellt. Für die Speisespannung $U_{sp} =$ 15 V wird der Vorwiderstand nach Gl. (14):

$$R_V = \frac{15\ \text{V} - 12\ \text{V}}{0{,}01\ \text{A} + 0{,}01\ \text{A}} = \frac{3\ \text{V}}{0{,}02\ \text{A}} = 150\ \Omega\,.$$

Der Lastwiderstand ergibt sich aus Gl. (3):

$$R_{\text{Last}} = \frac{R_1 + R_2 + R_3}{I} = 12\ \text{V}/0{,}01\ \text{A} = 1200\ \Omega\,.$$

R_2 ist als Potentiometer für den Spannungsbereich $\Delta U = 10 - 2 = 8$ V auszulegen

$$R_2 = 8\ \text{V}/0{,}01\ \text{A} = 800\ \Omega\,.$$

Dann wird $R_1 = (12 - 10\ \text{V})/0{,}01\ \text{A} = 200\ \Omega$ und folglich $R_3 = 2\ \text{V}/0{,}01\ \text{A} = 200\ \Omega$. Kontrolle: $R_1 + R_2 + R_3 = 200 + 800 + 200 = 1200\ \Omega$.

(Die Exemplarstreuungen in Widerstandsnetzwerken heben sich in der Praxis oft statistisch gegeneinander auf.)

19 Verstärker

amplifier

Elektrische Verstärker sind Vierpole, bei denen eine zugeführte elektrische Versorgungsleistung durch eine äußere Signalquelle so gesteuert werden kann, daß eine Ausgangsleistung verfügbar ist, die im Verhältnis zur steuernden Signalquelle um den Verstärkungsfaktor v größer ist. Der zeitliche Verlauf von Spannung und Strom der steuernden Signalquelle bleibt jedoch unverändert.

Das Prinzip ist in Bild 70 skizziert.

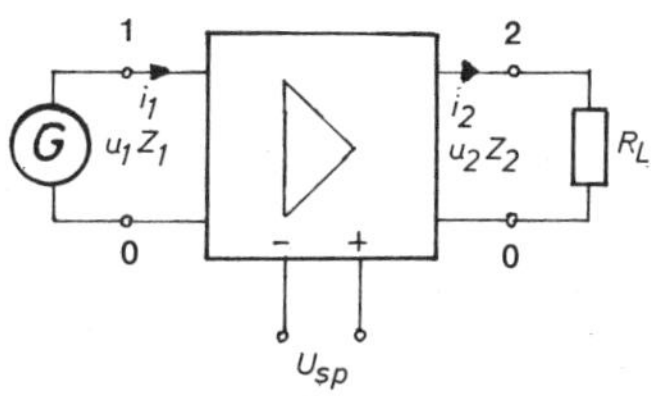

Bild 70 Prinzip des Verstärkers

Die Arbeitsweise des Vierpols mit den Eingangsklemmen 1 – 0 und den Ausgangsklemmen 2 – 0 ist ohne Bedeutung. Der Vierpol kann als Verstärkerelemente Halbleiter, Röhren oder anderes enthalten, zum Beispiel dielektrische Verstärker.

(Bei dieser vereinfachten Darstellungsform sind alle inneren Schaltelemente des Vierpols weggelassen, weil sie keine zusätzlichen Erkenntnisse zu den Eigenschaften beisteuern, die an den äußeren Klemmen auftreten. Aus dem anglo-amerikanischen Sprachraum wurde hierfür der Begriff „Black Box" (schwarzer Kasten) übernommen. Die Schaltbilder großer Funktionseinheiten, zum Beispiel von Regiepulten aus Fernsehstudios könnten ohne derartige Vereinfachung nicht mehr dargestellt werden.)

Grundsätzlich werden Eingangsleistungen $p_1 = u_1 \cdot i$ auf höhere Ausgangsleistungen $p_2 = u_2 \cdot i_2$ verstärkt. Die Verstärkung beträgt entsprechend Gl. (89):

$$v_p = p_2/p_1 \tag{113a}$$

$$= \frac{u_2 \cdot i_2}{u_1 \cdot i_1} \tag{113b}$$

$$= \frac{u_2^2/Z_2}{u_1^2/Z_1} \tag{113c}$$

$$= \frac{i_2^2 \cdot Z_2}{i_1^2 \cdot Z_1}. \tag{113d}$$

Je nach der angestrebten elektrischen Größe p, u oder i unterscheidet man Leistungs-, Spannungs- und Stromverstärker.

Nach dem Anwendungsgebiet unterscheidet man unabgestimmte (aperiodische) und abgestimmte Verstärker. Zu den unabgestimmten zählen Breitbandverstärker, NF-(Audio-) und Hi-Fi-Verstärker. Zu den abgestimmten zählen Resonanz-, Sende- und Schmalband-Verstärker.

aperiodic amplifier

19.1 Unabgestimmte Verstärker

Sie sind für ein vergleichsweise breites Frequenzband dimensioniert, beispielsweise 0···5 MHz für Meßverstärker von Oszilloskopen (Sichtgeräten). Kennzeichnende Eigenschaften sind:

	Formelzeichen	**Definition**
Verstärkungsgrad	v	Gl. (113a bis d)
Frequenzbereich		Übertragungsbereich zwischen den Grenzfrequenzen
Grenzfrequenz	f_g	Frequenz in Hz, bei der v um -3 dB abgesunken ist
Eingangsimpedanz	Z_1	Scheinwiderstand an den Eingangsklemmen
Ausgangsimpedanz	Z_2	Scheinwiderstand an den Ausgangsklemmen
Innenwiderstand	R_i	Wirkwiderstand u_2/i_2
Ausgangsleistung	P_a	Max. Wirkleistung am Lastwiderstand R_L.

19.1.1 NF-Verstärker

audio amplifier
Niederfrequenz-(NF-)Verstärker

Das häufigste Anwendungsgebiet der Niederfrequenz-(NF-)Verstärker im Frequenzbereich $\approx 20 \cdots 20000$ Hz ist die elektroakustische Wiedergabetechnik, oder die Audio-Technik (audio = Latein.: ich höre). Hierzu zählen auch Hi-Fi-Verstärker, deren Anforderungen im Normblatt DIN 45500 (Heimstudio-Technik) niedergelegt sind.

High-Fidelity (HiFi)

„High-Fidelity" war ursprünglich ein Werbe-Slogan (Schlagwort) aus den USA für Heimgeräte mit verbesserter Klangqualität. Die inzwischen genormten Mindestanforderungen (DIN 45500) sollen einen Mißbrauch des Begriffes verhindern. Diese Anforderungen sind teilweise der professionellen Technik, zum Beispiel der Rundfunk-Studios, angeglichen, unterscheiden sich oft durch nicht definierte Lebenserwartung und begrenzte Betriebszeit, beispielsweise 10 min für die Nennausgangsleistung von Hi-Fi-Leistungsverstärkern.

Bei NF-Verstärkern werden zusätzlich folgende Eigenschaften genannt:

	Formelzeichen	**Definition**	**Mindestwert** DIN 45500
Übertragungsbereich		Übertragen. Frequenzber.	$40 \cdots 16000$ Hz
Klirrfaktor	k	Anteil der Oberschwing.	$<1\%$ bei Vollaussteuerung
Intermodulationsfaktor	m	s.u.	$<3\%$
Übersprechdämpfung			<50 dB bei 1 kHz
Fremdspannungsabstand			<50 dB

transmission range
Übertragungsbereich

Der *Übertragungsbereich* wird bei Leistungsverstärkern als Leistungsbandbreite angegeben, worin die Ausgangsleistung an den Bandenden bei Nennklirrfaktor um -3 dB absinkt.

distortion factor
Klirrfaktor

Der *Klirrfaktor* ist ein Maß für harmonische Oberschwingungen (nichtlineare Verzerrungen) des 1., 2., 3. bis *n*. Grades bei Vollaussteuerung: $k_{ges} = k_1 + k_2 + k_3 \cdots k_n$. Die Messung erfolgt mit Sinusschwingungen. Werte $k < 2\%$ werden in der Regel nicht wahrgenommen.

intermodulation factor
Intermodulationsfaktor

Der *Intermodulationsfaktor* ist ein Maß für nichtlineare Verzerrungen, die durch gleichzeitige Übertragung mehrerer Frequenzen infolge gegenseitiger Mischung (Modulation) auftreten. Gemessen wird mit 2 Frequenzen 400 und 4000 Hz im Amplitudenverhältnis 4/1.

Bei professionellen Studio-Verstärkern müssen die nichtlinearen Verzerrungen sehr gering bleiben, weil in einem Übertragungskanal bis zu 10 Einzelverstärker als Trenn-, Entzerrer-, Regel- und Impedanzwandler-Verstärker in Serien liegen können.

cross talk attenuation
Übersprech-dämpfung
stereo channel
stereoacoust
Stereophonie

Die *Übersprechdämpfung* ist das Verhältnis der Ausgangsspannung eines Übertragungskanals bei Vollaussteuerung zur Eingangsspannung eines anderen Kanals in dB, beispielsweise von „Tonband-Wiedergabe" zu „Mikrofon-Eingang".

Die Übersprechdämpfung wird auch zwischen *Stereokanälen* bewertet.

Unter *Stereophonie* (stereo = Griech.: körperlich, fest) ist eine Audio-Technik zu verstehen, bei der die akustische Übertragung eines Klangkörpers räumlich (genauer: zweidimensional) dargestellt werden kann. Dazu benutzt man zwei oder mehr getrennte Übertragungskanäle mit zugehörigen Mikrofonen und Lautsprechern, welche die Schallstrahlung nach Maßgabe ihres gegenseitigen Abstandes mit unterschiedlicher Laufzeit wiedergeben.

output power
Ausgangsleistung
music power
Musikleistung

Die *Ausgangsleistung* muß nach DIN 45500 mit Sinuston 1 kHz mindestens 10 min lang abgegeben werden.

Oft wird die *Musikleistung* angegeben. Sie beträgt etwa 120% der „Sinus"-Leistung, weil die Musikwiedergabe eine Intervallbelastung darstellt. Nach DIN 45500 ist die Musikleistung diejenige Leistung, bei der die Versorgungsspannung den Wert einhält, den sie ohne Signal hat.

19.1.2 Verstärker mit Gegenkopplung

Die für den speziellen Fall des einstufigen Verstärkerelementes in Abschnitt 17.3.1.6 erklärte Gegenkopplung wird für den allgemeinen Fall eines Verstärker-Vierpoles erläutert. Der Verstärker kann mehrere Stufen mit unterschiedlicher Bestückung enthalten.

Gegenkopplungs-Verstärker

Da die Gegenkopplungsspannung vom Verstärker-Ausgang in Gegenphase ($\varphi = 180°$) zum Eingang rückgeführt wird, kann bei mehreren Stufen eine unerwünschte zusätzliche Phasendrehung durch Schaltelemente mit Blindkomponenten (Abschnitt 8.1.2) eintreten, die in kritischen Frequenzbereichen die Gegenkopplung aufheben und in ungünstigen Fällen sogar eine Mitkopplung anregen. Derartige Blindkomponenten können beispielsweise an Leitungsinduktivitäten oder Eigenkapazitäten von Widerständen auftreten. Daher ist die Gegenkopplung bei mehrstufigen Breitbandverstärkern sorgfältig zu bemessen und Blindkomponenten bedarfsweise zu kompensieren.

An dem in Bild 71 skizzierten Verstärker sind zwei getrennte Gegenkopplungskanäle eingezeichnet, deren Gegenspannungen u_{sp} und u_{st} zum Verstärkereingang rückgeführt werden.

Die Verstärkung ohne Gegenkopplung verringert sich bei Gegenkopplung auf den Wert v'. Der Gegenkopplungsfaktor wird damit:

$$g = v'/v \qquad (114)$$

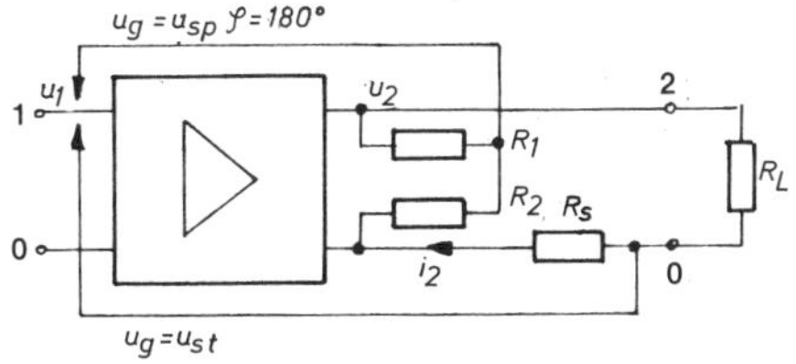

Bild 71 Verstärker mit Spannungs- und Stromgegenkopplung

und die Verstärkung v':

$$v' = \frac{v}{1+\beta v}\,. \tag{115}$$

Der Gegenkopplungsgrad β ist das Spannungsverhältnis der rückgeführten Spannung zur Eingangsspannung.

Bezeichnen wir die Gegenkopplungsspannung allgemein mit u_g, so liegt am Eingang des Verstärkers die Wechselspannung $u_1 = u' + u_g$. Die Eingangswechselspannung mit Gegenkopplung ist demnach $u' = u_1 - u_g$. Mit dem Gegenkopplungsgrad $\beta = u_g/u_2$ wird die Eingangsspannung:

$$u_1 = u'(1+\beta u_1)\,. \tag{116}$$

Alle nichtlinearen Verzerrungen werden um den Faktor $(1+\beta u_1)$ verringert.

Stromgegenkopplung

Die *Stromgegenkopplung* liefert die Gegenspannung $u_g = u_{st} = i_2 \cdot R_s$ mit dem Gegenkopplungsgrad $\beta_{st} = u_{st}/u_2 = (i_2 \cdot R_s)/u_2$. Der Innenwiderstand des Verstärkers R_i wird bei Stromgegenkopplung erhöht auf den Wert

$$R_i' = R_i(1+\beta_{st}) + R_s\,. \tag{117}$$

Da die Zunahme des Innenwiderstandes proportional zum Ausgangsstrom i_2 erfolgt, wird auch die Abhängigkeit des Ausgangsstromes vom Lastwiderstand R_L geringer. Bei Leistungsverstärkern entsteht allerdings ein Verlust an Ausgangsleistung um den Betrag $P = i_2^2 \cdot R_s$.

Spannungsgegenkopplung

Bei der *Spannungsgegenkopplung* kann die Gegenspannung an einem Spannungsteiler R_1, R_2 abgegriffen werden, der an den Ausgangsklemmen $2-0$ parallel zu dem Lastwiderstand R_L angelegt ist. Die Gegenspannung ergibt sich mit Gl. (13) zu

$$u_g = u_{sp} = u_2 \cdot R_2/(R_1 + R_2) .$$

Der Innenwiderstand des Verstärkers wird durch die Spannungsgegenkopplung verringert auf den Wert:

$$R_i' \approx R_i (1 + \beta_{sp}) . \tag{118}$$

Zufolge des niedrigen Innenwiderstandes wird die Abhängigkeit der Ausgangsspannung von dem Belastungswiderstand R_L geringer. Ein Leistungsverlust tritt nicht ein, sofern der Ausgangsspannungsteiler R_1, R_2 genügend hochohm ist.

19.1.2.1 Frequenzabhängige Gegenkopplung

Bei frequenzabhängigen Schaltelementen (Reaktanzen) im Gegenkopplungskanal werden Gegenspannung u_g und Gegenkopplungsgrad β frequenzabhängig. Dies wird beispielsweise ausgenutzt, um den Frequenzbereich eines Schallplattenverstärkers zwecks Dämpfung von Rumpelstörungen unterhalb von 20 Hz zu beschneiden. Im einfachsten Fall dient dazu ein entsprechend bemessener Überbrückungskondensator am Emitter-, Source- oder Katodenwiderstand (Abschnitt 17.3.1.6). Auch ein Sperrkreis im Emitterstromkreis bewirkt als Notch-Filter eine Stromgegenkopplung für eine bestimmte Frequenz.

Häufig werden Kondensatoren oder *R*-*C*-Glieder im Gegenkopplungskanal eingeschaltet, um die Gegenspannung in bestimmten Frequenzbereichen abzusenken oder auszuschalten. Die so verringerte Gegenkopplung bewirkt eine entsprechend höhere Verstärkung, wobei die Frequenzkurve (Übertragungscharakteristik) in bestimmter Weise beeinflußt (entzerrt) werden kann. Das Beispiel eines Wiedergabeverstärkers für Schallplatten ist in Bild 72 dargestellt.

Das Schaltbild zeigt einen Kanal eines Stereo-Verstärkers. Beide Transistoren sind über die Emitterwiderstände stark gegengekoppelt. Die Basis-Vorspannung des Eingangstransistors wird am Emitter des Ausgangstransistors abgenommen, wobei auch eine stabilisierende Gleichstromgegenkopplung entsteht. Eine weitere Spannungsgegenkopplung wird über die beiden *R*-*C*-Glieder 180 kΩ/10 nF und 22 kΩ/3,3 nF geführt, mit denen eine Tiefenanhebung zum Ausgleich der Schallplatten-Aufnahmekennlinie bewirkt wird.

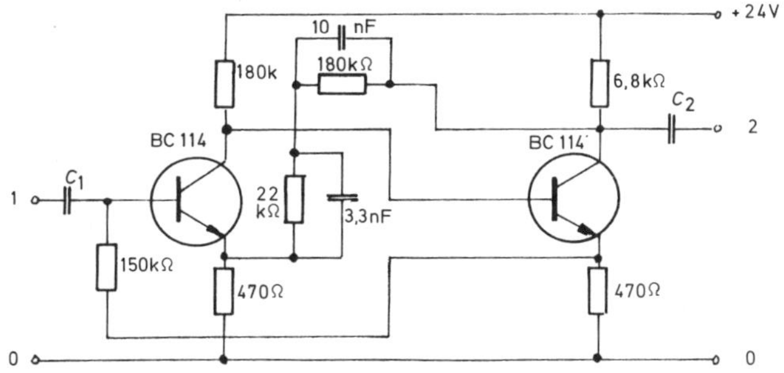

Bild 72 Schallplatten-Wiedergabeverstärker für magnetische Abtaster (Bang & Olufsen)

19.1.3 Leistungsverstärker

Leistungs- oder Endverstärker bilden innerhalb eines Verstärker-Vierpols die letzte Stufe oder Endstufe vor den Ausgangsklemmen.

Die Grenzen der elektrischen Verstärkung liegen für die kleinste verstärkbare Leistung beim Eigenrauschen der Verstärkerstufe (Abschnitt 17.3.1.3) und für die größte Leistung bei der zulässigen Verlustleistung der Endstufe. Bei NF- oder Breitbandverstärkern ist für große Leistungen eine möglichst verzerrungsarme Übertragung gefordert.

verzerrungsarme Übertragung

Dadurch wird die obere Leistungsgrenze insofern eingeschränkt, als Eingangs- oder Steuerkennlinie der Halbleiter- oder Röhren-Endstufen nur im angenähert linearen Bereich ausgesteuert werden dürfen, wobei der theoretisch erreichbare Wirkungsgrad nicht ausgenutzt werden kann.

Die allgemeine Bedingung der Leistungsanpassung $R_i = R_L$ (Abschnitt 9.2) gilt nicht uneingeschränkt für Leistungsverstärker mit kombinierter Strom-Spannungs-Gegenkopplung, weil dann Ausgangsstrom und -spannung in gewissen Grenzen vom Lastwiderstand R_L unabhängig werden.

Die Berechnung von Halbleiter- oder Röhrenverstärkern an Hand der Datenblätter ist grundsätzlich gleich, sofern man die gelegentlich unterschiedliche technische Terminologie (Fachsprache) berücksichtigt.

Bei Transistoren ist der *Wärmewiderstand* zu beachten, der für die Ableitung der Verlustwärme an das Gerätegehäuse oder an den Kühlkörper zuständig ist.

thermal resistance Wärmewiderstand

Wärmewiderstand R_{therm}

Der Wärmewiderstand R_{therm} ist das Verhältnis von Wärmespannung zu Wärmestrom. Die Wärmeabgabe wird als Wärmeströmung angesehen mit der Dimension J/s (Joule pro Sekunde) = $0{,}2388 \cdot 10^{-3}$ kcal/s (frühere Bezeichnung Kilokalorien pro Sekunde). Die hierbei auftretende Temperaturdifferenz in °C ist die Wärmespannung

$$R_{therm} = \frac{t_j - t_{amb}}{P_v} \quad °C/mW\,. \tag{119}$$

Dabei bedeuten t_j = Sperrschichttemperatur und t_{amb} = Umgebungstemperatur in °C und P_v die zulässige Verlustleistung.

Der Wärmewiderstand R_{therm} ist die Summe aus Wärme-Innenwiderstand R_{itherm} nach Datenblatt (Sperrschichttemperatur/Verlustleistung) und Wärmeaußenwiderstand R_{atherm} (Gehäusetemperatur/Verlustleistung).

Die Verlustwärme der Sperrschicht muß erforderlichenfalls abgeführt werden, entweder über das Gerätegehäuse oder über eigene Kühlkörper mit großer Oberfläche. Der Wärmekontakt kann mit Silicon-Pasten verbessert werden. Falls das Gehäuse des Halbleiters elektrisch isoliert, aber thermisch verbunden sein muß, legt man dünne Glimmerplättchen oder plan und parallel geschliffene dünne Scheiben aus Aluminiumoxid-Keramik zwischen Gehäuse und Auflage. Dieser Keramiktyp besitzt die gleiche Wärmeleitfähigkeit wie Eisen.

Die Berechnung der Wärmeableit-Maßnahmen wird hier nicht erläutert, weil die Resultate bei unbekannten Randbedingungen, wie zum Beispiel Wärmekontakt-Widerstände oder Wärmestrahlung, im Einzelfall nicht befriedigen.

class A amplifier
A-Verstärker

19.1.3.1 A-Verstärker

Im Interesse einer möglichst hohen Stromaussteuerung wird der Arbeitspunkt in die Mitte der Eingangs- oder Steuerkennlinie der Transistor- oder Röhrenstufe gelegt. Bei Ansteuerung mit Wechselstrom pendelt der Ausgangs-Ruhestrom symmetrisch um den Arbeitspunkt. Der Grenzwert der Stromaussteuerung ist erreicht, wenn die Amplitude des Eingangssignales das Verstärkerelement einerseits mit ihrem Minimalwert sperrt und andererseits mit ihrem Maximalwert in den Grenz-Lastbereich steuert.

Diese Einstellung kennzeichnet den A-Verstärker und wird vorzugsweise bei Audio-Verstärkern wegen der vergleichsweise niedri-

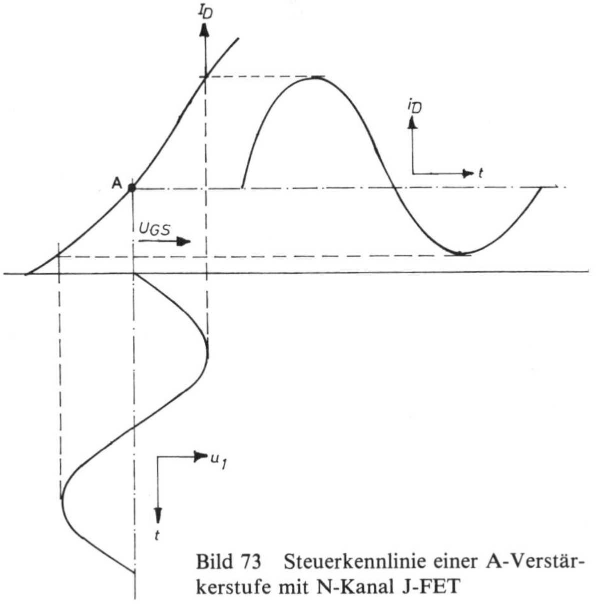

Bild 73 Steuerkennlinie einer A-Verstärkerstufe mit N-Kanal J-FET

gen nichtlinearen Verzerrungen angewendet. Der Wirkungsgrad (Verhältnis der abgegebenen zur zugeführten Leistung) kann theoretisch 50% erreichen.

Wegen der gekrümmten (nichtlinearen) Kennlinien der Transistoren und Röhren verzichtet man in der Praxis auf den vollen Aussteuerbereich und nutzt nur den angenähert linearen Teil aus, um die nichtlinearen Verzerrungen gering zu halten.

Als Beispiel ist in Bild 73 die Steuerkennlinie eines A-Verstärkers gezeigt, bei der eine sinusförmige Eingangsspannung symmetrisch um den Arbeitspunkt A den angenähert linearen Abschnitt ΔU ansteuert. Der Ausgangsstrom i_D stellt sich als Spiegelung an der Steuerkennlinie dar und beschreibt eine entsprechend deformierte Sinuskurve.

Nichtlineare Verzerrungen sind unerwünschte Deformationen (Verformungen) der Wechselstromkurven (Abschnitt 1.2), wie sie bei Übertragungssystemen entstehen, beispielsweise bei Verstärkern und *Wandlern* (Lautsprecher, Mikrofone, Tonabnehmer und andere). Die Deformation ist gleichbedeutend mit dem Auftreten von parasitären Oberschwingungen zu den übertragenen Wechselströmen.

transducer
Wandler

Nach FOURIER (Franz. Physiker 1768 – 1830) kann man jede beliebig geformte periodische Wechselstromkurve in mehrere einander überlagernde Sinuskurven auflösen, deren Frequenzen ganzzahlige „harmonische" Vielfache sind (FOURIER-Analyse). Die Sinusschwingung mit der niedrigsten Frequenz heißt Grundschwingung f_g. Eine Oberschwingung n-ten Grades hat die Frequenz $f_n = f_g(n+1)$, beispielsweise die 1. Oberschwingung der Grundschwingung 100 Hz: $f_1 = 100(1+1) = 200$ Hz und die 2. Oberschwingung: $f_2 = 100(2+1) = 300$ Hz.

Die Oberschwingungen werden auch als Harmonische bezeichnet. Dann ist die Grundschwingung die 1. Harmonische. Die 2. Harmonische von 100 Hz ist 200 Hz, die 3. Harmonische 300 Hz, usw.

distortion factor (coefficient) Klirrfaktor *k*

Ein Maß für die nichtlinearen Verzerrungen ist der Klirrfaktor k (Klirrgrad, Oberwellengehalt) als Verhältnis der betrachteten Harmonischen zur Grundschwingung in %, beispielsweise $k_1 = u_1/u_g$. Der Gesamtklirrfaktor aller Harmonischen wird: $k_{ges} = k_1 + k_2 + k_3 \cdots k_n$ (Abschnitt 19.1.1).

Die Auflösung eines deformierten Sinusstromes I in die Grundschwingung i_1 und die 2. Harmonische i_2 ist in Bild 74 dargestellt. Diese Verzerrung entsteht bei Steuerkennlinien nach Bild 73. Der Klirrfaktor beträgt etwa 20% und ist für Audio-Übertragung zu hoch.

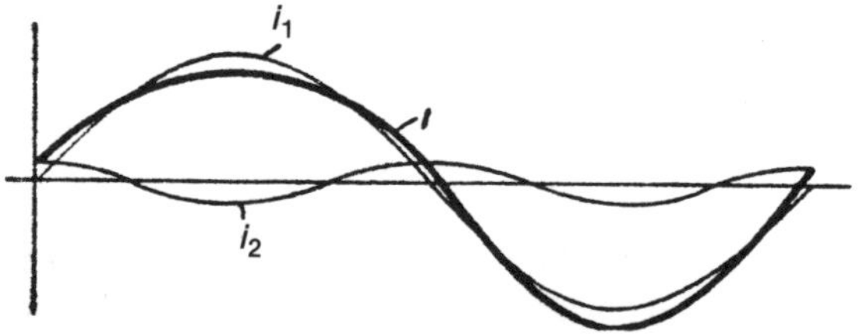

Bild 74 Auflösung eines deformierten Sinusstromes i in die Grundschwingung i_1 und die 2. Harmonische i_2 mit einem Klirrfaktor von 20% (Aus H. Pitsch: Lehrbuch für die Funktechnik, Leipzig)

class A push-pull amplifier complementary

19.1.3.2 Gegentakt-A-Verstärker

Bei Gegentaktschaltungen werden gleiche oder *komplementäre* Verstärkerelemente paarig so gegeneinander geschaltet, daß sie gleichstrommäßig parallel und wechselstrommäßig in Serie liegen. Die Ansteuerung und die Auskopplung des verstärkten Signals

muß im „Gegentakt“ mit 180° Phasendrehung erfolgen. Dazu dienen symmetrische Transformatoren oder phasendrehende Schaltungen (*Phasenumkehrstufen*).
In Bild 75 sind zwei typische Gegentakt-Schaltungen skizziert.

phase inverter
Phasenumkehrstufe

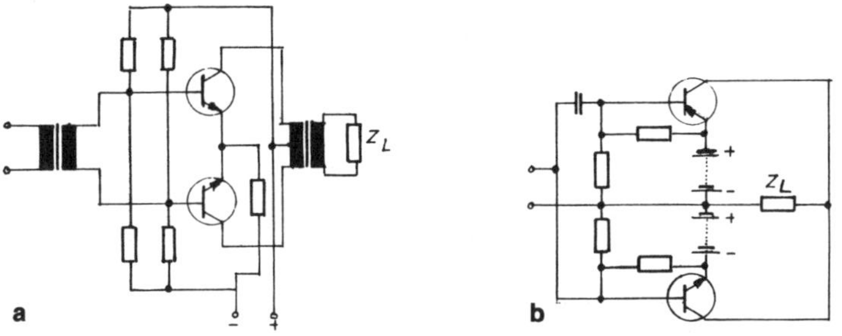

Bild 75 Gegentakt-A-Verstärkerstufen; a mit Transformatoren, b mit komplementären Transistoren

Bei Gegentakt-A-Schaltungen wird die doppelte Ausgangsleistung eines einzelnen Verstärkerelementes verfügbar. Das ist zwar durch Parallelschaltungen zweier Verstärkerelemente auch erreichbar, nur bleiben die nichtlinearen Verzerrungen hierbei erhalten, während sie sich bei Gegentaktschaltung teilweise aufheben. Die Eingangskennlinien ergänzen sich nämlich zu einer gemeinsamen Gesamtkennlinie, die zum Aussteuerungsnullpunkt symmetrisch verläuft, wodurch alle geradzahligen Harmonischen herausfallen.

In Bild 76 ist die Gesamtkennlinie eines Gegentakt-A-Verstärkers mit zwei Röhren gezeigt.

19.1.3.3 Gegentakt-B-Verstärker

class B push-pull amplifier
Gegentakt-B-Verstärker

Wird der Arbeitspunkt der Gegentakt-Verstärkerelemente auf der Steuerkennlinie in das Anlaufstromgebiet verschoben, so fließt bei fehlender Ansteuerung ein entsprechend geringer Ruhestrom. Bei Ansteuerung mit Wechselstrom wird jeweils ein Verstärkerelement mit einer Halbwelle ausgesteuert.

Diese Einstellung heißt Gegentakt-B-Verstärker.

Gegenüber einem Gegentakt-A-Verstärker mit gleicher Bestückung an Transistoren oder Röhren liefert diese Einstellung nahezu die doppelte Ausgangsleistung bei gleicher Ansteuerung, weil sich die Wechselspannungsamplitude bei gleichem Wechsel-

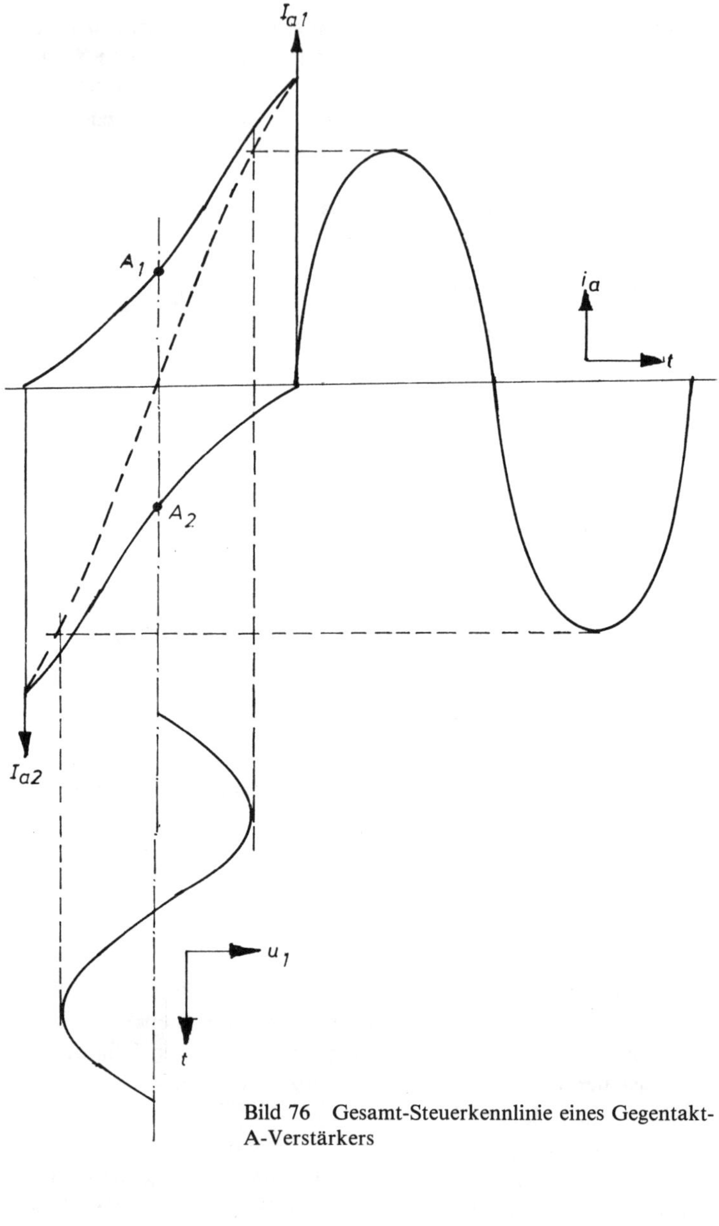

Bild 76 Gesamt-Steuerkennlinie eines Gegentakt-A-Verstärkers

strom verdoppelt hat. Allerdings treten im Bereich kleiner Aussteuerung höhere Verzerrungen auf, weil sich hier die Kennlinienkrümmung auswirkt. Bei Vollaussteuerung nehmen die Verzerrungen wieder ab. Der Wirkungsgrad kann im Idealfall 78% erreichen.

Die Gesamt-Steuerkennlinie eines Gegentakt-B-Verstärkers ist in Bild 77 dargestellt.

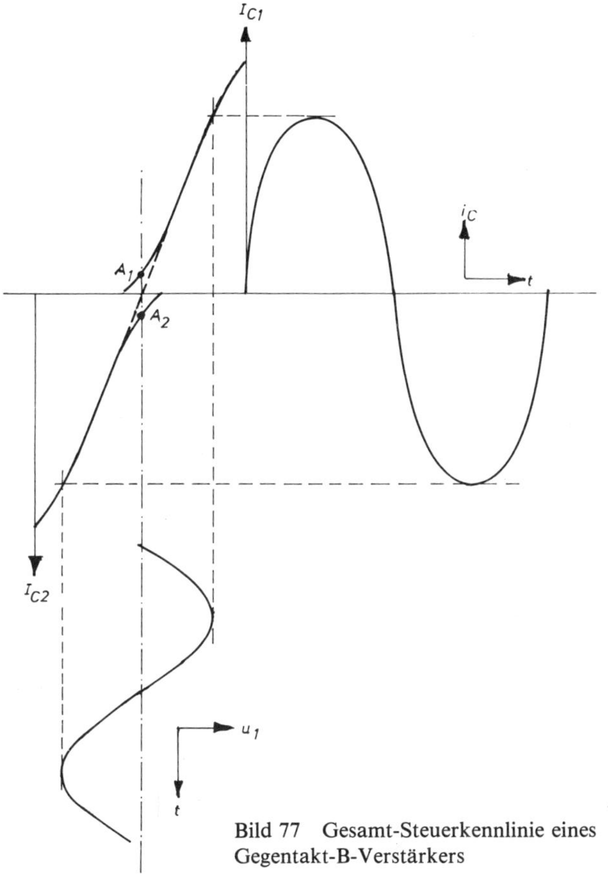

Bild 77 Gesamt-Steuerkennlinie eines Gegentakt-B-Verstärkers

19.1.3.4 Gegentakt-AB-Verstärker

class AB push-pull amplifier
Gegentakt-AB-Verstärker

Der Arbeitspunkt der AB-Einstellung ist abhängig von der Aussteuerung. Bei kleiner Aussteuerung arbeitet der Verstärker in A-Einstellung, die sich mit zunehmender Aussteuerung zur B-Einstellung verschiebt.

19.1.3.5 Weitere Gegentakt-Verstärkereinstellungen

Gegentakt-C-Verstärker

Beim *Gegentakt-C-Verstärker* ist der Arbeitspunkt so weit nach links in das Anlaufstromgebiet verschoben, daß ohne Ansteuerung kein Ruhestrom fließt, und jedes Verstärkerelement nur von den Maximal- und Minimalbereichen der Wechselstromkurven ausgesteuert wird. Die nichtlinearen Verzerrungen sind vergleichsweise hoch.

Die Bezeichnung C-Verstärker wird auch für den Eintakt-B-Verstärker angewendet, der jedoch nur für HF-Leistungsstufen brauchbar ist (Abschnitt 19.2.3).

Gegentakt-D-Verstärker

Der *Gegentakt-D-Verstärker* besitzt eine feste Einstellung des Arbeitspunktes zwischen A und B.

tuned amplifier
abgestimmte Verstärker

19.2 Abgestimmte Verstärker

Zu diesem Oberbegriff zählen alle Verstärker, die im Unterschied zu Breitbandverstärkern für einen begrenzten Frequenzbereich oder für bestimmte Einzelfrequenzen ausgelegt sind. Sie werden hauptsächlich bei Empfängern angewendet, wenn in Vorstufen oder in Zwischenfrequenz(ZF)-Stufen Empfangssignale selektiv (ausgewählt) verstärkt werden sollen (Abschnitt 23.2).

resonance amplifier
Resonanzverstärker

19.2.1 Selektive Verstärker (Resonanzverstärker)

Bei diesen abgestimmten Verstärkern werden die Kopplungselemente als Resonanz- oder Filterkreise ausgebildet (Abschnitt 15.3). Da die Resonanzwiderstände von Parallelschwingkreisen hohe Werte erreichen können, lassen sich entsprechend hohe Spannungsverstärkungen v_u nach Gl. (90) erzielen, wenn die Schwingkreise als Lastwiderstand R_L geschaltet sind. Ein Verstärkerelement mit der Steilheit S (Abschnitt 17.3.1.2) erreicht annähernd die Spannungsverstärkung

$$v_u \approx S \cdot R_L \,, \tag{120}$$

worin R_L im Idealfall dem Resonanzwiderstand nach Gl. (67a) entspricht: $R_s \approx \omega \cdot L \cdot Q$; Eingangs- und Innenwiderstände liegen parallel zu R_s und müssen bedarfsweise durch Schwingkreisanzapfungen angepaßt werden.

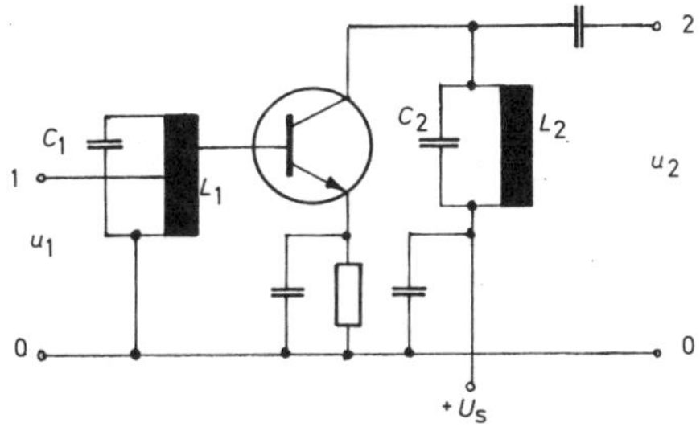

Bild 78 Resonanzverstärker schematisch

In Bild 78 ist ein Kleinleistungsverstärker skizziert, wie er beispielsweise als Treiber für PA-Stufen in KW-Sendern verwendet wird (Abschnitt 19.2.3).

19.2.2 **Neutralisation** (HF-Gegenkopplung)

neutralisation
Neutralisation

Bei Resonanzverstärkern mit hohem Verstärkungsgrad besteht die Gefahr einer unerwünschten Rückkopplung des verstärkten Signals auf den Verstärkereingang mit dem Phasenwinkel 0°. Es entsteht eine Mitkopplung. Sie verringert die Stabilität einer Verstärkerstufe und kann im Extremfall bei hohem Mitkopplungsgrad („fester Rückkopplung") zum Schwingungseinsatz (Abschnitt 19.3) führen. In diesem Falle hebt der Verstärker die elektrischen Verluste des angeschlossenen Schwingkreises auf und bewirkt eine Entdämpfung mit einer Steigerung der Kreisgüte Q und Verringerung der Bandbreite b nach Gl. (68).

Ein derartiger Rückkopplungseffekt wird bei einfachen Empfangsschaltungen mit 1 oder 2 Resonanzverstärkern (zum Beispiel 0 V 1, 1 V 1) ausgenutzt, um eine hohe Selektion bei geringem Schaltungsaufwand zu erreichen.

Mitkopplung

Bei mehrstufigen Verstärkerschaltungen muß die unerwünschte Mitkopplung vermieden werden, da die verringerte Stabilität sonst keine eindeutige Frequenzabstimmung erlaubt.

Eine unerwünschte Mitkopplung kann durch äußere Rückwirkungen entstehen, beispielsweise durch induktive Kopplung zwischen den Spulen L_1 und L_2 bei Bild 78 infolge unzureichender Schirmung oder Entkopplung. Sie kann auch durch kapazitive Kopplung vom Verstärkerausgang zum -Eingang eintreten und auch durch innere Kapazitäten von Transistoren und Röhren.

Eine derartige Mitkopplung kann durch äußere Gegenkopplung mit Phasenwinkel 180° und passendem Gegenkopplungsgrad aufgehoben, „neutralisiert" werden. Hierzu eignen sich induktive und kapazitive Kopplungsmethoden mit passender Phasenlage.

19.2.3 HF-Leistungsverstärker

Bei Leistungs-Endstufen für Hochfrequenz ist eine günstige Leistungsbilanz ohne Rücksicht auf Verzerrungen anzustreben, weil diese Stufen mit *L-C*-Kreisen gekoppelt werden, die unerwünschte Nebenfrequenzen unterdrücken.

Bei Sender-Endstufen (PA-Stufen) für große Frequenzbereiche, beispielsweise für Amateursender mit Abstimmbereichen von 3,5 bis 29,5 MHz, werden meist Resonanzverstärker (Abschnitt 19.2.1) gewählt, die abstimmbare Kreise mit Spulenumschaltung und Kapazitätsabstimmung enthalten (Abschnitt 15.1).

Für Leistungen bis etwa 1 kW HF können Eintakt-B-Verstärker oder C-Verstärker verwendet werden, obwohl hierbei nur die positiven Halbschwingungen des Ausgangsstromes ausgesteuert sind, denn im Schwingkreis des Lastwiderstandes wird die Ausgangsspannung zu Vollschwingungen ergänzt.

Bei einem anderen Gerätekonzept werden die PA-Stufen breitbandig ausgelegt und störende Nebenfrequenzen mit umschaltbaren Bandfiltern (Bandpässen) herausgefiltert (Abschnitt 15.3). Allerdings wird die Leistungsbilanz verschlechtert, weil die herausgefilterten Nebenfrequenzen einen Teil des verfügbaren Aussteuerungsbereiches beanspruchen. Bei Amateursendern haben die Bandfilter meist eine Bandbreite $b \approx 500$ kHz.

Für breitbandige PA-Stufen werden Gegentaktschaltungen mit B-Einstellung bevorzugt, weil ihr Anteil an Harmonischen gegenüber Eintaktschaltungen geringer ist.

Die Leistungsgrenze zwischen Transistor- und Röhrenverstärkern liegt bei einigen kW. Bei Transistorverstärkern treten nämlich höhere Ströme auf, die wegen des Skin-Effektes (Abschnitt 13) schwieriger zu kontaktieren sind.

19.2.3.1 Transistorverstärker

Für HF-Leistungen im 10-W-Bereich für Hand-Funksprechgeräte und ähnliches haben sich Eintakt-B-Endstufen nach Art des Bildes 79 bewährt.

Hand- und Funksprechgerät

In dieser Schaltung läßt sich mit einem npn-Si-Epitaxie-Planartransistor 2 N 3375 (BLY 59) mit maximaler Verlustleistung $P_{tot} = 11{,}6$ W eine Ausgangsleistung von $P_0 = 15$ W bei 100 MHz

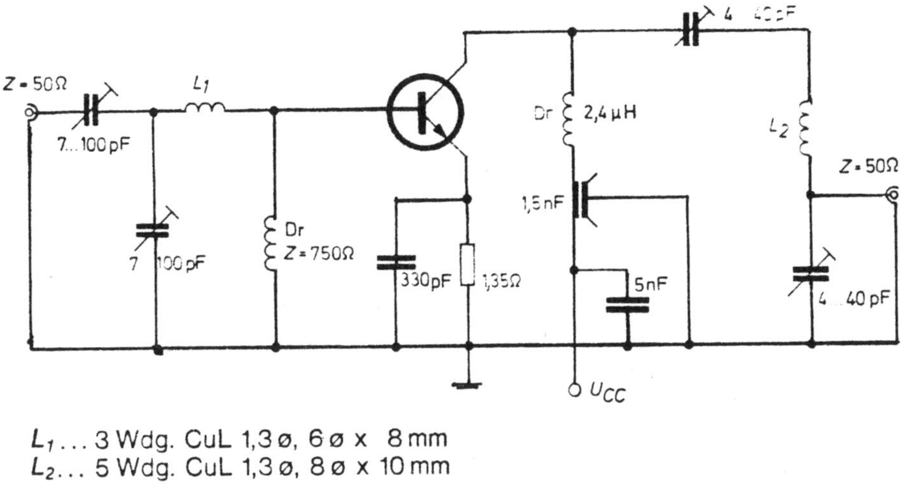

Bild 79 Eintakt-B-Endstufe für Kleinsender im UKW-Bereich (ITT)

erzielen. Die Dimensionierung der Schaltelemente ist für etwa 144· · ·145 MHz ausgelegt.

Die Kenndaten für die Berechnung werden dem Datenblatt (ITT) entnommen. Der Eingangswiderstand beträgt $R_e = 12\ \Omega$, die Steuerleistung $P_{in} = 3{,}5$ W, die Eingangsspannung errechnet sich nach Gl. (88): $u_1 = \sqrt{P_{in}/R_e} = 0{,}54$ V. Aus Gl. (89) ergibt sich die Leistungsverstärkung: $v_p = P_0/P_{in} = 15/3{,}5$ W $= 4{,}3$. Die Ausgangsimpedanz beträgt laut Datenblatt $Z_2 = 66\ \Omega$.

Der Verstärkereingang ist mit einem Anpaßübertrager in Form eines π-Gliedes mit dem Übersetzungsverhältnis nach Gl. (77) beschaltet: $\ddot{u} = \sqrt{Z_2/R_e} = \sqrt{50/12} = 2$. Die Anpassung des Ausgangs errechnet sich zu: $\ddot{u} = \sqrt{66/50} = 1{,}2$.

Die π-Schaltung als Transformationsglied ist in Abschnitt 28.5 beschrieben. Im vorliegenden Falle sind die Eingangskapazität

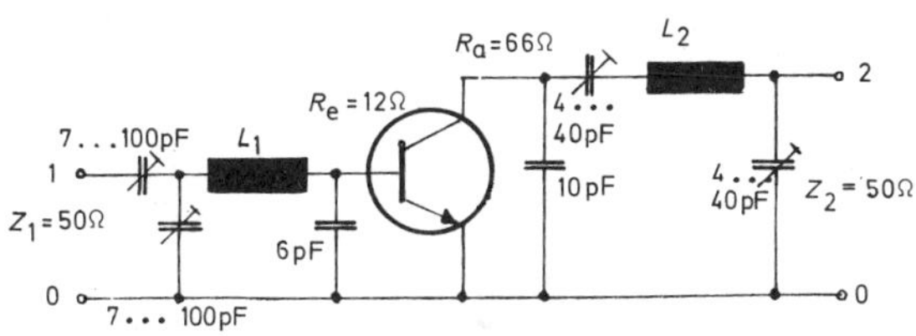

Bild 80 Ersatzschaltbild der Eintakt-B-Endstufe

$C_{BE} = 6$ pF und die Ausgangskapazität $C_{CE} = 10$ pF nach dem Ersatzschaltbild **Bild 80** zu berücksichtigen.

Ein Dimensionierungsbeispiel einer Breitband-Gegentaktendstufe für 3,5 bis 22 MHz ist in **Bild 81** skizziert. Bei einer Steuerleistung $P_{in} = 0{,}3$ W erreicht die Ausgangsleistung $P_0 = 15$ W mit der Leistungsverstärkung $v_p = P_0/P_{in} = 15/0{,}3 = 50$.

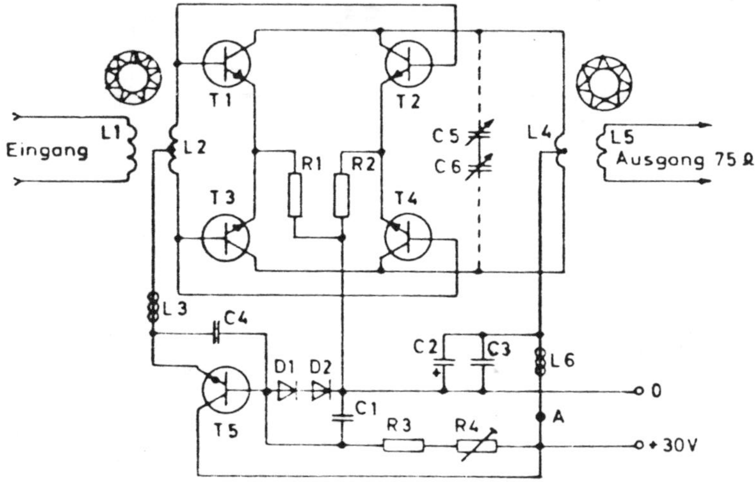

Bild 81 Gegentakt-B-Endstufe (nach DK 9 BK)

Stückliste zu Bild 81

R 1, R 2	2,2 Ω 0,5 W	L 1	7 Wd. ∅ 0,6 mm CuAg Kern 1
R 3	2,2 kΩ 0,25 W	L 2	2×2 Wd. Kern 1
R 4	1,5 kΩ	L 3	3 Ferritperlen
C 1, C 4	6,8 nF	L 4	2×4 Wd. ∅ 1,2 mm CuS Kern 2
C 2	30 µF	L 5	8 Wd. ∅ 1,2 mm CuS Kern 2
C 3	33 nF	L 6	8 Ferritperle
C 5, C 6	2×500 pF	Kern 1:	Valvo Ringkern 4322 020 9107
T 1 – T 4	BD 137	Kern 2:	Valvo Ringkern 4322 020 91090
T 5	BD 457		
D 1, D 2	BYY 33 A		

Der Ruhestrom wird an R 4 auf 20 mA eingestellt. Bei Vollaussteuerung steigt der Strom auf 1 A.

19.2.3.2 Röhrenverstärker

Bei Leistungsverstärkern bis in den 100-kW-Bereich und auch für sehr hohe Frequenzen (SHF) bis in das GHz-Gebiet (10^9 Hz) werden Elektronenröhren mit speziellen Kühlvorrichtungen angewendet.

Scheibenröhren besitzen scheibenförmige Elektroden mit geringen gegenseitigen Abständen und entsprechend kurzen Elektronenlaufzeiten für hohe Grenzfrequenzen. Die Scheibenelektroden sind mittels Kontaktringen am äußeren Umfang der Röhren konzentrisch gestaffelt und mit Metall-Keramik-Verbindungen aus Aluminiumoxid elektrisch isoliert.

disc-seal lighthouse tube
Scheibenröhre

Eine Scheiben-Tetrode für den kW-Bereich mit anodenseitigen Kühlrippen ist in Bild 82 gezeigt.

Bild 82 Scheiben-Tetrode für den kW-Bereich

Eine praktische Schaltung für einen Eintakt-B-Verstärker mit der Scheiben-Triode 2 C 39 A in Gitterbasis-Schaltung (Abschnitt 18.1) ist in Bild 83 skizziert.

Scheiben-Triode

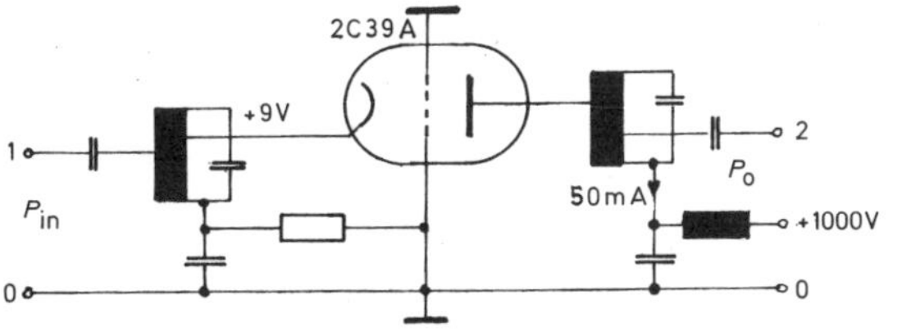

Bild 83 Eintakt-B-Verstärker in Gitterbasis-Schaltung mit der Scheiben-Triode 2 C 39 A

Die 2 C 39 A besitzt laut Datenblatt (Valvo) die Kenndaten: $P_a = 100$ W, $S = 25$ mS, Grenzfrequenz 3 GHz.

Für einen Arbeitspunkt bei $U_{g1} = -U_k = -9$ V mit $U_a = 1$ kV und $I_a = 50$ mA erhält man eine Ausgangsleistung $P_0 = 50$ W bei einer Steuerleistung $P_{in} = 5$ W bis zu Frequenzen von 1,3 GHz (23 cm).

Die geometrischen Maße sind in Bild 84 gezeigt.

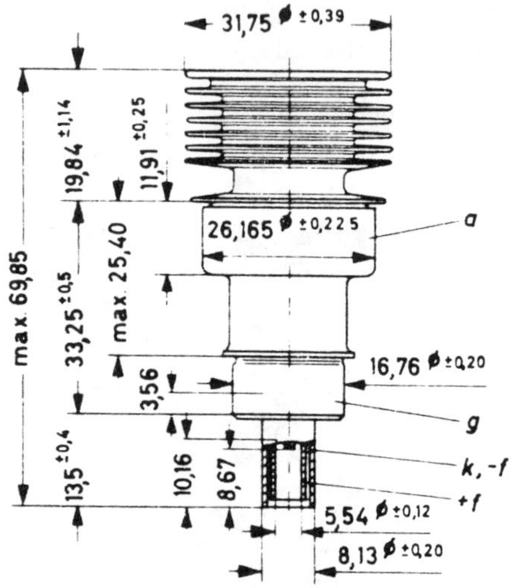

Bild 84 Geometrische Maße der Scheiben-Triode 2 C 39 A (Werkbild: Valvo)

cavity resonator
Hohlraumresonatoren

Die Schwingkreise im Eingang und Ausgang von Leistungsverstärkern für Frequenzen oberhalb etwa 200 MHz können nicht mehr als Reaktanzkreise mit Induktivität L und Kapazität C konstruiert werden, da deren Eigenkapazitäten und -Induktivitäten als Störgrößen erscheinen und unerwünschte Eigenresonanzen ausbilden. Die Reaktanzkreise werden daher durch andere Gebilde ersetzt, beispielsweise durch *Hohlraumresonatoren* oder durch abgestimmte Leitungen (Abschnitt 28.2).

Bild 85 zeigt schematisch den Zusammenbau der 2 C 39 A mit abgestimmten Koaxialleitungen.

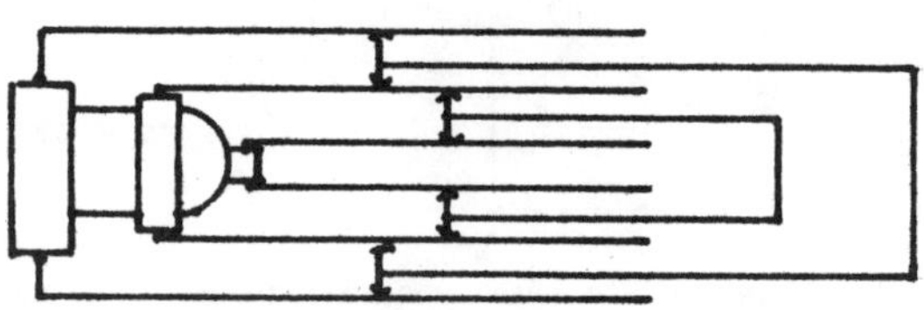

Bild 85 Koaxialabstimmung für Scheiben-Trioden

19.3 **Schwingungserzeugung** (Mitkopplung)

Elektrische Verstärker mit positiver Rückkopplung (Mitkopplung) des verstärkten Ausgangssignals zum Verstärkereingang werden zu Eigenschwingungen angeregt, sofern die phasengleiche Mitkopplungsspannung u_m hinreichend groß ist, um den Eingangsspannungsbedarf für Vollaussteuerung zu decken.

Die Schwingungen werden zunächst (nach dem Einschalten) durch das Eigenrauschen des Verstärkers angefacht, um schließlich einen konstanten Zustand zu erreichen.

Eine Vorzugsfrequenz wird dann angeregt, wenn im Zuge der Verstärkung oder im Mitkopplungspfad Reaktanzkreise oder andere Selektionsmittel eingeschaltet sind, beispielsweise Schwingquarze, Stimmgabelresonatoren oder abgestimmte Leitungen.

Derartige *selbsterregte Schwingstufen* dienen als HF-Generatoren beispielsweise zum Schweißen von Kunststoffen, zur induktiven Erwärmung (Lötsender), zum Erhitzen in „Mikrowellenherden", zum Anregen von Ultraschallwandlern (für medizinische Diagnostik, Werkstoffprüfung, Echolote und vieles andere). Sie dienen ferner als Oszillatorstufen für Überlagerungsempfänger (Abschnitt 23.2) und als *Steuerstufen* für fremderregte Sender (Abschnitt 22.1.2).

oscillator
selbsterregte Schwingstufe

exiter, master oscillator
Steuerstufe

Die selbsterregten HF-Generatoren sind für einen guten Wirkungsgrad ausgelegt, sofern sie als einstufige Sender benutzt werden. Für die Anwendung als Steuerstufen für fremderregte Sender sind sie für eine hohe Frequenzkonstanz ausgelegt, was weniger von der Schwingschaltung abhängt als von der rückwirkungsfreien Auskopplung der HF-Leistung, von einer hohen Kreisgüte mit temperaturstabilen Schaltelementen und von einer phasenreinen Mitkopplung.

Im Verlauf der historischen Entwicklung sind verschiedene Oszillatorschaltungen bekannt geworden, die jedoch alle auf das Prinzipschema von **Bild** 86 zurückgeführt werden können. Es unterscheidet sich von dem gegengekoppelten Verstärker durch die entgegengesetzte Phasenlage der rückgeführten Spannung.

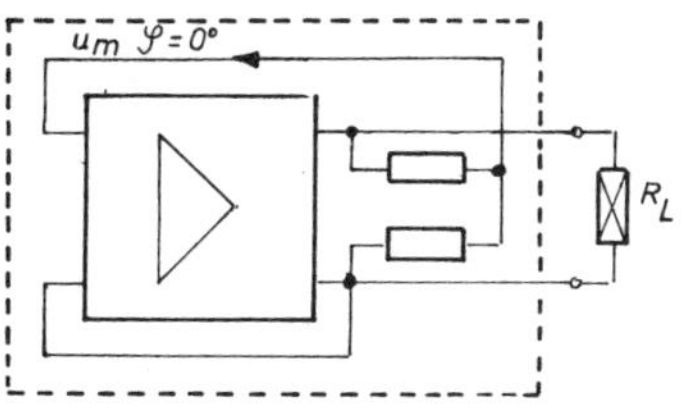

Bild 86 Prinzipschema der Oszillatorschaltung mit positiver Rückkopplung (Mitkopplung)

Die Schaltungen sind gleichermaßen mit Halbleitern oder Röhren funktionsfähig.

Bei der Schaltung nach MEISSNER Bild 87a wird die Rückkopplungsspannung durch die Windungszahl der Spule L_k und die Phase durch den entgegengesetzten Wicklungssinn zur Schwingkreisspule eingestellt.

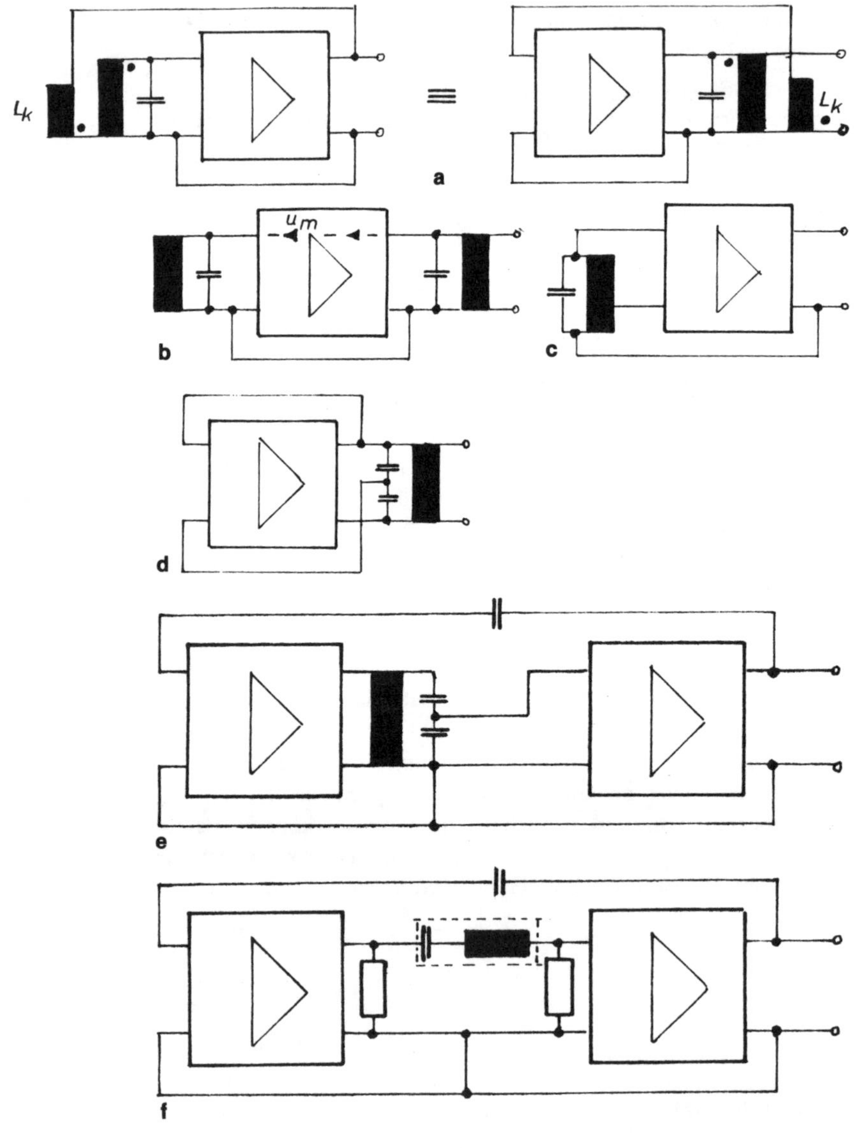

Die zweikreisige HUTH-KÜHN-Schaltung nach Bild 87b wurde ursprünglich bei Röhrenstufen angewendet. Die Mitkopplung führte über die inneren Röhrenkapazitäten. Ein Effekt, der auch die unerwünschte Schwingneigung von Resonanzverstärkern verursacht. Eine moderne Variante ist der Quarzoszillator nach PIERCE, bei dem der Schwingquarz in Parallelresonanz am Generatoreingang liegt (Abschnitt 19.3.1).

verschiedene Oszillatorschaltungen

Bei der induktiven Dreipunktschaltung nach HARTLEY Bild 87c kommt die Phasendrehung über die angezapfte Spule zustande, eine Modifikation der MEISSNER-Schaltung.

Die kapazitive Dreipunktschaltung nach COLPITTS Bild 87d enthält einen kapazitiven Spannungsteiler. Die Schaltung nach CLAPP ist eine Variante mit Kapazitätsabstimmung, deren Drehkondensator in Serie zum kapazitiven Spannungsteiler liegt.

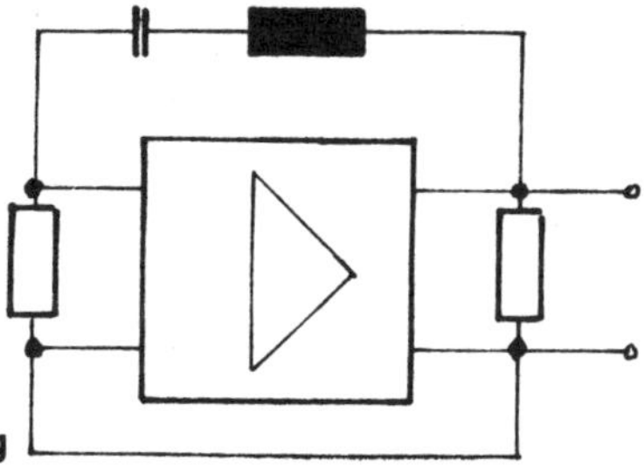

g

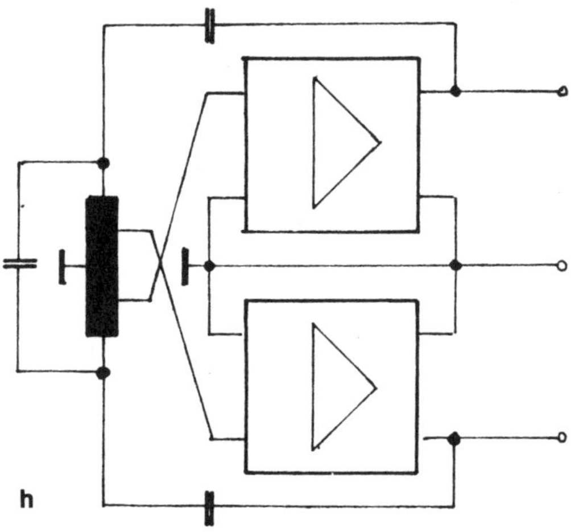

h

Bild 87 Verschiedene Oszillatorschaltungen; a induktive Rückkopplung nach MEISSNER, b Zweikreisschaltung nach HUTH-KÜHN, c induktive Dreipunktschaltung nach HARTLEY, d kapazitive Dreipunktschaltung nach COLPITTS und CLAPP, e zweistufiger Oszillator nach FRANKLIN, f zweistufiger Oszillator für Schwingquarze nach HEEGENER, g Rückkopplungsschaltung nach BUTLER, h Gegentaktoszillator

Die FRANKLIN-Schaltung nach Bild 87e enthält einen nicht abgestimmten Rückkopplungspfad über zwei oder mehr Verstärkerstufen und eignet sich gut für die Anwendung in IS (Abschnitt 17.4).

Der HEEGENER-Oszillator Bild 87f ist eine Variante der FRANKLIN-Schaltung für Quarzoszillatoren in Serienresonanz, bei denen der Schwingquarz als niederohmiges Koppelglied zwischen zwei Verstärkerstufen eingeschaltet ist.

Die BUTLER-Schaltung nach Bild 87g eignet sich ebenfalls gut für Quarzoszillatoren in Serienresonanz mit niederohmigem Schwingquarz im Rückkopplungspfad. Beide Schaltungen Bilder 87f und g sind bei IS gebräuchlich.

Die Gegentaktschaltung ist in Bild 87h für das Beispiel der induktiven Spannungsteilung gezeichnet. Sie eignet sich aber gleichfalls für kapazitive Teilung, für Quarzsteuerung und für R-C-Generatoren nach Art der Multivibratoren (Abschnitt 19.3.2).

variable frequency oscillator VFO
abstimmbarer Steuersender

Abstimmbare Steuersender enthalten abstimmbare Schwingkreise (Abschnitt 15.1) oder andere Resonatoren, beispielsweise abstimmbare Leitungen.

Eine Auswahl einiger praktisch angewendeter Schaltungen ist in den Bildern 88a bis d zusammengestellt.

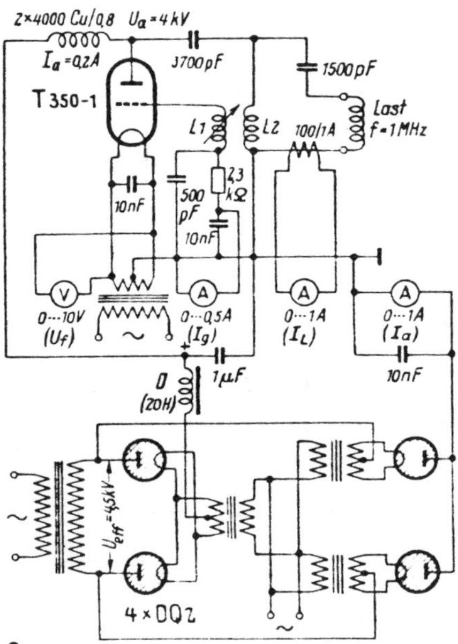

a

Bildunterschrift siehe Seite 162

19.3.1 Quarzsteuerung

Oszillatoren mit Quarzsteuerung liefern eine definierte und konstante Festfrequenz oder ein Frequenzspektrum. *Schwingquarze* sind piezoelektrische (Griech.: Druckelektrische) Resonanzkörper, die bei Anlegen eines elektrischen Wechselfeldes mechanische Schwingungen ausführen.

Amerikan.: quartz, Engl.: crystal Schwingquarze

Diese Eigenschaft beruht auf einer besonderen Kristallstruktur mit fehlendem Symmetriezentrum. Bei diesen Kristallen erzeugt eine mechanische Deformation infolge eines äußeren Druckes eine elektrische Ladung an den Elektroden. Die Ladung wird durch unsymmetrische Verschiebung der Ladungsträger (Ionen) im Kristallgitter freigesetzt. Bei Quarz beträgt sie beispielsweise 1 V bei 23 pm (Picometer).

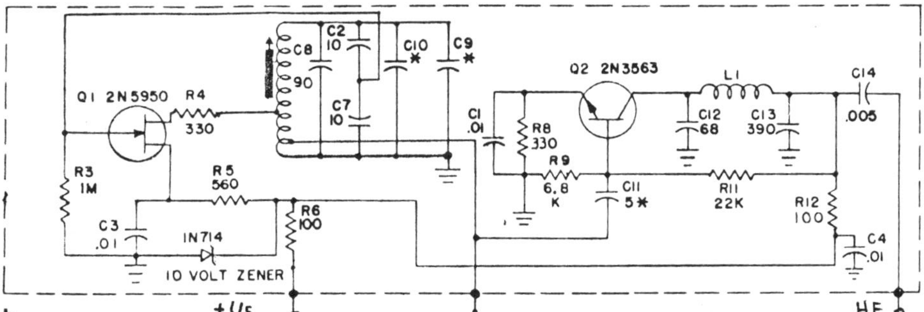

b

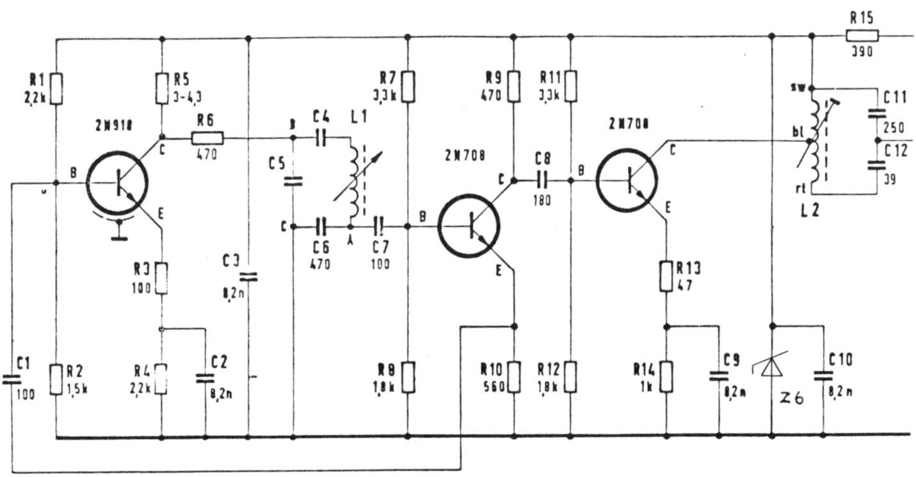

c

Bildunterschriften siehe Seite 162

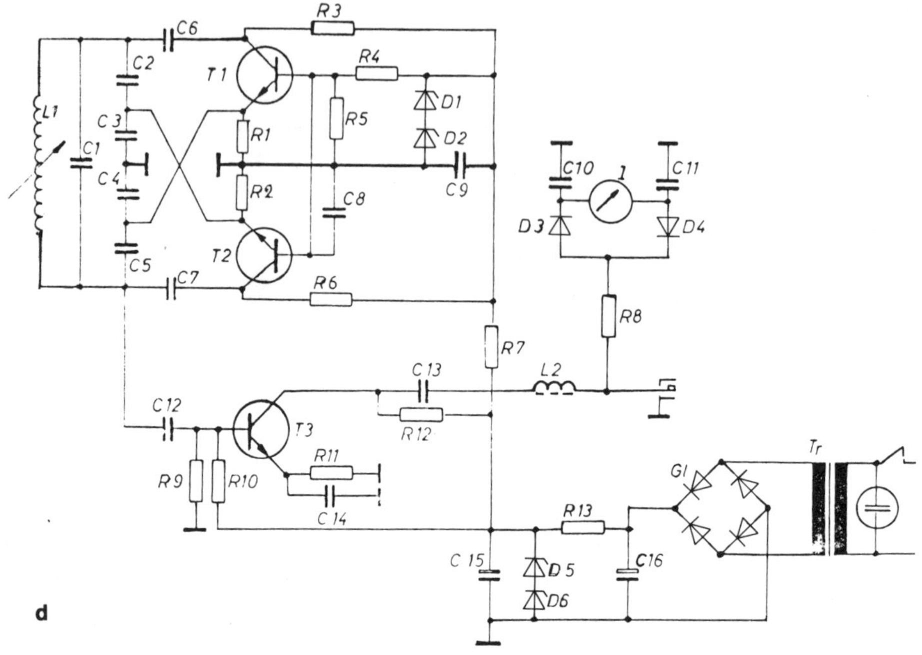

d

Bild 88 Erprobte Oszillatorschaltungen; a MEISSNER-Oszillator (Lötsender für 0,7 kW), b COLPITTS-Oszillator mit Induktivitätsabstimmung und Trennstufe (VFO Drake RV-4 C), c FRANKLIN-Oszillator mit Variometer-Abstimmung und Trennstufe für 10 ··· 11 MHz (DJ 1 NI), d Gegentakt-Oszillator für Meßzwecke (DJ 1 NI)

Andere piezoelektrische Stoffe erzeugen höhere Ladungen, zum Beispiel synthetisches ADP (Ammonium-Dihydrogen-Phosphat) in Kristalltonabnehmern oder polykristallines PZT (Bleizirkonat-Titanat) in Feuerzeug-Zündpillen.

Elektrische Spannungen an den Elektroden erzeugen andererseits mechanische Deformationen des Quarzes, die den Quarz bei anliegenden Wechselspannungen zu mechanischen (elastischen) Schwingungen anregen. Sobald sich die Frequenz der Wechselspannung der mechanischen Eigenfrequenz des Quarzes nähert, schaukeln sich die Schwingungen auf, um bei Resonanz ein Amplitudenmaximum zu erreichen.

Die mechanische Eigenfrequenz f_m des Schwingquarzes äußert sich an den Elektroden als Impedanzminimum Z_{min} vergleichbar mit einem Serien-Schwingkreis nach Gl. (64) und heißt sinngemäß Serien-Resonanzfrequenz f_s.

Eine zweite höhere Resonanzfrequenz äußert sich als Impedanzmaximum Z_{max} vergleichbar mit einem Parallelschwingkreis nach Gl. (67a) und heißt sinngemäß Parallel-Resonanzfrequenz f_p.

Sie wird gelegentlich auch als elektrische Resonanz oder Antiresonanz f_a bezeichnet.

Die (elektrische) Parallel-Resonanzfrequenz f_p ist durch ein mechanisches Amplitudenminimum gekennzeichnet und entsteht durch elektrische Umladung der (statischen) Quarz-Eigenkapazität C_0.

Diese elektrische Verhaltensweise ist in der bekannten Impedanzkurve der Schwingquarze Bild 89 schematisch dargestellt.

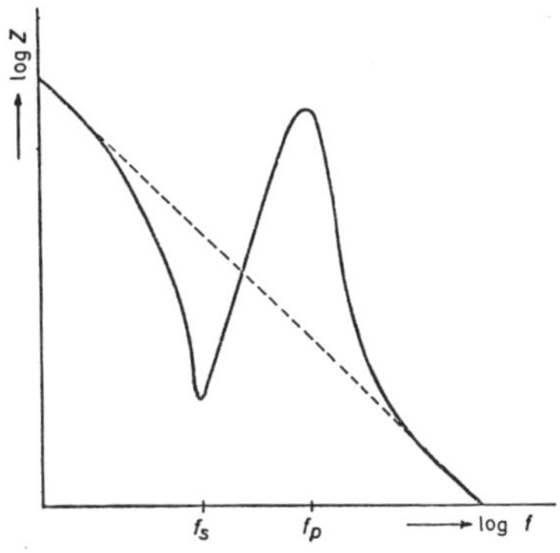

Bild 89 Schematische Impedanzkurve von Schwingquarzen

Im doppelt-logarithmischen Koordinatensystem log Z, log f beschreibt die Impedanzkurve der Quarz-Klemmen- oder Eigenkapazität C_0 eine Gerade im 45°-Winkel. Bei den Resonanzstellen f_s und f_p weicht die Kurve davon ab und beschreibt die Impedanzen der Serien- und Parallelkreise.

Dieser Impedanzkurve kann das Ersatzschaltbild eines elektrischen Zweipoles nach Bild 90 zugeordnet werden, das für die elektrische Verhaltensweise in Resonanznähe gilt.

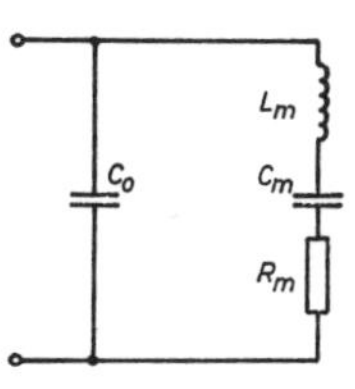

Bild 90 Elektrisches Ersatzschaltbild von Schwingquarzen

Die (dynamischen) Reaktanzen L_m und C_m sind nicht direkt meßbare Rechengrößen und beschreiben die Serien-Resonanzfrequenz nach Gl. (62): $f_s = 1/2\pi\sqrt{L_m \cdot C_m}$. Der mechanische Verlustwiderstand R_m ist für die Dämpfung zuständig. Die direkt meßbare (statische) Reaktanz C_0 ist die Eigenkapazität des Quarzes und bildet mit L_m einen Parallelschwingkreis.

Ein handelsüblicher Schwingquarz für $f_s = 10$ MHz besitzt beispielsweise die Eigenkapazität $C_0 = 7$ pF und die Ersatzdaten $C_m = 0{,}07$ pF $L_m = 3{,}6$ H und $R_m = 20\ \Omega$. Der Frequenzabstand $f_p - f_s$ beträgt 50 kHz = 0,5%, die Kreisgüte nach Gl. (68a) $Q = 355 \cdot 10^3$.

Jeder Schwingquarz kann entweder in Serien- oder in Parallelresonanz angeregt werden, bestimmt durch die angewendete Oszillatorschaltung mit nieder- oder hochohmiger Anpassung im Quarzkreis. Als Auswahl sind in **Bild 91** zwei Schaltungen gezeigt.

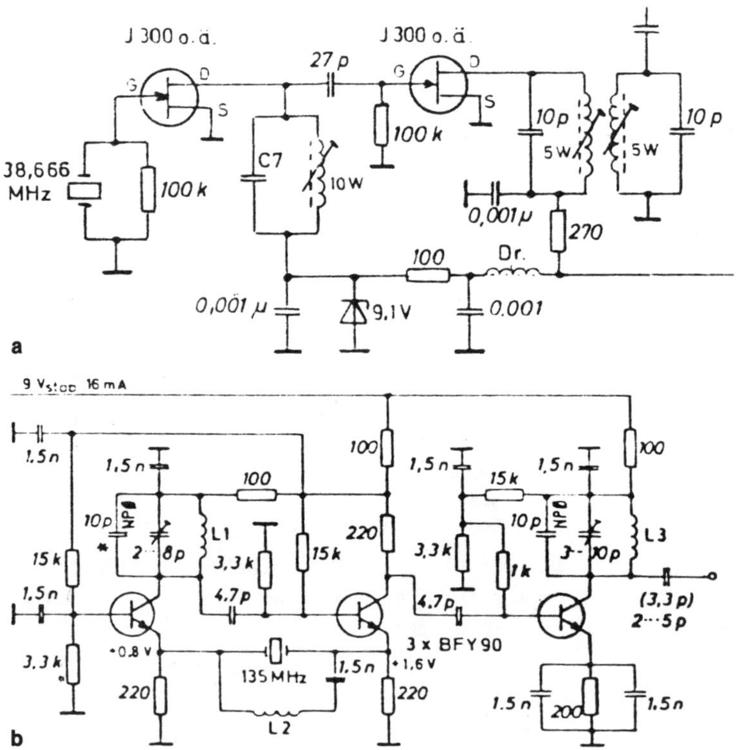

Bild 91 Zwei erprobte Schaltungen von Quarzoszillatoren; a PIERCE-Schaltung für Parallel-Resonanz, b BUTLER-Schaltung für Serien-Resonanz. (Die Beschriftungen der beiden Schaltungen entsprechen nicht den DIN-Normen) (Aus „c_2-DL" (1981), H. 1, S. 8)

Die Schaltung Bild 91a (cq-DL 1/81 S. 8) ist ein Beispiel für die klassische PIERCE-Schaltung für hochohmige Parallel-Resonanz. Sie entspricht im Prinzip der HUTH-KÜHN-Schaltung nach Bild 87b. Die Trennstufe ist als Frequenz-Verdoppler bemessen.

Die BUTLER-Schaltung Bild 91b nutzt die Serien-Resonanz des Quarzschwingers aus, um den niederohmigen Rückkopplungspfad zwischen den Emitterkreisen der Schwingtransistoren zu schließen. Die Schaltung entspricht dem Prinzip des Bildes 87g. Die Parallelspule L_2 dient zum „Herausstimmen" der Quarz-Eigenkapazität und der Kapazität der Halterung. Das heißt, der hochohmige Parallelschwingkreis aus $L2$ und C_0 kompensiert den vergleichsweise niedrigen Blindwiderstand $X_c \approx 30\,\Omega$ nach Gl. (19), der anderenfalls parallel zum Quarz liegen würde.

Die Resonanzfrequenzen der Schwingquarze können durch Zuschalten von Reaktanzen, beispielsweise durch Trimmkondensatoren, in gewissen Grenzen verstimmt „gezogen" werden. Die Serien-Resonanzfrequenz f_s kann durch einen Quarz-Serienkondensator heraufgesetzt werden. Die Parallel-Resonanzfrequenz f_p kann durch einen Quarz-Parallelkondensator herabgesetzt werden. Die Verstimmung sollte in beiden Fällen 0,5% nicht wesentlich übersteigen, um die Frequenzstabilität nicht zu verringern.

Legt man in Bild 90 einen Serienkondensator C_s in Serie zu C_m, dann erhöht sich f_s auf den Betrag

$$f_s' = f_s\left(1 + \frac{1}{2}\,\frac{C_m}{C_0 + C_s}\right). \tag{121}$$

Ein Parallelkondensator C_p liegt parallel zu C_0 und verringert f_p auf den Betrag:

$$f_p' = f_p\left(1 + \frac{1}{2}\,\frac{C_m}{C_0 + C_p}\right). \tag{122}$$

Bei der Bestellung von Schwingquarzen ist die gewünschte Resonanzlage für die Nennfrequenz zu beachten. Meist gilt die Nennfrequenz für Serienresonanz, da dort äußere Schaltkapazitäten ohne Einfluß bleiben. Bei Parallelresonanz rechnen deutsche Hersteller für C_0 30 pF ein, japanische etwa 20 pF.

Für Frequenzen oberhalb etwa 30 MHz werden Schwingquarze nicht in der Grundschwingung angeregt, sondern im „Oberton", weil die größere Plattendicke weniger Fertigungsausschuß verursacht.

Mechanische Resonatoren können nämlich im Unterschied zu elektrischen Reaktanzkreisen in der Grundschwingung und auch in Oberschwingungen angeregt werden. Sie liegen allerdings nicht harmonisch zur Grundschwingung und heißen daher Obertonschwingungen. Schwingquarze können nur in ungeradzahligen Obertonschwingungen angeregt werden. Der Multiplikator beträgt beispielsweise für den

Obertonschwingung

3. Oberton 3,0109
5. Oberton 5,0156
7. Oberton 7,0280 .

Die Auswahl erfolgt in der Schwingschaltung durch einen entsprechend abgestimmten Kreis. In einer nachgeschalteten Frequenz-Vervielfacherstufe kann gleichzeitig eine elektrische Harmonische der Quarzfrequenz erzeugt werden, was gelegentlich zu Verwechslungen führt. So beträgt beispielsweise die 3. Harmonische des 3. Obertones der Quarzfrequenz

$$f_Q = 3 \cdot 3{,}0109 = f_Q \cdot 9{,}0327 .$$

Die hohe Stabilität der Quarzfrequenz beruht auf der hohen Schwinggüte nach Gl. (68a):

$$Q_s = \frac{1}{R_m} \sqrt{\frac{L_m}{C_m}} \tag{123}$$

im Zusammenhang mit dem hohen L/C-Verhältnis und auf der guten mechanischen und thermischen Stabilität der Quarzkristalle.

Mit Rücksicht darauf soll die elektrische Verstimmung („Ziehen") der Quarzfrequenzen durch Zuschalten äußerer Reaktanzen möglichst klein bleiben, weil diese Reaktanzen mit ihren Gütewerten $Q = 1/\tan\delta$, ihren L- und C-Werten und deren zeitlicher und thermischer Abhängigkeit anteilmäßig in die Quarzfrequenz eingehen.

R C
oscillator

19.3.2 *R-C*-Generatoren

In selbsterregten Mitkopplungsgeneratoren nach dem Prinzipschaltbild von Bild 86 können Vorzugsfrequenzen auch ohne Reaktanzkreise angeregt werden, wenn im Rückkopplungspfad *R-C*-Netzwerke (aus Widerständen und Kondensatoren) mit frequenzabhängiger Phasendrehung eingeschaltet sind. Der Phasenwinkel 0° erfüllt in diesem Falle die Vorbedingung des Schwingungseinsatzes bei der zugehörigen Frequenz. Diese Generatoren heißen daher Phasenschieber-Generatoren. In Bild 92 ist das Prinzip der Eintakt-*R-C*-Generatoren dargestellt.

Eintakt-*R-C*-
Generator

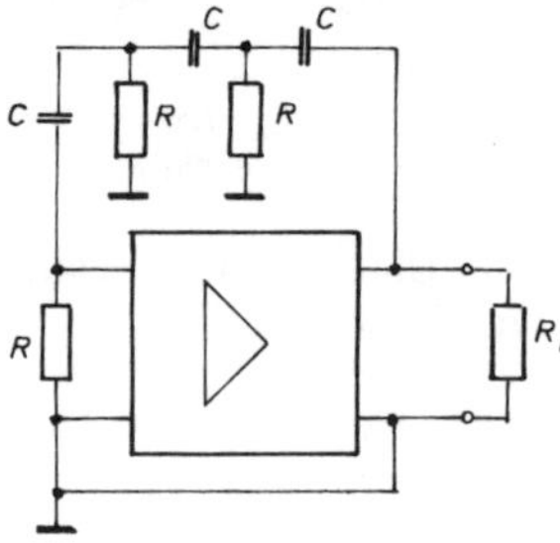

Bild 92 *R-C*-Generator schematisch

Das *R-C*-Netzwerk besorgt die erforderliche Phasendrehung für die „Resonanzfrequenz“. Sie errechnet sich für eine *R-C*-Kette mit

3 Gliedern: $f_{res} = 1/2\pi\sqrt{6 \cdot R \cdot C}$ Ω, F, Hz (124)

4 Gliedern: $f_{res} = \sqrt{0{,}7}/2\pi \cdot R \cdot C$. (125)

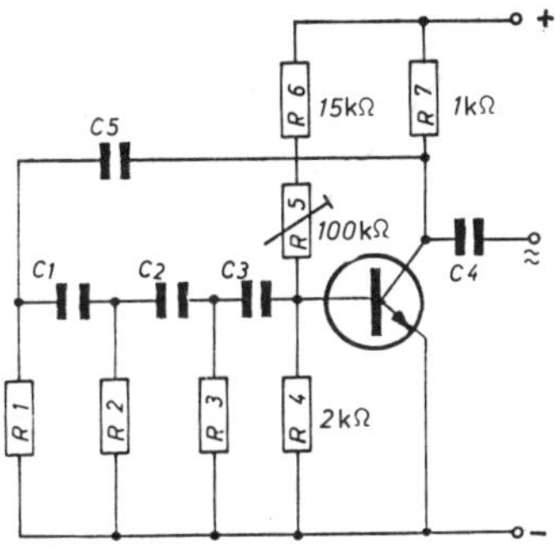

Bild 93 Einstufiger *R-C*-Generator

In Bild 93 ist ein einfacher *R-C*-Generator für Prüfzwecke skizziert.

R-C-Generatoren werden in elektronischen Musikinstrumenten (Heimorgeln), für Meßschaltungen und für Infraschalloszillatoren (<10 Hz) angewendet.

modulation

20 Modulation

Ein funktechnisches Übertragungssystem besteht im einfachsten Fall aus einem Sender, der über einen Übertragungsweg mit einem Empfänger verbunden ist. Der Übertragungsweg wird durch elektromagnetische Schwingungen vermittelt, die sich entweder im freien Raum ausbreiten oder an Metallkabeln oder Lichtleitern (zum Beispiel Glasfaser-Kabel) fortpflanzen.

Zur Übermittlung von Informationen werden die elektromagnetischen Schwingungen am Sender so mit der Information gemischt oder moduliert, daß sie am Empfänger von der Schwingung, dem „Träger", wieder abgenommen „demoduliert" werden und in der ursprünglichen Form zur Verfügung stehen.

Die Informationen können aus akustischen Signalen (Sprache, Musik, Töne) bestehen, oder aus optischen Signalen (Bilder, Symbole) oder aus anderen Codierungen (Telegrafie-, Fernwirkimpulse und andere).

Die verschiedenen Modulationsverfahren[1)] beeinflussen beim Träger entweder die Amplitude bei unveränderter Zeitfunktion (Amplitudenmodulation AM), oder die Frequenz bei unveränderter Amplitude (Frequenzmodulation FM), oder die Schwingungsphase (Phasenmodulation), oder die Übertragungsdauer in Form von quantisierten Impulsfolgen (Pulsmodulation PM).

Amplitudenmodulation (AM)

Die Amplitudenmodulation (AM) ist im Sprechfunkverkehr auf allen Frequenzbändern und bei Mittelwellen-Rundfunksendungen gebräuchlich.

Frequenzmodulation (FM)

Die Frequenzmodulation (FM) ist vorzugsweise im Kurzwellen (KW)- und Ultrakurzwellen (UKW)-Bereich bei Rundfunk- und Fernsehrundfunksendungen, im Sprechfunkverkehr, sowie bei der Übertragung von Telemetriedaten (Fernmeßdaten) üblich.

Phasenmodulation

Die Phasenmodulation wird beispielsweise für die Farbinformation der Fernsehsysteme nach dem amerikanischen NTSC-Verfahren (National Television System Committee) und dem deutschen PAL-Verfahren (Phase Alternating Line) angewendet.

[1)] MÄUSL, R.: Modulationsverfahren in der Nachrichtentechnik mit Sinusträger, 2. Aufl., Dr. Alfred Hüthig Verlag Heidelberg 1981.
MÄUSL, R.: Digitale Modulationsverfahren. Dr. Alfred Hüthig Verlag Heidelberg 1986.

20.1 Amplitudenmodulation (AM)

amplitude modulation

Bei diesem Verfahren wird die Amplitude einer Trägerschwingung im Rhythmus eines Informationssignales verändert. Das Prinzip ist für den Fall einer sinusförmigen Information in Bild 94 dargestellt.

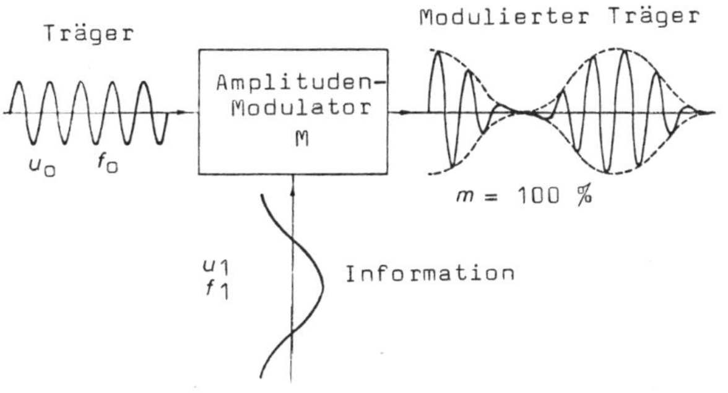

Bild 94 Prinzip der Amplitudenmodulation

Die Trägerschwingung u_0 mit der Frequenz f_0 wird mit der Informationsschwingung u_1 mit der Frequenz f_1 in einem Modulator M multiplikativ gemischt. Dabei entsteht die amplitudenmodulierte Trägerfrequenz f_0 mit den Mischprodukten f_0+f_1 und f_0-f_1, wie in dem Diagramm Bild 95 skizziert ist.

Das Verhältnis der Spitzenspannungen (Amplitudenverhältnis) von Information u_1 zu Trägerschwingung u_0 heißt *Modulationsgrad*:

Modulationsgrad

$$m = \frac{u_1}{u_0} \cdot 100\% \,. \tag{125a}$$

Bei Sinusschwingungen rechnet man mit Effektivspannungen nach Gl. (1 b): $U_{\text{eff}} = u_s/\sqrt{2}$, also:

$$m = \frac{U_{1\,\text{eff}}}{U_{0\,\text{eff}}} \cdot 100\% \,. \tag{125b}$$

In Bild 95 ist der Modulationsgrad $m = 100\%$ dargestellt. Dabei erscheint am Modulatorausgang die Spannung U_0 des Trägers f_0 mit den Mischprodukten (Seitenbändern) vom Betrag $U_1/2$.

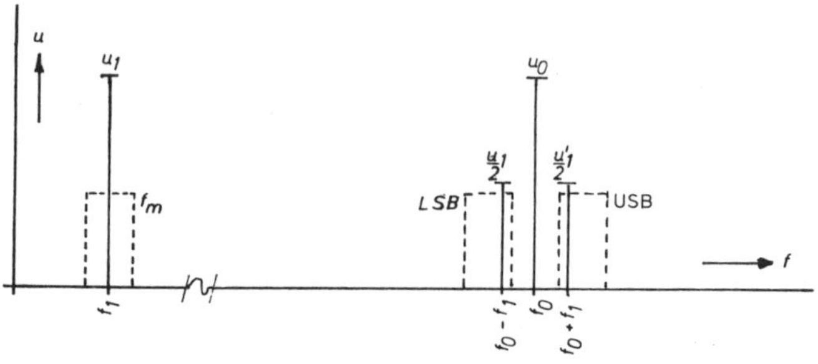

Bild 95 Frequenzspektrum der Amplitudenmodulation

lower sideband
unteres Seitenband
upper sideband
oberes Seitenband

In der Praxis besteht die Modulation aus einem Frequenzband f_m, das beispielsweise bei Sprachübertragung eine Breite von 300· · ·3000 Hz und bei Musikübertragung von 20· · ·10000 Hz haben kann. Das Frequenzband f_m erscheint spiegelbildlich beiderseits der Trägerfrequenz f_0 als *unteres Seitenband* (LSB), beziehungsweise als *oberes Seitenband* (USB). Diese Zweiseitenbandmodulation mit Träger führt die postalische Bezeichnung A3E (früher A3).

Die HF-Bandbreite des modulierten Trägers beträgt $b = 2 \cdot f_m$, bei Sprachübertragung beispielsweise $b = 2 \cdot 3000 = 6000$ Hz.

modulation
transformer
Modulations-
transformator

Die Amplitudenmodulation kann in der Senderendstufe (PA) durch Überlagern (Einprägen) von f_m mit der Gleichstrom-Versorgungsspannung U_S mittels eines *Modulationstransformators* T nach Bild 96 erfolgen.

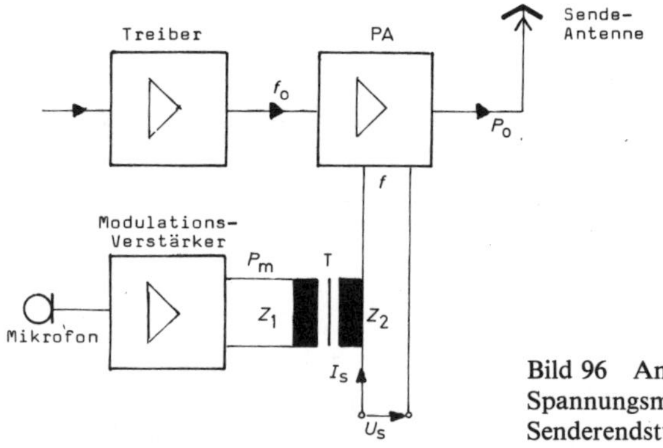

Bild 96 Amplituden-Spannungsmodulation der Senderendstufe

Die *Gleichstromleistung* der PA-Stufe $P_S = U_S \cdot I_S$ wird mit der Ausgangsleistung P_m des Modulationsverstärkers überlagert. Für einen Modulationsgrad $m = 100\%$ nach Gl. (125 a) muß die Gleichspannung U_S um den Spitzenwert der Modulationsspannung verändert werden. Die erforderliche Modulationsleistung beträgt:

input Gleichstromleistung

$$P_m = P_S/2 \quad \text{W}. \tag{126}$$

Die Ausgangsimpedanz Z_2 des Modulationstransformators T wird nach Gl. (17):

$$Z_2 = U_S/I_S. \tag{127}$$

Bei Leistungsanpassung des Modulationsverstärkers mit $R_L = Z_1$ wird das Übersetzungsverhältnis $ü$ des Modulationstransformators nach Gl. (77):

$$ü = Z_2/Z_1 = U_S/(I_S \cdot R_L) \tag{128}$$

R_L = Lastwiderstand des Modulationsverstärkers.

Die Ausgangsleistung des Senders P_0 wird aus der Summe von HF- und NF-Leistung bestritten:

$$P_0 = P_{HF} + P_{NF}. \tag{129}$$

In dieser Form wird die Amplitudenmodulation bei beweglichen Stationen (zum Beispiel für CB-Funk) und bei Rundfunk-Großsendern wegen der günstigen Leistungsbilanz angewendet.

Bei Röhren-Endstufen können verschiedene Modulationsschaltungen benutzt werden, beispielsweise die Gitter-Spannungsmodulation über das Steuer-, Schirm- oder Bremsgitter. Hierbei wirkt die PA-Röhre bei reduziertem Ruhestrom als modulationsgesteuerter Widerstand. Die Modulationsleistung ist gering und trägt nicht wesentlich zur HF-Ausgangsleistung bei.

Außer der PA-Stufe kann auch eine Vorstufe des Senders moduliert werden, wobei Treiberstufe und PA im angenähert linearen Bereich ausgesteuert werden müssen, um Modulationsverzerrungen zu vermeiden. Hier verwendet man Eintakt-A- oder Gegentakt-B-Schaltungen.

Der Leistungsumsatz eines amplitudenmodulierten Sendersignales ergibt sich nach den Gln. (8) und (22) mit $P_0 = U^2/R_L$ zu:

$$P_0 = \frac{U_0^2 + (U_1 + U_1')^2}{2 R_L} \quad \text{V}_{\text{eff}}, \Omega, \text{W}. \tag{130}$$

Darin sind: U_0 und U_1 die Effektivspannungen von Träger und Modulation nach Bild 95 und R_L der reelle Lastwiderstand der PA-Stufe, beispielsweise eine angepaßte Sendeantenne.

Wie ersichtlich, wird die HF-Ausgangsleistung P_0 hälftig auf Träger U_0 und die beiden Seitenbänder U_1 und U_1' aufgeteilt.

Da der Träger selbst keine Information enthält, kann er unbeschadet fortgelassen werden.

double sideband amplitude modulation DSBAM with suppressed carrier

20.1.1 Amplitudenmodulation mit unterdrücktem Träger

ring modulator Ringmodulator

Bei dieser Zweiseitenband-Modulation entfällt die gesamte HF-Ausgangsleistung P_0 hälftig auf die beiden Seitenbänder. Die Trägerfrequenz wird in Brückenschaltungen unterdrückt, die einen *Ringmodulator* enthalten, wie in Bild 97 gezeigt ist.

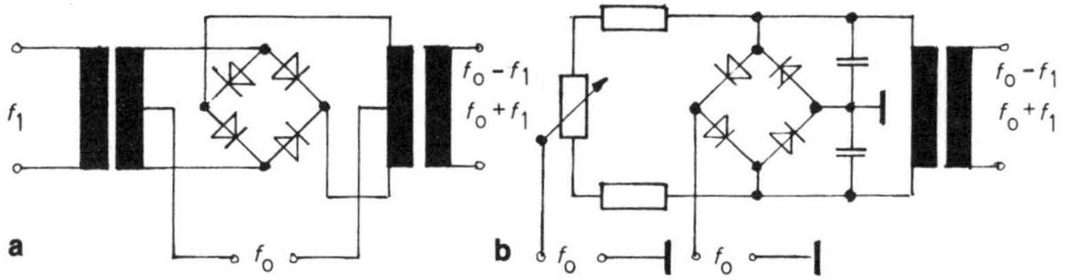

Bild 97 Brückenschaltungen zur Trägerunterdrückung; a Ringmodulator allgemein, b Ringmodulator mit Symmetrierung (Beispiel)

Die Trägerfrequenz f_0 tritt am Ausgangsübertrager des Modulators in Gegenphase auf und wird dadurch aufgehoben, sofern die Brückenzweige symmetrisch sind. Die Modulationsfrequenz f_1 erscheint in den beiden Seitenbändern als Mischprodukt f_0-f_1 und f_0+f_1.

Beim Empfang eines Zweiseitenband-Signales muß der fehlende Träger empfangsseitig ergänzt werden, sonst bleibt die Information unverständlich.

single sideband SSB modulation Einseitenband-Modulation (SSB)

20.1.2 Einseitenband-Modulation (SSB)

Da beide Seitenbänder die gleiche Information enthalten, kann eines davon ohne Nachteil unterdrückt werden. Dann wird das verbliebene obere oder untere Seitenband mit der vollen HF-Leistung der Senderendstufe ausgestrahlt. Das bedeutet im Vergleich zur Zweiseitenbandmodulation (A3E) (Abschnitt 20.1) die vierfache Seitenbandleistung. Die HF-Bandbreite entspricht mit $b=f_m$ der halben Bandbreite des Zweiseitenband-Signales.

Diese Sendeart trägt die postalische Bezeichnung J3E (früher A3J).

Zur Aufbereitung des SSB-Signales wird zunächst der Träger in einer Brückenschaltung nach Bild 97 unterdrückt und dann das gewünschte Seitenband mit einem steilen Seitenbandfilter herausgefiltert, wie in **Bild** 98 dargestellt ist.

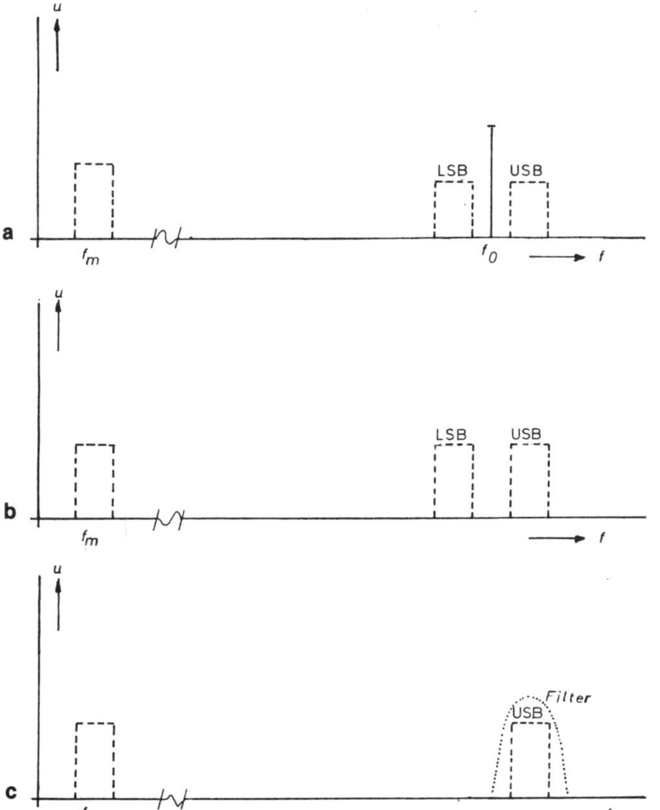

Bild 98 Frequenzaufbereitung eines SSB-Signales; a Träger f_0 mit Amplitudenmodulation f_m; b Zweiseitenband-Modulation mit unterdrücktem Träger; c Einseitenband-Modulation (SSB) mit unterdrücktem unteren Seitenband

Das Blockschaltbild **Bild** 99 zeigt als Beispiel das Prinzip.

Darin bedeuten: G HF-Generator mit Schwingquarz Q für die Trägerfrequenz f_0, M Ringmodulator, F Seitenband-Filter für oberes oder unteres Seitenband.

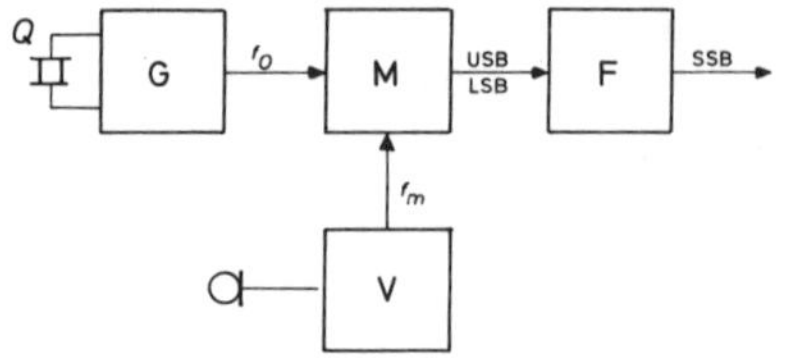

Bild 99 Prinzip der SSB-Aufbereitung nach der Filtermethode

Bei einer später unterdrückten Trägerfrequenz von beispielsweise $f_0 = 9000$ kHz und einer Modulationsfrequenz von $f_1 = 1$ kHz erscheinen die Seitenbandfrequenzen 9001 kHz (USB) und 8999 kHz (LSB). Bei einem Sprachmodulationsband von $f_m = 300 \cdots 3000$ Hz erscheinen die Seitenbänder 9000,3 ··· 9003 kHz (USB) und 8999,7 ··· 8997 kHz (LSB).

Diese Frequenzgemische enthalten die vollen Informationsinhalte f_1 bzw. f_m, sind jedoch nicht als SSB-Signal demodulierbar, solange der unterdrückte Träger f_0 im Empfänger nicht ersetzt ist.

mechanical filter
mechanischer Filter

Die Seitenband-Filter zeichnen sich durch hohe Flankensteilheit aus und enthalten vorzugsweise Schwingquarze (Quarzfilter) oder Stahlresonatoren (*mechanische Filter*) als selektive Elemente.

Die Stahlresonatoren in Form von Stimmgabeln oder von Longitudinal-(Längs-)Schwingern werden magnetisch oder piezoelektrisch angeregt und bilden elektrisch-mechanisch-elektrische Wandler mit hoher Schwinggüte.

Um das Seitenband zu wechseln, werden entweder zwei Filter umgeschaltet oder zwei umschaltbare Frequenzen f_0 benutzt, die mit einem gemeinsamen Filter die gewünschte Frequenzablage des Seitenbandes darstellen.

Außer der Filtermethode sind noch andere SSB-Aufbereitungsverfahren bekannt geworden, beispielsweise die Doppel-Phasenmodulation, wobei zwei mit $\varphi = 90°$ gegeneinander verschobene modulierte Trägerfrequenzen so überlagert werden, daß ein Seitenband unterdrückt wird.

Die Sendeart J3E wird vorzugsweise im KW- und UKW-Bereich für kommerzielle Funkdienste, im Seefunk- und Amateurfunkdienst angewendet.

Beim Fernsehrundfunk ist für das Bildsignal eine Variante dieser Modulationsart gebräuchlich, nämlich eine Restseitenbandmodulation mit reduziertem Träger (C3F).

frequency
modulation FM

20.2 Frequenzmodulation (FM)

Bei diesem Modulationsverfahren (Sendeart F3E) wird die Trägerfrequenz f_0 symmetrisch im Takte der Modulationsfrequenz f_m verändert. Die Spitzenspannung (Amplitude) u_s der Modulationsfrequenz f_m ist ein Maß für die NF-Lautstärke und bestimmt den Betrag der Änderung der Trägerfrequenz f_0, den sogenannten *Frequenzhub* Δf_0.

frequency
deviation
Frequenzhub

Das Verhältnis von Frequenzhub zur höchsten Modulationsfrequenz $f_{m\,max}$ heißt *Modulationsindex m:*

modulation index
Modulationsindex

$$m = \Delta f_0 / f_{m\,max}\,. \qquad (131)$$

Bei der Frequenzmodulation entstehen gleichfalls Seitenbänder, deren Anzahl mit der Modulationsfrequenz zunimmt. Die notwendige Übertragungsbandbreite b_{FM} beträgt:

$$b_{FM} = 2(m+2) \cdot f_{m\,max}\,. \qquad (132)$$

Beim UKW-Rundfunk mit der höchsten Modulationsfrequenz $f_{m\,max} = 15$ kHz bei Einkanalübertragung wird als höchster Frequenzhub $\Delta f_0 = 75$ kHz moduliert. Der Modulationsindex beträgt nach Gl. (131) $m = 75$ kHz/15 kHz $= 5$ und die erforderliche Übertragungsbandbreite nach Gl. (132) $b_{FM} = 2 \cdot 7 \cdot 15$ kHz $= 210$ kHz.

Beim Amateurfunkt wird auf den UKW-Bändern *Schmalband-FM* (NFM) mit $f_{m\,max} = 3$ kHz und dem Modulationsindex $m = 3$ kHz/3 kHz $= 1$ mit der Bandbreite $b_{FM} = 2 \cdot 3 \cdot 3$ kHz $= 18$ kHz betrieben.

narrow band FM
Schmalband-FM

Die Amplitude der HF-Ausgangsspannung der FM-Sender bleibt unverändert und enthält keine Information.

Eine frequenzmodulierte HF-Schwingung ist in **Bild 100** dargestellt.

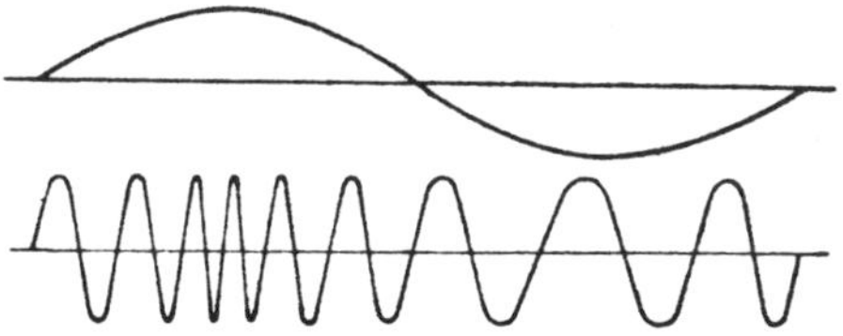

Bild 100 Frequenzmodulierte HF-Schwingung

Bei FM-Sendern besteht die Forderung, einerseits eine hohe Frequenzkonstanz des Trägers, also eine geringe Abweichung von f_0 einzuhalten, andererseits eine Frequenzänderung des Trägers mit einem gewissen Frequenzhub Δf_0 zu modulieren. Bei UKW-Rundfunksendern ist beispielsweise eine größte Abweichung der Trägerfrequenz von 1,5 kHz üblich, das entspricht einer Frequenzkonstanz von $1{,}5 \cdot 10^{-8}$ bei 100 MHz. Der modulierte Frequenzhub beträgt hier $\Delta f_0 = 15$ kHz. Um die Konstanzforderung zu erfüllen, enthält der Steuersender einen Regelkreis, der die Trägerfrequenz f_0 in den Modulationspausen mit einer konstanten Bezugsfrequenz synchronisiert (zeitgleich schaltet).

FM-Sender

Zur Frequenzmodulation werden spannungsabhängige Reaktanzen benutzt, beispielsweise Kapazitätsdioden (Abschnitt 11.3.2), die als Teilkapazität in einem Schwingungskreis des Steuersenders eingeschaltet sind und ihre Kapazität in Abhängigkeit der Modulationsfrequenz ändern.

phase modulation
PM
Phasenmodulation

Bei Schmalband-FM für Amateurfunk, CB-Stationen, Funkfernsteuerung und andere kann die Kapazitätsdiode als „Ziehkapazität" einem Schwingquarz zugeschaltet werden (Abschnitt 19.3.1). Für höhere Ansprüche wird die direkte Frequenzänderung durch eine *Phasenmodulation* in einer besonderen Modulatorstufe ersetzt, in der die Modulationsfrequenz f_m eine taktgleiche Phasendrehung des HF-Stromes bewirkt, die in einem Empfänger (Abschnitt 23.2.4) als Frequenzmodulation erscheint.

Beide Modulationsverfahren ergeben nur einen geringen Frequenzhub, und die modulierte Trägerfrequenz wird in nachgeschalteten Frequenzvervielfacherstufen in gewünschtem Maße vervielfacht.

frequency multiplier
Frequenzvervielfacher

Lineare *Frequenzvervielfacher* enthalten Funktionsstufen mit nichtlinearen Arbeitskennlinien und hohem Oberschwingungsanteil, beispielsweise übersteuerte Transistorverstärker mit Reaktanzkreisen, die auf die jeweilige Oberschwingung abgestimmt sind.

Bild 101 zeigt die vereinfachte Phasen-Modulatorstufe eines 144-MHz-Handfunksprechgerätes.

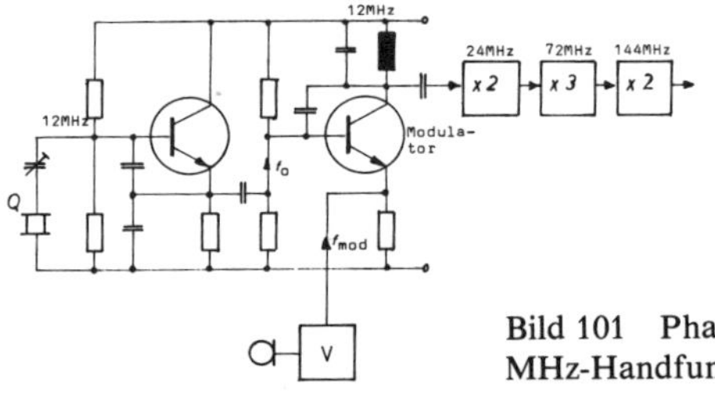

Bild 101 Phasenmodulation eines 144-MHz-Handfunksprechgerätes

Der Quarz-Oszillator CO arbeitet in Serienresonanz mit kapazitiver Dreipunktschaltung auf 12 MHz. Die Modulatorstufe wird von der Quarzfrequenz f_0 und der Modulation f_m in Gegenphase über Basis und Emitter angesteuert, wobei eine modulationsabhängige Phasendrehung des Ausgangsstromes eintritt. V ist der Modulationsverstärker. Die Quarzfrequenz 12 MHz wird in drei Stufen auf 144 MHz vervielfacht.

21 Sendearten

Der *Weltnachrichtenverein* (International Telecommunications Union ITU) legt die verbindlichen Bezeichnungen der *Sendearten* nach dem Stand der Technik fest, deren kennzeichnende Merkmale mit Buchstaben und Ziffern ausgewiesen werden.

class of transmission

Für Amateurfunkstellen [1] *sind folgende Sendearten zugelassen:*

Sendearten für Funkamateure

1. *Buchstabe:* Amplitudenmodulation	Zweiseitenband	A..
	Restseitenband	C..
	Einseitenband (SSB) mit unterdrücktem Träger	J..
	Einseitenband mit vermindertem Träger	R..
	Unmodulierter Träger	NØ.
Frequenzmodulation, ein Kanal		F..
Phasenmodulation, ein Kanal		G..
2. *Ziffer:*	Quantisierte oder digitale Information ohne modul. Hilfsträger	.1.
	Quantisierte oder digitale Information mit modul. Hilfsträger	.2.
	Analoge Information	.3.
3. *Buchstabe:*	Morsetelegrafie (CW)	..A
	Fernschreibtelegrafie (RTTY)	..B
	Faksimile (FAX)	..C
	Fernwirken	..D
	Fernsprechen (Fone)	..E
	Fernsehen (Video, ATV)	..F
	Prüfträger	..N

Beispiele

Amplitudenmodulation, Morsetelegrafie	A1A früher A 1
Amplitudenmodulation, Zweiseitenband Telefonie	A3E früher A 3

[1] VASTENHOUD, J.: Kurzwellen-Empfangspraxis, 3. Aufl. Philips Taschenbücher. Dr. Alfred Hüthig Verlag Heidelberg 1983.

SSB Telefonie	J3E früher A 3J
Frequenzmodulation, RTTY	F2B früher F 2
Frequenzmodulation, Telefon.	F3E früher F 3

carrier wave

21.1 Morsetelegrafie (CW)

Die Telegrafie (Griech.: Fernschreiben) ist außer der Sprache das älteste Verfahren zur Mitteilung von Nachrichten durch sinnfällige Zeichengebung, beispielsweise durch Hand-, Trommel-, Licht-, Rauch-, Flaggenzeichen. Die Voraussetzung für alle ist ein bekannter Zeichenvorrat mit zugeordneten Bedeutungen.

Der Amerikaner S. Morse (1791 – 1872) ersann den Zeichenvorrat des Morse-Code für Buchstaben, Ziffern und Satzzeichen aus den drei Signalfolgen kurz „Punkt", lang „Strich" und Zwischenraum. Die Buchstaben werden aus 1 bis 4 Signalen, die Zahlen aus 5 und die Satzzeichen aus 6 Signalen kombiniert.

Tabelle 8

Buchstaben

.–	a	–.–	k	–	t
.–.–	ä	.–..	l	..–	u
–...	b	––	m	..––	ü
–.–.	c	–.	n	...–	v
–..	d	–––	o	.––	w
.	e	–––.	ö	–..–	x
..–.	f	.––.	p	–.––	y
––.	g	––.–	q	––..	z
....	h	.–.	r		
..	i	...	s		
.–––	j				

Ziffern

.––––	1	–....	6
..–––	2	––...	7
...––	3	–––..	8
....–	4	––––.	9
.....	5	–––––	0

Satzzeichen

.–.–.–	.
––..––	,
–––...	:
..––..	?

SOS

Das Telegrafie-Notzeichen ... ––– ... SOS ist die sinnfälligste Signalfolge des Morse-Code und bedeutet aber nicht „save our souls".

Das Telefonie-Notzeichen lautet Mayday und ist die englische Aussprache des französischen „m'aidez".

Die Morsetelegrafie ist die älteste Sendeart und wurde ursprünglich durch die Impulse einer getasteten Funkenstrecke im Stromkreis einer Antenne angewendet, wobei gedämpfte Schwingungen angeregt wurden (Marconi 1896). Die Bezeichnung Funktechnik geht auf dieses Verfahren zurück.

Bei der Sendeart A1A wird der unmodulierte Träger eines Senders durch Tastung ein- und ausgeschaltet, wobei die volle Leistung (Oberstrichleistung) der PA-Stufe ausgestrahlt wird.

Die Tastung kann bei geringen Sendeleistungen (qrp) in der Stromversorgung geschehen. Bei höheren Leistungen (qro) wird nur die Steuerstufe oder eine Vorstufe der PA-Stufe getastet.

Infolge der schnellen Anschwingzeiten der Schwingkreise entstehen rechteckförmige Zeichen mit steilen Flanken, eine sog. „harte Tastung" mit hohem Oberschwingungs-Anteil. Die Flanken können durch Einschalten von Tiefpässen abgeflacht werden, „Weichtastung".

Falls der getastete Träger in einem Empfänger abgehört werden soll, muß ein Hilfsträger mit einem *Telegrafie-Überlagerer* (BFO) zugesetzt werden.

beat frequency oscillator Telegrafie-Überlagerer

Bei der Sendeart A2A wird der getastete Träger mit einer Tonfrequenz moduliert, beispielsweise mit 1000 Hz.

21.2 Fernschreibtelegrafie (RTTY)

radio teletype

Diese Sendeart beruht auf dem 5er-Code des Franzosen Baudot (1845 – 1903) und ist in der Spezifikation CCITT Nr. 2 standardisiert (Comité consultatif international télégraphique et téléphonique). Der Code besitzt einen Vorrat von 32 Zeichen bestehend aus je 5 Signalelementen, die als Binärzeichen mit den Schaltzuständen „aus = 0" und „ein = 1" dargestellt werden (Abschnitt 17.4.2).

Da der Vorrat von 32 Zeichen für die Buchstaben des Alphabets und die Ziffern des dekadischen Zahlensystems (0 · · · 9) nicht ausreicht, werden zwei unterschiedliche Symbolebenen geschaltet, die Buchstaben- und Ziffernebene, die auch Hilfsfunktionen enthalten, wie Zeilenvorschub und Zwischenräume.

Jede fünfstellige Binärgruppe wird gleichzeitig dargestellt (Parallelübertragung). Für eine elektrische Einkanalübertragung wird jedoch eine zeitliche Pulsfolge (serielle Übertragung) benötigt, wozu

parallel-seriell-converter
Parallel-Serien-Wandler
input keyboard
Eingabetastatur
printer
Drucker

auf der Sendeseite ein mechanischer oder elektronischer *Parallel-Serienwandler* und auf der Empfängerseite ein Serien-Parallelwandler eingeschaltet wird. Dazu müssen die Schrittgeschwindigkeiten von Geber (*Eingabetastatur*) und von *Drucker* auf der Empfängerseite synchron (zeitgleich) laufen. Die Schrittgeschwindigkeit v in Bd (Baud) errechnet sich nach

$$v = \frac{7{,}5}{60 \cdot V_m} \text{ Bd}, \tag{133}$$

wobei V_m die Zeichenmenge pro Minute bedeutet.

In Europa sind Schrittgeschwindigkeiten von 50, 75 und 100 Bd bei mechanischen Fernschreibmaschinen und bis 200 Bd bei elektronischen Eingabesystemen mit Zwischenspeicher üblich. Im Amateurfunk wird meist $v = 45{,}45$ Bd verwendet.

Die Schaltzustände werden in Frequenzmodulation mit $f = 1275$ Hz für „aus = 0“ (space) und $f = 1445$ Hz für „ein = 1“ (mark) dargestellt. Diese Frequenzen können auch über einen SSB-Modulator (Abschnitt 20.1.2) mit einem entsprechenden Trägerabstand aufbereitet werden.

facsimile

21.3 Faksimile (FAX)

Bildfunk

Das lateinische Kunstwort bedeutet „mach ähnlich“ und bezeichnet ein Übertragungsverfahren für bildliche Vorlagen (Bildfunk).

Die schwarz-weiß (genauer: unbunt)-Vorlagen können graue Zwischentöne, Strichzeichnungen (zum Beispiel Wetterkarten) oder Symbole (zum Beispiel Schriftstücke) enthalten und werden zeilenweise über eine Spaltblende mit einem fotoelektrischen Wandler abgetastet. Die Helligkeitswerte der Bildsignale erscheinen in Frequenzmodulation mit $f = 1500$ Hz für weiß und $f = 2300$ Hz für schwarz. Das frequenzmodulierte Signal kann auch in Amplituden- oder Pulsmodulation ausgestrahlt werden.

plotter
Drucker
video display
telecontrol
Bildschirmgerät

Die sendeseitigen Aufnahmegeräte, zum Beispiel Trommelabtaster mit Zeilenvorschub oder elektronische Bildgeneratoren, und die empfangsseitigen Wiedergabegeräte, zum Beispiel mechanische oder thermische *Drucker* oder *Bildschirmgeräte* müssen synchron arbeiten.

21.4 Fernwirken

telecommunication
Fernmeldetechnik

Die Fernwirktechnik dient zur Steuerung, Messung und Meldung in physikalischen Abläufen mittels der *Fernmeldetechnik*.

Tabelle 9: RTTY-Code

Stellenzahl	Buchstabe	Ziffern und Zeichen	
1 2 3 4 5		CCITT	USA
1 1 0 0 0	A	–	–
1 0 0 1 1	B	?	?
0 1 1 1 0	C	:	:
1 0 0 1 0	D	wer da?	$
1 0 0 0 0	E	3	3
1 0 1 1 0	F		!
0 1 0 1 1	G		&
0 0 1 0 1	H		stop
0 1 1 0 0	I	8	8
1 1 0 1 0	J	Klingel	'
1 1 1 1 0	K	(	(
0 1 0 0 1	L	)	)
0 0 1 1 1	M	.	.
0 0 1 1 0	N	,	,
0 0 0 1 1	O	9	9
0 1 1 0 1	P	0	0
1 1 1 0 1	Q	1	1
0 1 0 1 0	R	4	4
1 0 1 0 0	S	'	Klingel
0 0 0 0 1	T	5	5
1 1 1 0 0	U	7	7
0 1 1 1 1	V	=	;
1 1 0 0 1	W	2	2
1 0 1 1 1	X	/	/
1 0 1 0 1	Y	6	6
1 0 0 0 1	Z	+	"
0 0 0 1 0		Rücklauf	
0 1 0 0 0		Zeilenvorschub	
1 1 1 1 1		Buchstaben	
1 1 0 1 1		Ziffern und Zeichen	
0 0 1 0 0		Zwischenraum	
0 0 0 0 0		Fehler	

Hier wird die Funk-Fernwirktechnik mit Übertragungskanälen zwischen entfernten Stationen genannt, beispielsweise die *Fernsteuerung* von Raketen, Satelliten oder Spielzeugmodellen, oder die *Fernmeßtechnik* für Meßdaten aus Kraftwerken oder von Schadstoffsonden.

remote control
telemetring
Fernmeßtechnik

In der Funk-Fernwirktechnik werden alle Modulationsarten angewendet, vorzugsweise Puls-Code-Modulation und Mehrfach-(Multiplex-)Übertragung.

Beim Amateurfunk ist ein Ruftonverfahren mit standardisierten Tonfrequenzen zum Fernschalten von Relaisstationen gebräuchlich.

21.5 Fernsprechen (Fone)

Diese Modulationsart umfaßt die Übertragung von NF-Signalen im menschlichen Hörbereich von 16 ··· 16000 Hz. Nach den jeweiligen Anforderungen werden entsprechende Teilbereiche übertragen, beispielsweise Sprachmodulation 200 ··· 3500 Hz (eingeengt 300 ··· 2700 Hz), Musikmodulation 20 ··· 15000 Hz (eingeengt 50 ··· 10000 Hz).

Um den Aufwand an HF-Bandbreite und NF-Verstärkung in technisch abgewogenen Grenzen zu halten, kann die Sprachmodulation auf ein Frequenzband mit ausreichender Silbenverständlichkeit beschränkt bleiben, während die Musikmodulation ohne nennenswerte Qualitätseinbuße auf den menschlichen Hörbereich des mittleren Lebensalters eingeengt werden kann.

television TV

21.6 Fernsehen (Video)

Die Video-Modulationsarten enthalten die Bildinformation mit zeitlichen Signalfolgen für Helligkeit, Farbe, Zeilentakt und Bildwechsel, sowie die Toninformation in Frequenzmodulation.

Fernseh-Rundfunksender

Die Fernseh-Rundfunksender strahlen ein Modulationsspektrum mit zwei Trägern für Bild und Ton im Abstand von 5,5 MHz aus, das bei der Europäischen Norm (ohne Belgien, Frankreich und England) eine Bandbreite von 7 MHz besitzt. Jedes Bild hat 625 Zeilen mit der Horizontalfrequenz 15625 Hz und der Halbbild-Wechselfrequenz 50 Hz. Die Bildmodulation (Restseitenband C3F) ist für $m = 75\%$ Schwarzpegel und $m = 10\%$ Weißpegel eingestellt. Die Farbmodulation (Chrominanzsignal) benutzt die Phasendrehung eines Hilfsträgers für die Farbart und die Amplitude für die Farbsättigung. Die Phasendrehung beschreibt einen Winkel $\varphi = 360°$ für die Farbarten violett, purpur, rot, orange, gelb, grün, cyan, blau, violett.

PAL-System

Farb-(Phasen-)Fehler werden beim deutschen PAL[1]-System durch eine Phasendrehung um $\varphi = -180°$ jeder 2. Zeile gegenüber der vorangegangenen Zeile durch die Augenträgheit überdeckt, wobei jede 2. Zeile in Komplementärfarben (Ergänzungsfarben) geschrieben wird, beispielsweise rot – cyan, grün – magenta, blau – gelb, usw. Hierzu dient ein Laufzeitspeicher für die Farbinformation einer Zeile mit der Schreibzeit einer Zeile: $t = 1/15625\ \text{Hz} = 64\ \mu\text{s}$ in Form einer Ultraschall-Verzögerungsleitung aus Glas.

industrial television Industriefernsehen

Das *Industriefernsehen* dient zur Fernübertragung von Meßdaten und Überwachung von unzugänglichen und gefährlichen Arbeitsvorgängen, oder auch zur Objektsicherung und Verkehrssteuerung.

---

[1] **P**hase **A**lternating **L**ine

Hier kann vielfach auf die hohe Abtastgeschwindigkeit verzichtet werden (slow-scan-Verfahren), wodurch eine geringere Bandbreite ermöglicht wird.

Beim *Amateurfernsehen* (ATV) darf die Sendeart J3F und F3F im Frequenzbereich bis 146 MHz nur in Schmalbandmodulation (SATV) ausgestrahlt werden. Die Sendeart C3F bleibt den höheren Frequenzbereichen ab 430 MHz vorbehalten.

Amateurfernsehen (ATV)

transmitter circuit

22 Senderschaltungen (TX)

Die in den Blockschaltbildern (Bild 102) dargestellten Senderschaltungen sind typische Amateurfunk-Versionen.

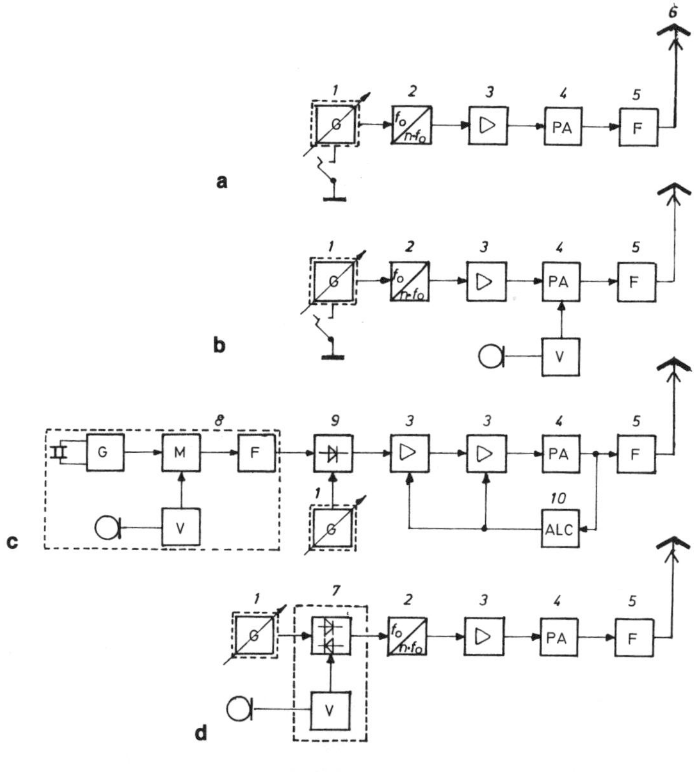

Bild 102 Senderschaltungen schematisch.
a Telegrafiesender (A1A), Stufenfolge: Steuersender (VFO) mit Tastung, Frequenzvervielfacher, Treiberstufe, PA (C-Verstärker), Antennenfilter, Sendeantenne; b Telefoniesender mit Amplitudenmodulation (A3E) nach Bild 96, Stufenfolge: VFO wahlweise mit Tastung, Frequenzvervielfacher, Treiberstufe, PA (C-Verstärker), Modulationsverstärker mit Mikrofon, Antennenfilter, Sendeantenne; c Telefoniesender für Einseitenband (SSB) mit unterdrücktem Träger (J3E), Stufenfolge: SSB-Aufbereitung nach Bild 99, Mischstufe mit Steuersender, 2 Treiberstufen, PA (A-Verstärker)

22.1 Steuersender (MO)

master oscillator

Steuersender erzeugen die Steuerleistung für fremdgesteuerte Sender mit festen oder veränderbaren Steuerfrequenzen. Die Steuerleistung wird in nachfolgenden Senderstufen auf die Ausgangsleistung des Senders verstärkt und die Steuerfrequenzen erforderlichenfalls auf die Arbeitsfrequenz des Senders vervielfacht oder mit Hilfsfrequenzen durch Mischung aufbereitet.

Zu den kennzeichnenden Eigenschaften zählen Einstellgenauigkeit oder Treffsicherheit und zeitliche Konstanz der Frequenz, sowie spektrale Reinheit (Nebenwellenfreiheit).

22.1.1 Quarzgeneratoren (CO)

crystal oscillator
Quarzgenerator

Die Quarzsteuerung (Abschnitt 19.3.1) erzeugt definierte Frequenzen mit hoher zeitlicher Konstanz von $\Delta f/f = 10^{-6}$ bis 10^{-9} (Thermostaten-Quarz). Eine kontinuierliche (stufenlose) Frequenzeinstellung ist nicht möglich. Eine beschränkte Anzahl von Festfrequenzen kann durch Umschalten von Einzelquarzen ausgewählt werden.

22.1.2 Abstimmbare Generatoren (VFO)

Diese Generatoren enthalten abstimmbare Schwingungsschaltungen (Abschnitt 19.3), deren zeitliche Konstanz etwa $\Delta f/f = 10^{-2}$ bis 10^{-3} erreicht, also 3 bis 4 Zehnerpotenzen niedriger liegt als die der Quarzsteuerung.

Mit besonderem technischen Aufwand und temperaturkompensierten Schwingungskreisen (Abschnitt 15.2) sind höhere Konstanzwerte erreichbar, beispielsweise $\Delta f/f \approx 5 \cdot 10^{-7}$ mit einem FRANKLIN-Oszillator nach Bild 88c.

Die Einstellgenauigkeit ist abhängig von dem mechanischen Aufwand eines Skalentriebes oder von der Auflösung der Digitalanzeige eines Frequenzzählers (Abschnitt 17.4.2).

---

mit *automatischer Pegelregelung* (ALC), Antennenfilter, Sendeantenne (Beispiel); d Telefoniesender mit Frequenz-(Phasen)-modulation (F3E), Stufenfolge: Steuersender, Phasenmodulator nach Bild 101, Frequenzvervielfacher, Treiberstufe, PA, Antennenfilter, Sendeantenne

superheterodyning oscillator

22.1.3 Überlagerungsgenerator (Super-VFO)

Die Kombination eines Quarzgenerators mit einem abstimmbaren Generator ergibt einen VFO mit erhöhter Frequenzkonstanz. Das Prinzipschaltbild ist in Bild 103 als Beispiel für einen Frequenzbereich 135 · · · 137 MHz gezeigt, wie er für die Frequenzsynthese (Frequenzaufbereitung) eines UKW-Senders für SSB nach Bild 102c dient.

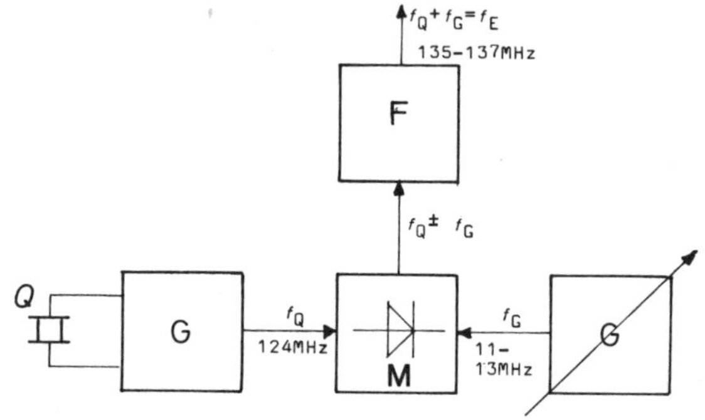

Bild 103 Super-VFO schematisch mit Frequenzbeispiel

Die Frequenz f_Q des Oberton-Quarzgenerators wird in der Mischstufe M mit der Frequenz f_G des abstimmbaren Generators gemischt. Von den beiden Mischfrequenzen $f_Q \pm f_G$ wird in diesem Beispiel die höhere $f_Q + f_G$ in einem Hochpaßfilter F ausgesiebt.

Die relative Konstanz der Endfrequenz f_E ergibt sich zu:

$$\frac{\Delta f_E}{f_E} = \frac{\Delta f_G}{f_G} \cdot \frac{f_G}{f_Q + f_G} + \frac{\delta f_Q}{f_Q} \cdot \frac{f_Q}{f_Q + f_G}. \qquad (134)$$

Die Mischstufe M setzt eine Frequenz f_1 mit einer zweiten Frequenz f_2 zu einem Frequenzgemisch um, bestehend aus $f_3 = f_1 \pm f_2$, sowie f_1 und f_2. Die gewünschte Mischfrequenz wird bedarfsweise durch Filter ausgesiebt.

Für diese Kleinsignalmischung werden passive oder aktive Schaltelemente (Dioden, Transistoren) eingesetzt und die Arbeitspunkte im nichtlinearen Kennlinienteil eingestellt.

Die Schaltung nach Bild 104a ist mit sogenannten Dezimeter-Dioden für höchste Frequenzen geeignet. Auch die Schaltung nach Bild 104b kann bis in den UHF-Bereich angewendet werden.

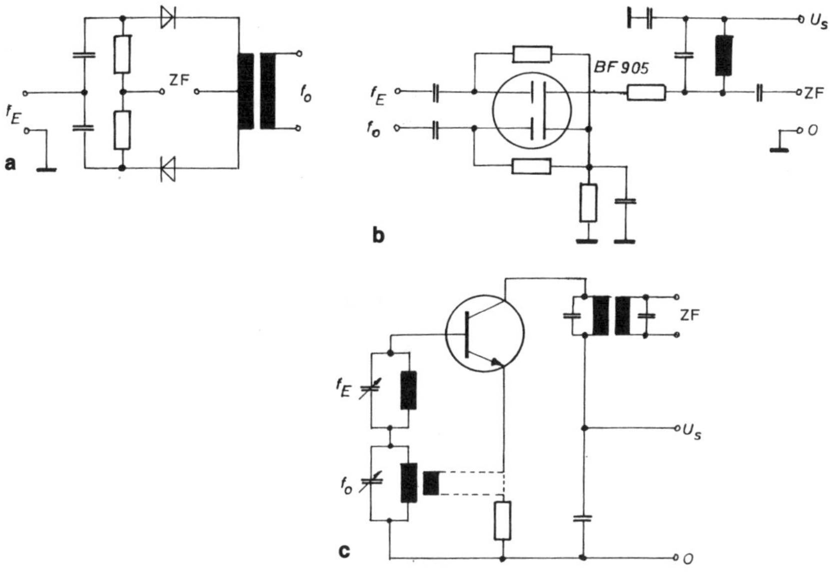

Bild 104 Beispiele von Kleinsignalmischstufen schematisiert; a multiplikative Mischung mit Dioden, b multiplikative Mischung mit Doppelgate-MOSFET, c additive Mischung mit Bipolar-Transistor

Die additive Mischung nach Bild 104c ist zu einer „selbstschwingenden" Mischstufe erweiterbar, wenn man die punktierte induktive Mitkopplung einführt. Derartige Mischschaltungen werden oft in Überlagerungsempfängern angewendet (Abschnitt 23.2) und sind auch mit Mehrgitterröhren (Mischröhren) üblich.

22.1.4 Synchron-Oszillatoren

Bei diesem Verfahren wird die Frequenz f_G von abstimmbaren *L-C*-Generatoren mit Kapazitätsdioden (VCO) zu einer äußeren Bezugsfrequenz f_B innerhalb ihres *Fangbereiches* synchronisiert. Hierzu dient eine frequenzabhängige Regelspannung. Der Fangbereich ist durch den Abstimmbereich des Regelorgans bestimmt.

capture range
Fangbereich

Die Regelspannung U_R wird in einem Frequenz-Spannungswandler durch Vergleich mit der äußeren Bezugsfrequenz f_B mittels der Phasendifferenz zwischen beiden Signalen in einem *Phasendiskriminator* [1] nach Bild 105 erzeugt.

phase discriminator
Phasendiskriminator

[1] Ein Diskriminator ist ein Umsetzer, der aus zwei verschiedenen Größen eine abhängige dritte Größe ableitet.

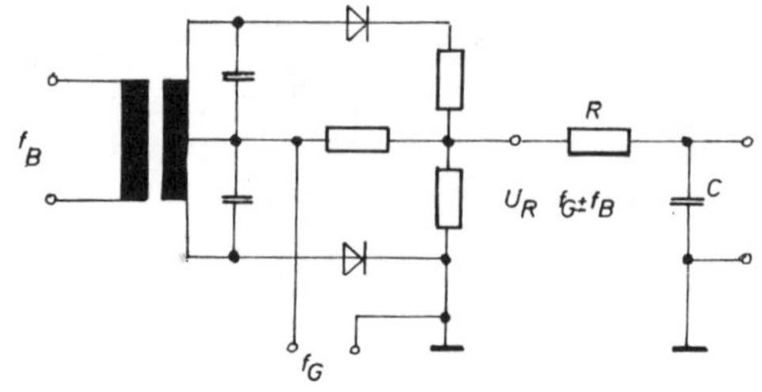

Bild 105 Beispiel eines Analog-Phasen-diskriminators

Wirkungsweise: Bei Frequenz-Ungleichheit zwischen f_G und f_B tritt zunächst an den Ausgangsklemmen bei U_R eine Mischfrequenz auf, die innerhalb der Zeitkonstante des Siebgliedes R-C die Frequenz f_G des nachstimmbaren Oszillators mittels seiner Kapazitätsdiode innerhalb des Fangbereiches um den Mittelwert $f_G \pm 0$ wobbelt (periodisch ändert). Bei jedem Nulldurchgang wird die Phasendifferenz zwischen f_B und f_G und die Regelspannung zu Null. Die Generatorfrequenz f_G rastet nun nach Betrag und Phase auf die Bezugsfrequenz f_B ein.

In der Praxis sind Analog-Diskriminatoren weitgehend durch digitale Zähldiskriminatoren ersetzt worden, die zusammen mit weiteren Funktionsstufen in IS integriert sind (Abschnitt 17.4.2).

22.1.4.1 PLL-Oszillatoren

phase locked loop, PLL
PLL-Oszillator

Das Verfahren ist nach einer *Phasen-starren Regelstrecke* benannt, wie in Bild 106 dargestellt ist.

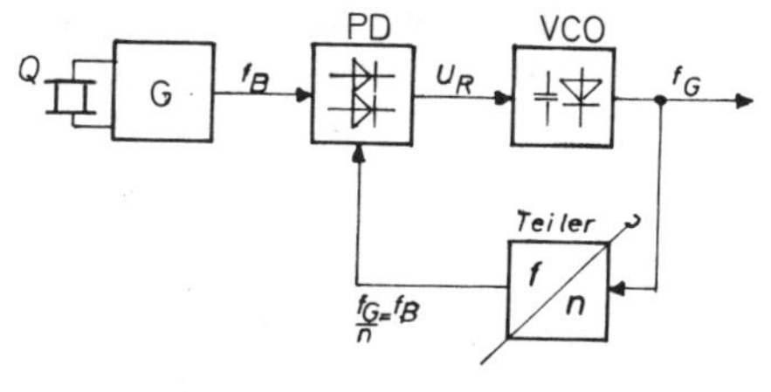

Bild 106 PLL-Oszillator schematisch

Die stabile Bezugsfrequenz f_B wird in dem Phasendiskriminator PD mit der höheren Ausgangsfrequenz f_G verglichen, nachdem sie in einem einstellbaren Frequenzteiler f/n auf den Betrag von f_B heruntergeteilt worden ist. Der Teilbetrag $f_B/n = f_G$ liefert durch Phasenvergleich die Regelspannung U_R.

Die Ausgangsfrequenz f_G kann nur in ganzzahligen Schritten des Teilerverhältnisses n dargestellt werden.

Beispiel

f_G soll im Bereich 8000 ··· 8500 kHz im Rasterabstand von 100 Hz einstellbar sein. Bei der Quarzfrequenz $f_B = 100$ kHz wird der Teiler auf

$n = 80$; $81 \cdots 85$ eingestellt und synchronisiert f_G mit $f_B \cdot n =$ $100\,\text{kHz} \cdot 80 = 8000\,\text{kHz}$; $100\,\text{kHz} \cdot 81 = 8100\,\text{kHz} \cdots 100\,\text{kHz} \cdot 85 =$ $8500\,\text{kHz}$.

Die einstellbaren Frequenzteiler werden vorteilhaft durch Frequenzzähler mit einstellbarer Vorwahl dargestellt, wobei die Zähler so eingestellt (programmiert) sind, daß sie einen Impuls abgeben, sobald die vorgewählte Anzahl von Eingangsimpulsen aufgelaufen ist, zum Beispiel 80.

Als Steuerquarze für die Bezugsfrequenz dienen in der Praxis Grundwellenschwinger für etwa 4 bis 5 MHz, die wesentlich kleiner sind als 100-kHz-Schwinger, und die preiswert in Mengenfertigung produziert werden. Die hohe Quarzfrequenz wird dann durch einen festen Teiler auf die gewünschte Bezugsfrequenz heruntergeteilt.

Für höhere Ausgangsfrequenzen kann auch das Überlagerungsprinzip nach Bild 103 mit PLL-Variante angewendet werden. Eine von mehreren Möglichkeiten ist in Bild 107 dargestellt.

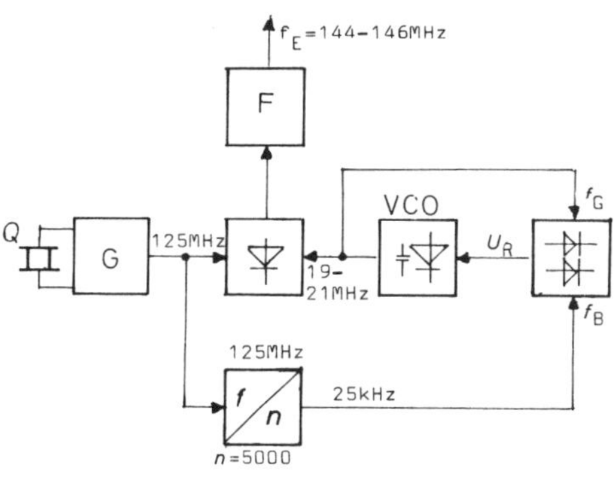

Bild 107 PLL-Überlagerungsgenerator mit Frequenzbeispiel

Bei diesem Beispiel wird die Oberton-Quarzfrequenz 125 MHz in einem Mehrfachteiler auf die Bezugsfrequenz 25 kHz geteilt, die den Rasterabstand der Endfrequenz darstellt.

22.2 Frequenzvervielfacher

Lineare Frequenzvervielfacher (Abschnitt 22.2) arbeiten mit übersteuerten Verstärkerstufen, die auf *C*-Betrieb eingestellt sind und deren Ausgangsschwingkreise auf die 2. oder 3. Harmonische abgestimmt werden (Abschnitt 19.1.3.1).

In Bild 108 ist eine Transistor-Verstärkerstufe skizziert, deren Eingangskreis auf die Grundschwingung f_0 und deren Ausgangskreis auf eine Harmonische abgestimmt ist.

Bild 109 zeigt die Eingangskennlinien und den Ausgangsstrom einer Vervielfacherstufe.

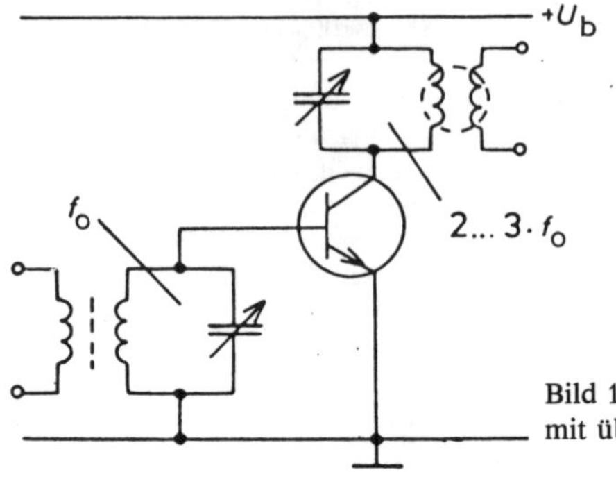

Bild 108 Frequenzvervielfacher mit übersteuerter Verstärkerstufe

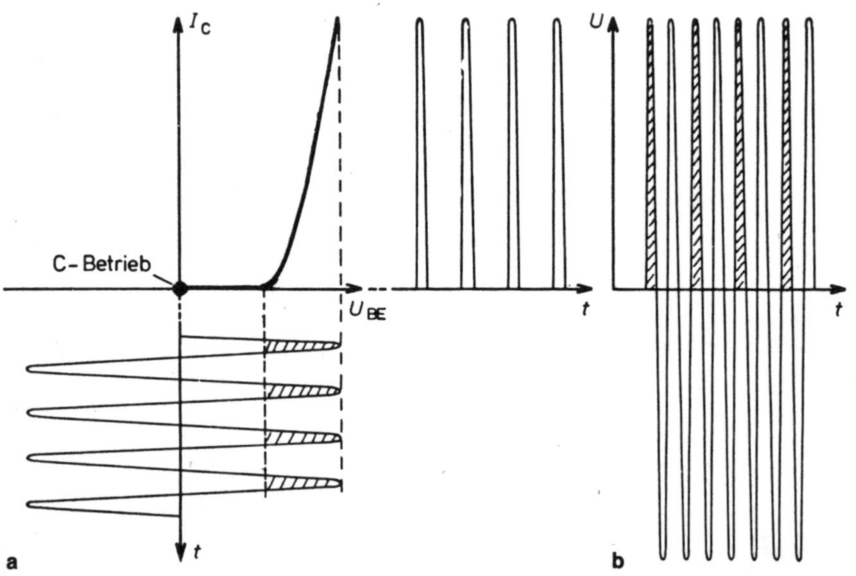

Bild 109 Frequenzverdopplung; a Eingangskennlinie mit Eingangssignal f_0; b Ausgangsstrom mit der Frequenz $2f$

Andere Verfahren benutzen Anti-Gegentaktschaltungen, wobei eine im Gegentakt angesteuerte Verstärkerstufe ausgangsseitig im Eintakt geschaltet ist, in der der Ausgangsstrom mit doppelter Frequenz auftritt.

Ähnliche Schaltungen können auch mit Dioden aufgebaut werden, allerdings mit vermindertem Wirkungsgrad, zum Beispiel Leistungsverdoppler für UHF-Sender.

22.3 Treiberstufen

driver

Die zum Ansteuern einer PA-Stufe benötigte Steuerleistung wird von selektiven Leistungsverstärkern aufgebracht (Abschnitt 19.2.3), die bei Vorstufenmodulation (SSB) linear arbeiten müssen und vielfach in A-Betrieb eingestellt sind.

22.4 Endstufen (PA)

Die HF-Leistungsverstärker sind in Abschnitt 19.2.3 beschrieben.

receiver

23 Empfänger (RX)

Empfänger dienen zur Aufnahme, Demodulation und Wiedergabe von Signalen.

Nach ihrer Anwendung unterscheidet man Heimempfänger (für Rundfunk und Fernseh-Rundfunk), Nachrichten-(Communication-)Empfänger (beispielsweise für Amateurfunk oder für Pressedienste), *Ballempfänger* für die professionelle Übertragung einer Modulation, sowie Meß- und Überwachungsempfänger.

re-receiver
Ballempfänger

Nach ihrer Funktion unterscheidet man Geradeaus- und Überlagerungs-(Zwischenfrequenz-)Empfänger.

direct detection receiver

23.1 Geradeausempfänger

Bei dieser ältesten Empfängerart wird das aufgenommene HF-Signal nach der Aussiebung (Selektion) und Verstärkung direkt einem Demodulator (Empfangsgleichrichter) zugeführt. In der Funktechnik haben diese Empfänger an praktischer Bedeutung verloren, werden aber noch für Demonstrationszwecke beschrieben (Bild 110).

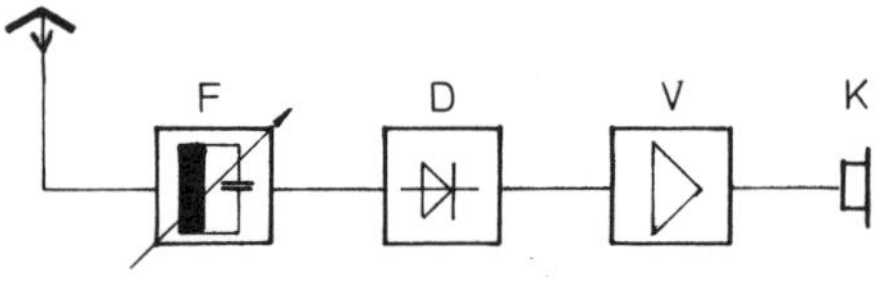

Bild 110 Geradeausempfänger (0 V 1)

Stufenfolge: Empfangsantenne, F: Abstimmbares Filter (Eingangskreis), D: Demodulator, V: NF-Verstärker, K: Kopfhörer oder Lautsprecher.

Die Schaltung führt die Bezeichnung O V 1, bei zusätzlichen Verstärkerstufen 1 V 1 oder 1 V 2 (mit einer HF- und zwei NF-Verstärkerstufen).

Bei der Schaltung Bild 111 besitzt der Kondensator C für HF einen niedrigen und für NF einen hohen Blindwiderstand. Der Widerstand R geht bei der Schaltung Bild 111a mit dem Betrag $R/2$ und bei der Schaltung Bild 111b mit dem Betrag $R/3$ in die Dämpfung des Schwingkreises ein.

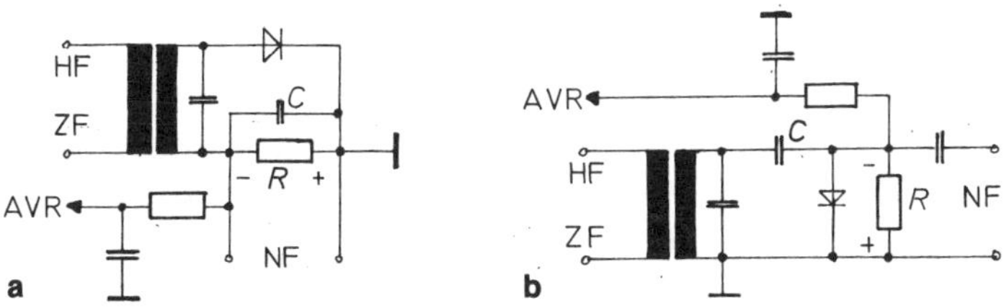

Bild 111 Demodulator (Empfangsgleichrichter) mit Diode; a in Serienschaltung; b in Parallelschaltung

Außer der demodulierten NF-Spannung kann eine Regelspannung für eine *automatische Verstärkungsregelung* (AVR), den „Schwundausgleich", abgenommen werden, sofern regelbare Verstärkerstufen vorhanden sind.

automatic gain control AGC automatische Verstärkungsregelung

Empfangsgleichrichter dieses Typs eignen sich als Demodulator für die Sendeart A3E mit amplitudenmoduliertem Träger.

Bei Geradeausempfängern können Empfindlichkeit und Trennschärfe nicht wesentlich gesteigert werden, da die HF-Verstärkung und die Anzahl der Selektionskreise, die auf die gleiche Frequenz abgestimmt sind, nicht in erforderlichem Maße erhöht werden kann. Daher wird allgemein das von dem Amerikaner ARMSTRONG 1918 angegebene Überlagerungsprinzip mit Frequenzumsetzung angewendet.

Die Empfindlichkeit von Empfängern ist ein Maß für das Verhältnis der Antennen-Eingangsspannung zu einer bestimmten demodulierten Signalspannung, die erkennbar über dem Störpegel liegt. Bei Rundfunkempfängern wird die Verstärkung angegeben, zum Beispiel 50 mW Ausgangsleistung bei 10 µV Antennenspannung.

Die Trennschärfe (wirksame Selektion) ist ein Maß für die Unterdrückung eines Störsignals im Abstand zum empfangenen Nutzsignal.

23.2 Überlagerungsempfänger (Superhet)

superheterodyn receiver

Bei diesem Prinzip wird die Empfangsfrequenz mit einem Hilfsoszillator in einer Mischstufe auf eine niedrige *Zwischenfrequenz* (*ZF*) abgemischt (transponiert) und weiterverstärkt. Dabei bleibt die Modulation voll erhalten. Der ZF-Verstärker kann mehrere Stufen enthalten, die über ZF-Bandfilter (Abschnitt 15.3) gekoppelt sind und erforderlichenfalls neutralisiert werden können (Abschnitt 19.2.2). Die Bandbreite (Durchlaßbreite) der Bandfilter kann auch zur Selektionserhöhung verstellt werden.

intermediate frequency IF Zwischenfrequenz (ZF)

Die hohe Stufenverstärkung und die Bandbreiteneinstellung wären bei abstimmbaren HF-Stufen in Geradeausempfängern nicht mit vergleichbarem Schaltungsaufwand möglich, weil Verstärkung und Bandbreite von der Abstimmung abhängig sind.

In dem Schaltbeispiel (Bild 112) wird die Empfangsfrequenz mit zwei abstimmbaren Vorkreisen für $f_E = 500 \cdots 1600$ kHz und die Frequenz des Hilfsoszillators $f_O = 950 \cdots 2050$ kHz in der Mischstufe M auf die konstante Zwischenfrequenz ZF = 450 kHz abgemischt.

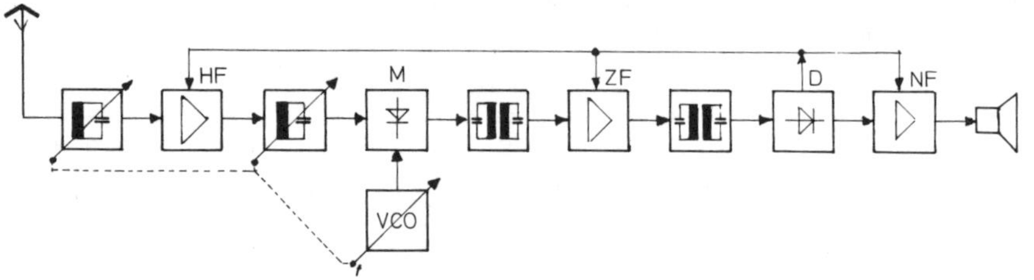

Bild 112 Prinzipschaltbild eines Rundfunk-Superhets für Mittelwellen

Mischstufe M und Hilfsoszillator VCO können auch nach Bild 104c als selbstschwingende Mischstufe geschaltet sein.

Die Abstimmorgane bestehen vorzugsweise aus Kapazitätsdioden, gelegentlich aus Drehkondensatoren oder veränderbaren Induktivitäten und sind elektrisch oder mechanisch so miteinander verbunden (gekoppelt), daß die Frequenz des Hilfsoszillators um gleiche Beträge verstimmt wird wie die der Vorkreise (Gleichlauf).

Bei diesem Beispiel liegt die Oszillatorfrequenz f_O über der Empfangsfrequenz f_E, und die Zwischenfrequenz beträgt $ZF = f_O - f_E$.

Eine zweite Empfangsfrequenz $f'_E = f_E + 2\,ZF$ bildet die Zwischenfrequenz

$$ZF = f'_E - f_O \,. \tag{135a}$$

Spiegelfrequenz

Die zweite Empfangsfrequenz f'_E heißt Spiegelfrequenz und führt zu Empfangs-Mehrdeutigkeit, sofern die Selektion der Vorkreise nicht ausreicht, um ein Signal mit der Frequenz $f + 2\,ZF$ auszusieben (Weitabselektion).

Bei dem Empfängerkonzept Bild 112 liegt der Spiegelfrequenzbereich bei Mittelwelle am Bereichsende bei $f_E = 1440 \cdots 1600$ kHz. Bei den üblichen Kurzwellen (KW)-Rundfunkbereichen $f_E = 6 \cdots 15$ MHz liegen die Spiegelfrequenzen innerhalb des Empfangsbereiches. Diese Mehrdeutigkeit wird meist geduldet, weil die Einstellgenauigkeit einfacher Empfänger ohnehin keine eindeutige Identifizierung der Empfangsfrequenz gestattet.

Bei Spezial-KW-Empfängern ist eine Mehrdeutigkeit nicht zulässig. Man wählt daher höhere Zwischenfrequenzen bei 1 bis 3 MHz und unterteilt die Empfangsbereiche so, daß keine Spiegelfrequenzen auftreten.

Eine weitere Störung tritt ein, wenn eine Störfrequenz vom Betrag der Zwischenfrequenz in den ZF-Verstärker durchschlägt. Bei mangelnder Vorselektion wird am Antenneneingang ein ZF-Sperrkreis vorgesehen.

In diesem Beispiel enthält der HF-Verstärker 2 Kreise zur Weitabselektion mit einer Verstärkerstufe und der ZF-Verstärker 4 Kreise (2 Bandfilter) zur „Nahselektion“ mit einer Verstärkerstufe. Die Gesamtselektion ist auf 6 Kreise verteilt.

Die Demodulatorstufe D ist nach Bild 111 geschaltet und liefert außer der Modulationsspannung NF eine gesiebte Gleichspannung vom Spitzenwert der ZF-Spannung, die zur *automatischen Verstärkungsregelung* (AVR) in der HF-, ZF- und NF-Verstärkerstufe dient, und die innerhalb des Regelbereiches Schwankungen der Eingangsspannung (*Schwund*) ausgleicht.

fading
Schwund

Bei der automatischen Verstärkungsregelung wird die Vorspannung von Basis, Gate oder Steuergitter einer Verstärkerstufe in Richtung kleinerer Steilheit (Rückwärtsregelung) oder größerer Steilheit (Vorwärtsregelung) verschoben.

Der NF-Verstärker besteht gewöhnlich aus einem regelbaren Vorverstärker und einer Endstufe für Lautsprecher-Wiedergabe.

23.2.1 Mehrfach-Überlagerungsempfänger

multiple conversion receiver

Die Mehrfach-Konversion (Umwandlung) der Empfangsfrequenz wird angewendet, wenn mehrere regelbare Verstärkerstufen für eine automatische Verstärkungsregelung oder für eine *Amplitudenbegrenzung* erforderlich sind. Die Verstärkerstufen müssen im Interesse der Stabilität (Vermeiden von Selbsterregung) tunlichst auf ungleiche Frequenzen abgestimmt sein.

limitation of amplitude
Amplitudenbegrenzung

Auch zum Empfang sehr hoher Frequenzen, beispielsweise in der Radioastronomie, werden Mehrfach-Überlagerungsempfänger verwendet, wenn die geforderte Selektion nur mit „konzentrierten“ Reaktanzkreisen auf einer niedrigen Zwischenfrequenz (ZF) erreichbar ist.

Um Empfangsstörungen in Form von *Interferenz* (Überlagerung zweier Frequenzen) und *Kreuzmodulation* (Störmodulation durch nichtlineare Übertragungsglieder) zu vermeiden, muß die Verstärkung des Empfangssignals vor der Hauptselektion möglichst klein sein, und die Hauptselektion soll auch möglichst weit „vorn“ im Empfänger wirksam werden.

interference
Interferenz
cross modulation
Kreuzmodulation

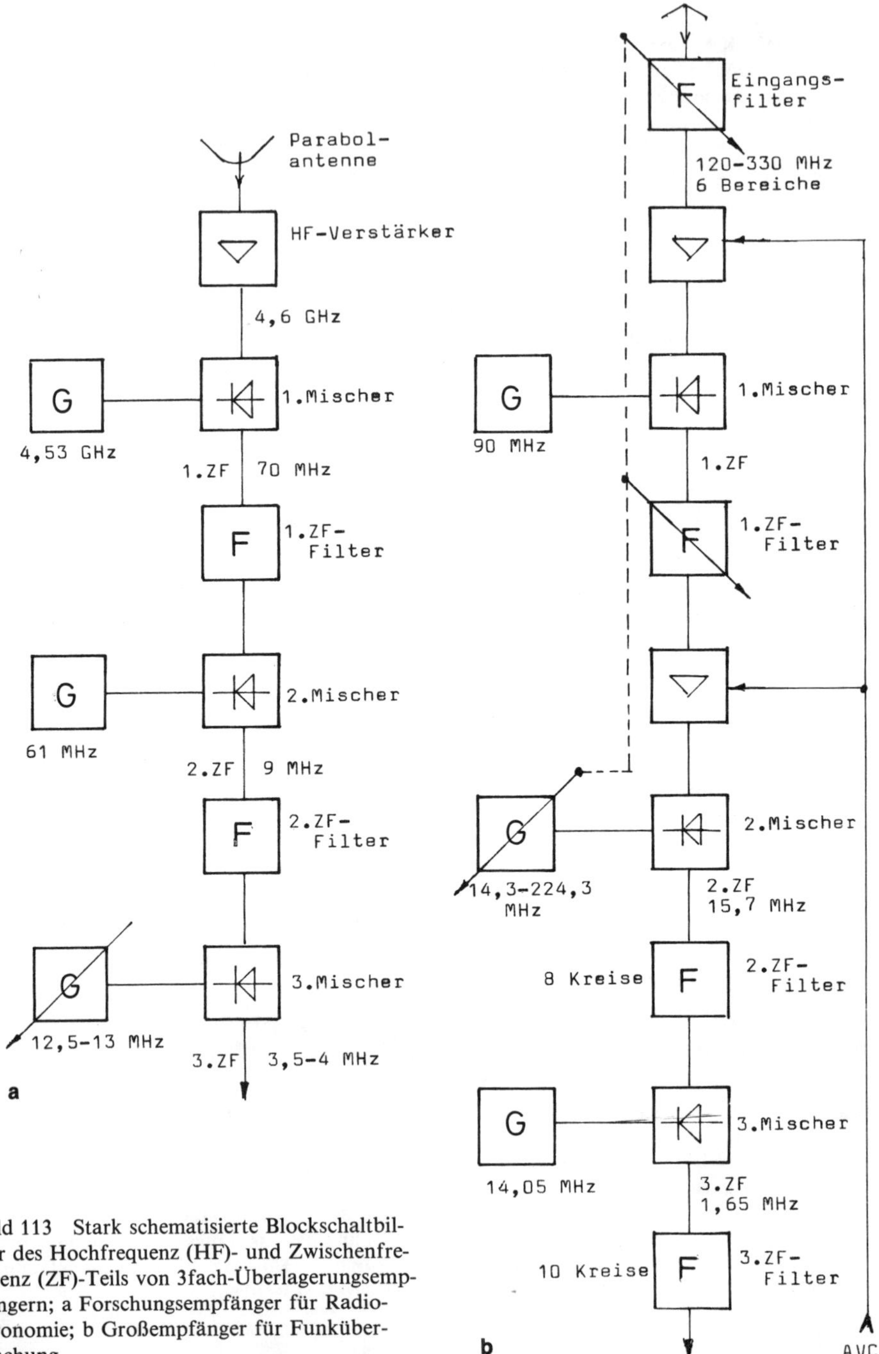

Bild 113 Stark schematisierte Blockschaltbilder des Hochfrequenz (HF)- und Zwischenfrequenz (ZF)-Teils von 3fach-Überlagerungsempfängern; a Forschungsempfänger für Radioastronomie; b Großempfänger für Funküberwachung

Die Anzahl der abstimmbaren Filterkreise bleibt aus konstruktiven Gründen beschränkt. Abstimmkreise werden häufig durch Bandfilter mit entsprechender Bandbreite ersetzt (Abschnitt 15.3).

Zwei Typen von 3fach-Überlagerungempfängern sind als Beispiel in stark vereinfachtem Prinzip in Bild 113 skizziert.

Bild 114 zeigt zwei typische Beispiele von Doppelsuper-Amateuremp-

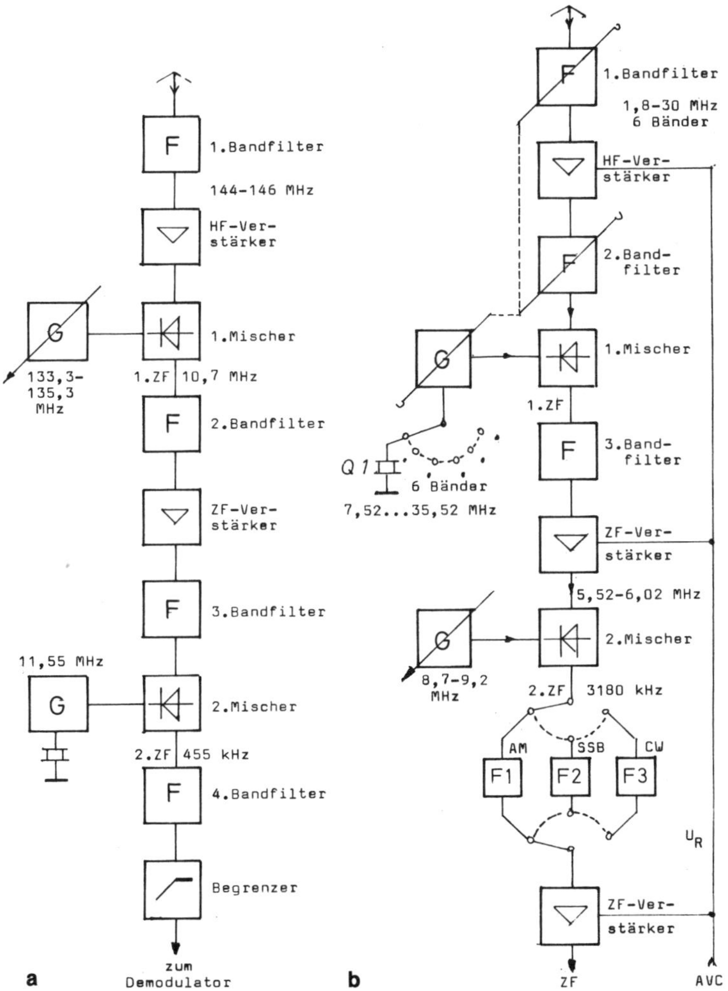

Bild 114 Hochfrequenz (HF)- und Zwischenfrequenz (ZF)-Teile von Amateurband-Doppelsupern schematisiert; a Empfänger aus 2-m-Mobilstation,; b Kurzwellen (KW)-Empfänger

fängern für 2 m und für die Kurzwellenbänder, wie sie in ähnlicher Form auch Bestandteil von Transceivern (Abschnitt 24) sind.

23.2.2 SSB-Empfang

Das Einseitenband-Signal mit unterdrücktem Träger der Sendeart J3E (Abschnitt 20.1.2) enthält die übertragene Information in einem Seitenband und benötigt zur verständlichen Demodulation im Empfänger den Zusatz der fehlenden Trägerfrequenz nach Amplitude und Frequenz.

Einseitenband-Modulation

Die Einseitenband-Modulation bietet nicht nur den Vorteil der besseren Leistungsbilanz des Senders und der Halbierung der beanspruchten HF-Bandbreite, sondern auch der störungsfreien Übertragung bei selektivem Trägerschwund in der Ionosphäre.

Die Amplitude des im Empfänger nachträglich zugesetzten Trägers kann gegenüber dem ursprünglichen Wert stark erhöht werden.

Die Forderung nach Frequenzgleichheit zwischen unterdrücktem und zugesetztem Träger ist entsprechend hoch. Eine Frequenzänderung von Δf_T des sendeseitig unterdrückten Trägers verschiebt auch das ausgestrahlte Seitenband um den gleichen Betrag. Wenn der empfangsseitig nachträglich zugesetzte Träger die sendeseitige Frequenzabweichung nicht nachvollzieht, wird die demodulierte Information entsprechend verzerrt.

Beispiel

Ein SSB-Sender strahlt auf der Trägerfrequenz $f_T = 28$ MHz eine Tonfrequenz von 400 Hz aus. Der Steuerquarz (Abschnitt 19.3.1) mit dem Temperaturbeiwert der Frequenz $\alpha_f = 0{,}5 \cdot 10^{-6}$ ändert seine Frequenz bei Temperaturzunahme um 10 K nach Gl. (72a) um den Betrag

$$\Delta f_T = \alpha_f \cdot f \cdot \Delta t = 0{,}5 \cdot 10^{-6} \cdot 28 \cdot 10^6 \cdot 10 = 140 \text{ Hz}.$$

So erscheint die Modulation von 400 Hz im Empfänger nach Trägerzusatz im oberen Seitenband (USB) zu

$$f_M = 28000540 - 28000000 = 540 \text{ Hz}$$

und im unteren Seitenband (LSB) zu

$$f_M = 28000000 - 27999740 = 260 \text{ Hz}.$$

Das heißt, eine Musik-Modulation wäre nach den Tonleiterintervallen um fast eine Quinte verschoben, und die Oktaven, Terzen und Quinten würden nicht mehr harmonisch liegen, was untragbare Verzerrungen zur Folge hat. Der gleiche Effekt tritt ein, wenn die Frequenz des empfangsseitigen Trägerzusatzes von der Originalfrequenz abweicht.

Bei Musikübertragung ist eine maximale Trägerfrequenz-Abweichung $\Delta f_T = 5$ Hz und bei Sprachübertragung von $\Delta f_T = 15$ Hz tragbar.

Für Rundfunk-Modulation und für Video-Modulation wird daher ein Trägerrest belassen (Sendeart R3E), der zur Synchronisation der empfangsseitigen Hilfsträger-Frequenz dient.

Für den SSB-Empfang von Nachrichten- oder Amateurfunk-Sendungen, insbesondere für die Sendeart A1B (Fernschreibtelegrafie RTTY) ist eine Frequenz-Einstellung des Trägerzusatzes erforderlich, um mögliche Frequenzabweichungen des Senders auszugleichen.

(Eine absichtliche Frequenzverschiebung der Modulation findet Anwendung bei *Verschlüßlern* für „abhörsichere" Sprachübertragung. Bereits eine Verschiebung der Trägerfrequenz um den Betrag der Modulationsbandbreite führt zu einem verkehrten Seitenband mit „Umkehrung" der Sprachmodulation und ist völlig unverständlich, jedoch einfach zu entschlüsseln. Eine Mehrfachunterteilung und Frequenzverschiebung bietet einen höheren Sicherheitsgrad.

coder
Amerikan.:
scrambler
Verschlüßler

Eine einfachere Methode der Verschlüsselung bietet sich für digitalisierte Analogsignale (Abschnitt 17.4.2), deren Impulsfolge mittels eines programmierten Schieberegisters verzögert werden können, wobei jede Verständlichkeit aufgehoben wird.)

Ein Demodulator für SSB-Empfang besteht aus einem Modulator, der aus dem übertragenen Seitenband und dem zugehörigen Trägerzusatz die ursprüngliche Amplitudenmodulation wiederherstellt und anschließend in einem Empfangsgleichrichter demoduliert. Die einfachste Anordnung dieser Art besteht aus einem additiven Mischer mit nachgeschaltetem Diodengleichrichter. Das allgemeine Prinzip ist in Bild 115 angegeben.

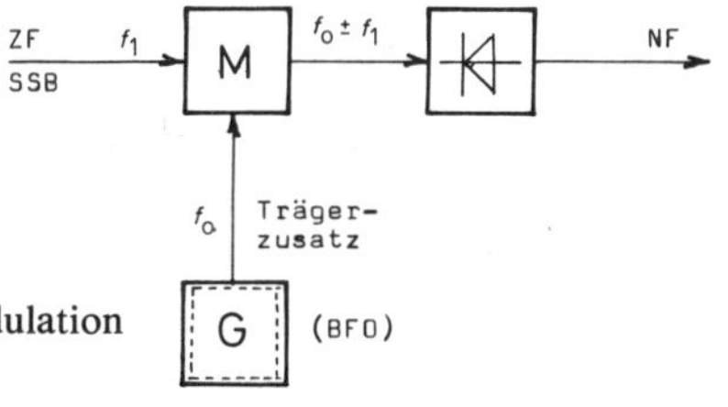

Bild 115 Einseitenband-Demodulation schematisch

Im einfachsten Falle kann eine Schaltung nach Bild 116 verwendet werden, die sich für Telegrafie-Empfang (CW) und auch für SSB-Demodulaton eignet.

Bei modernen SSB-Empfängern wird die einfache Schaltung nach Bild 116 nicht mehr angewendet, weil die Diode D im nichtlinearen Anlaufstromgebiet arbeitet und Übersteuerungen durch die Amplitude des Trägerzusatzes u_0 vermieden werden müssen. Bei SSB-Empfang wird die empfangene Signalspannung u_1 bei abgeschalteter Regelspannung AVC von Hand so eingestellt, daß die demodulierte Mischfrequenz (NF) gut verständlich ist.

BFO
Telegrafieüberlagerer

Bei Morsetelegrafie-Empfang (CW) der Sendeart A1A mit dieser Schaltung wird der getastete unmodulierte Träger durch Zumischen einer Überlagerungsfrequenz vom Betrag $f_1 \pm f_0 \approx 400 \cdots 1000$ Hz hörbar gemacht. Der Trägerzusatzgenerator G heißt hier *Telegrafieüberlagerer.*

product detector
Produkt-Detektor

In SSB-Empfängern werden vorzugsweise *Produkt-Detektoren* benutzt, bei denen die modulierte Zwischenfrequenz f_1 mit dem Trägerzusatz f_0 in einem Ringmodulator oder in einer symmetrischen Halbleiterschaltung multiplikativ gemischt und gleichgerichtet werden, so daß die niederfrequente Modulation (NF) am Modulatorausgang ansteht. Der Vorteil gegenüber der einfachen Schaltung nach Bild 116 besteht in einer höheren Sicherheit gegen Übersteuerung und Kreuzmodulation.

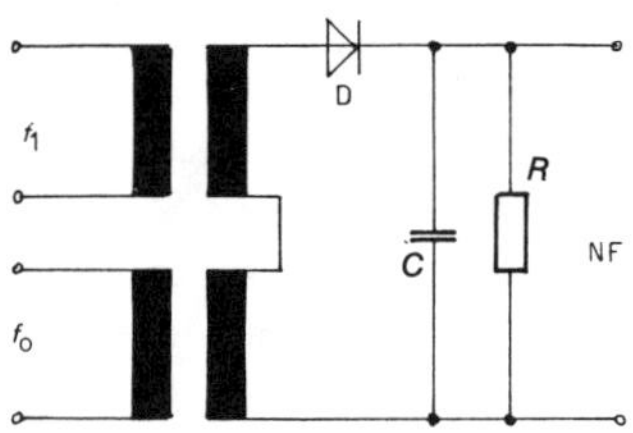

Bild 116 Einfache Schaltung für SSB- und Telegrafie-Empfang (CW)

In Anlehnung an die Bilder 97 und 104 sind in **Bild 117** zwei bewährte Schaltungen angegeben.

Bei diesen Schaltungen kann auch eine Regelspannung über ein *R-C*-Glied mit passender Zeitkonstante entnommen werden, die bedarfsweise einem Regelspannungsverstärker V zugeführt werden kann und als feldstärkeabhängige Spannung für ein Anzeigeinstrument (S-Meter) (Abschnitt 23.3) und zur automatischen Verstärkungsregelung (AVC) bei Empfang von amplituden-modulierten (AM) Signalen der Sendeart A3E dient.

In **Bild 118** ist als Ergänzung des Bildes 114b eine Demodulatorstufe dargestellt, die für die Sendearten AM, SSB und CW umgeschaltet werden kann.

In dem Beispiel (Bild 118) gelangt die 2. ZF von 3180 kHz über drei einschaltbare ZF-Filter F 1, F 2, F 3 mit unterschiedlichen Bandbreiten für

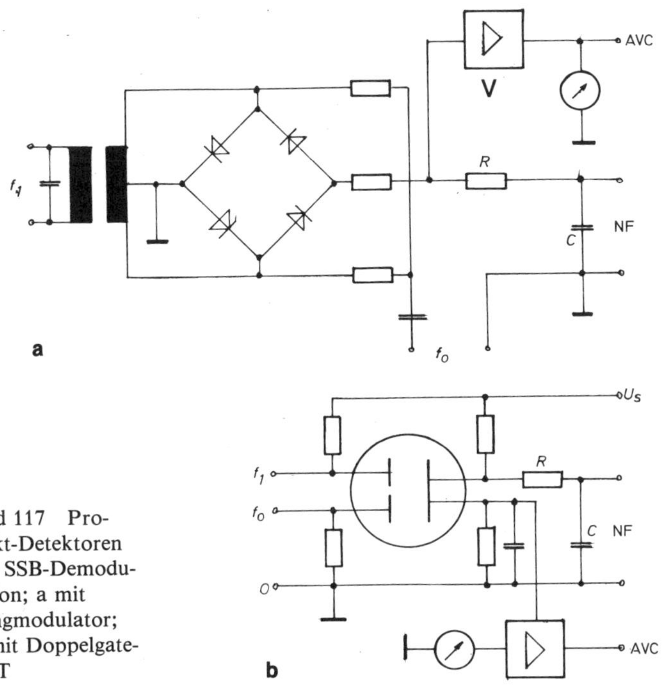

Bild 117 Produkt-Detektoren für SSB-Demodulation; a mit Ringmodulator; b mit Doppelgate-FET

AM $b = 6$ kHz, SSB $b = 2{,}4$ kHz und CW $b = 600$ Hz über einen ZF-Verstärker zu dem Produkt-Detektor PD. Der einschaltbare Trägerzusatz f_0 wird im Trägergenerator TG erzeugt, und zwar als wählbare Quarzfrequenz über den Seitenband-Wahlschalter mit $f_{Q1} = 3178{,}5\text{ kHz} = f_1 - 1{,}5\text{ kHz}$ für USB und mit $f_{Q2} = 3181{,}5\text{ kHz} = f_1 + 1{,}5\text{ kHz}$ für LSB.

Bei der Betriebsart AM wird kein Träger zugesetzt, während bei der Betriebsart CW der Überlagerungsgenerator BFO eine veränderbare Frequenz vom Betrag $f_1 \pm 1$ kHz erzeugt.

Am Ausgang des Produkt-Detektors PD wird über *R-C*-Glieder die demodulierte NF und eine Regelspannung U_R entnommen, die über einen Regelspannungsverstärker zur Feldstärkeanzeige und als AVC verwendet wird.

Als Beispiel für die Demodulation eines Einseitenband-Signales mit Trägerrest wird ein Verfahren für *Farbfernsehempfänger* erläutert. Die Farbträgerfrequenz 4,43 MHz ist ein Bestandteil des Farbbild (FBA)-Signales (Chrominanz-Signal) und als Trägerrest für die Zeit von $2 \cdots 2{,}5$ µs $\hat{=} 9 \cdots 11$ Perioden auf der hinteren *Schwarzschulter* des Zeilen-Synchronimpulses enthalten (**Bild 119**) und dient als *Farb-Synchronimpuls* zum Synchronisieren des Hilfsträger-Generators mit Quarzsteuerung (Abschnitt 19.3.1). Hierzu wird die Quarzfrequenz mittels einer Kapazitätsdiode (Abschnitt 11.3.2) auf Sollwert „gezogen". Die erforderliche Regelspannung U_R entstammt einem Phasendiskriminator PD (Abschnitt 22.1.4) nach

color television receiver
Farbfernsehempfänger

porch Amerikan.: Schwarzschulter
burst
Farb-Synchronimpuls

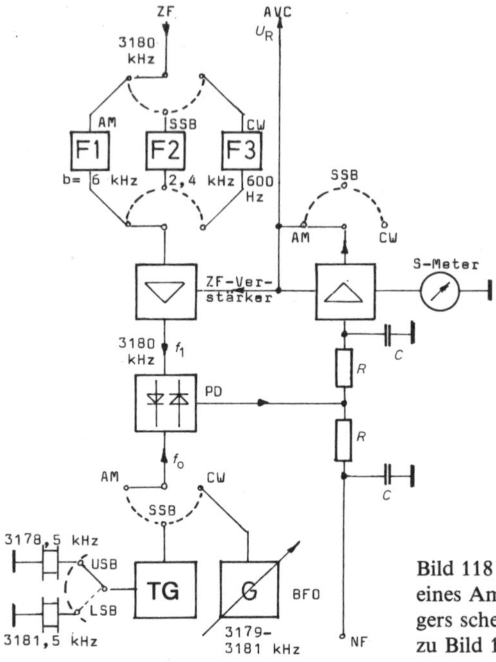

Bild 118 Demodulatorstufe eines Amateur-KW-Empfängers schematisch (Ergänzung zu Bild 114b)

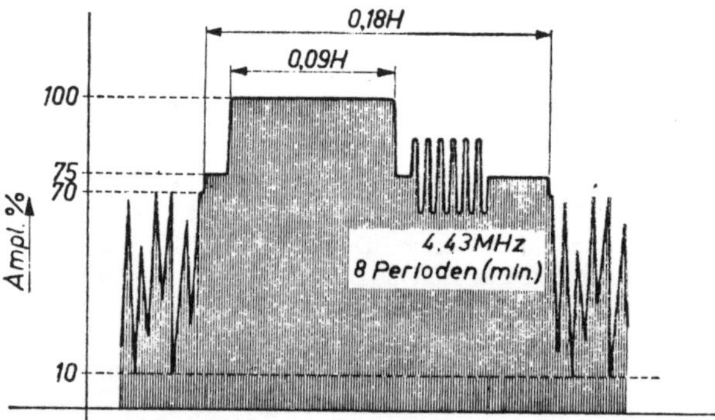

Bild 119 Farb-Synchronimpuls (burst) auf der linken Schwarzschulter des Zeilensynchronimpulses

Vergleich der Frequenzen des Hilfsträger-Generators TG (*Farbträger-Regenerator*) und des Farb-Synchronimpulses (burst). Der regenerierte Farbträger wird anschließend in den *Farb-Demodulatoren* weiter verarbeitet.

Das Übersichtsschema des Bildes 120 zeigt ein konventionelles (herkömmliches) Blockschaltbild, dessen Komponenten (Bestandteile) beispielsweise in der IS TDA 2523 enthalten sind.

burst controlled oscillator
Farbträger-Regenerator
chrominance demodulator
Farb-Demodulator

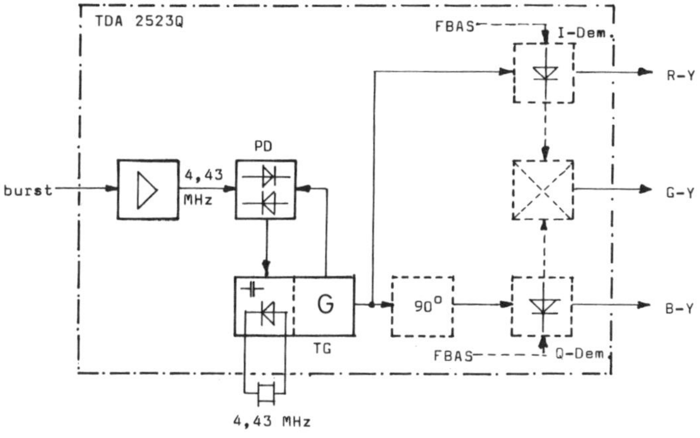

Bild 120 Übersichtsschaltbild eines Fernseh-Farbdecoders mit Träger-Generator (stark vereinfacht)

23.2.3 Telegrafie-Empfang (CW)

radio telegraphy

Im Unterschied zur Einseitenband-Modulation kann die Telegrafie-Tastung der Sendeart A1A in vereinfachter Darstellung als Träger-Tastung ohne Seitenbänder aufgefaßt werden. In Bild 121 ist das Morsezeichen · · – als getastete HF-Schwingung dargestellt.

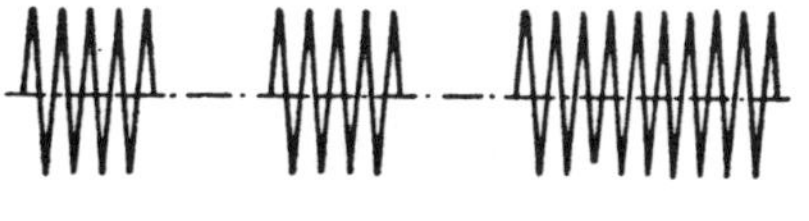

Bild 121 Getastete HF-Schwingung

Für den Hörempfang ist ein Trägerzusatz mit einer Frequenzablage Δf von etwa ± 1 kHz erforderlich, der mit einer Überlagerungsschaltung nach Bild 115 additiv oder multiplikativ zugemischt werden kann. Die Tonhöhe der Überlagerungsfrequenz ist von der Abstimmung des BFO abhängig und kann beispielsweise von $\Delta f = -1$ kHz über $\Delta f = 0$ kHz (Nulldurchgang) bis $\Delta f = +1$ kHz eingestellt werden. Bei fester Überlagerungsfrequenz (zum Beispiel mit Quarz-BFO) kann man dies auch durch Verstimmen des Empfangs-Oszillators erreichen. Demnach wird ein Telegrafiesender zweimal hörbar (falsche „Spiegelfrequenz"). Mit einem ZF-Bandfilter mit enger oder veränderbarer Bandbreite $<0{,}6$ kHz (CW-Filter) kann man einen Störsender ausblenden, dessen Träger um mehr als 0,6 kHz abliegt (Einzeichenempfang). Eine weitere Selektion ist durch Tonfrequenz-Filter im NF-Teil erreichbar. Schaltungstechnische Einzelheiten sind der Blockschaltung Bild 118 zu entnehmen.

CW-Filter

Aus den geschilderten Eigenschaften wird erkennbar, daß die Sendeart A1A eine vergleichsweise störungsarme Nachrichtenübermittlung gestattet. Die mit bestimmter Tonhöhe einstellbaren Telegrafiezeichen bieten eine hohe Sicherheit gegen viele Störarten infolge Rauschen, atmosphärische und Funkstörungen. Daher wird A1A für Notrufe im Luft- und See-Notdienst bevorzugt.

Die Telegrafie-Trägertastung kann aber auch als digitale Modulation mit entsprechenden Seitenbändern dargestellt werden. Die FOURIER-Analyse (Abschnitt 19.1.3.1) der Rechteckzeichen ergibt eine Telegrafie-Grundfrequenz mit zahlreichen Oberwellen, deren Seitenbänder mit zunehmender Tastgeschwindigkeit und Flankensteilheit breiter werden.

Unter Vernachlässigung der unterdrückbaren Oberwellen ergibt sich hier eine Bandbreite von 0,13 Hz je Buchstabe für jedes Seitenband, wenn man für einen Buchstaben im Mittel 10 Bit (binary digit) (Abschnitt 17.4.2) ansetzt.

Bei einer Übertragungsgeschwindigkeit von 60 BpM (Buchstaben pro Minute) werden im Mittel 12 WpM (Worte pro Minute) übertragen. Mit Hörempfang sind etwa 100 BpM oder 20 WpM aufnehmbar. Elektronische Konverter (Umsetzer) mit alpha-numerischen (Buchstaben-Ziffern)-*Druckern* gestatten Telegrafie-Geschwindigkeiten von 500 BpM und mehr.

printer
Drucker

23.2.4 FM-Empfang

Die Wechselstromkurve eines frequenzmodulierten Trägers nach Bild 100 enthält die Modulationsfrequenz f_m in Form einer Frequenzänderung (Abschnitt 20.2). Die Kurvenform und die Amplitude enthalten keine Information.

Da HF-Störungen in Form von Kontakt- oder Entladungsstörungen als amplitudenmoduliertes Störfeld auftreten, können sie im Empfänger durch Abkappen der Amplituden in einer *Begrenzerschaltung* unterbunden werden. Dabei entsteht eine angenähert rechteckige Kurvenform nach Bild 122.

limiter
Begrenzerschaltung

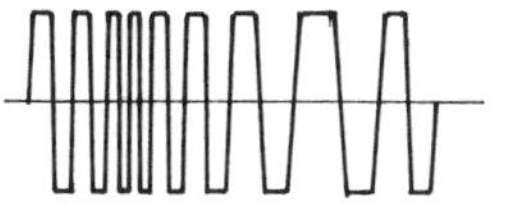

Bild 122 Frequenzmodulierte HF-Schwingung mit Amplitudenbegrenzung

Bei diesem Verfahren bleiben auch Schwankungen der Empfängereingangsspannung unwirksam, solange die frequenzbestimmenden Nulldurchgänge der modulierten Schwingung erhalten bleiben.

Eine Begrenzerschaltung besteht im einfachsten Falle aus einer stark übersteuerten Verstärkerstufe.

Ein bewährtes Verfahren zur FM-Demodulation benutzt die Umwandlung in ein AM-Signal mittels eines *Frequenz-Spannungswandlers f/u* und anschließender Gleichrichtung nach Bild 123. Der Begrenzer kann auch Bestandteil des ZF-Verstärkers oder des *f/u*-Wandlers sein.

f-v-converter
Frequenz-Spannungswandler

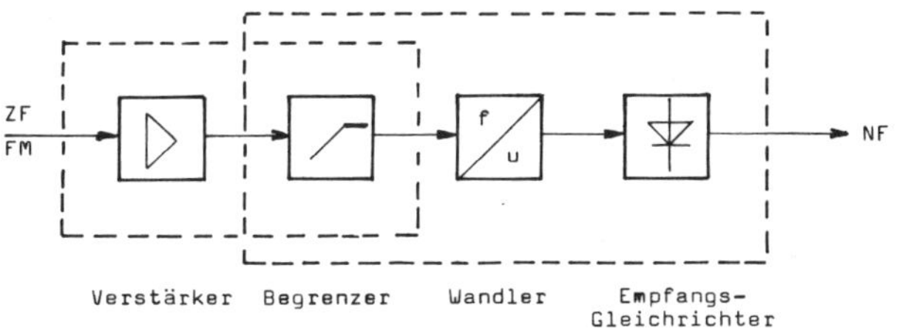

Bild 123 FM-Demodulator mit Frequenz-Spannungswandler

Das einfachste Verfahren benutzt der *Flankengleichrichter,* bei dem die Flanke eines Parallel-Resonanzkreises zur Mod-Wandlung *f/u* nach Bild 124 benutzt wird.

slope demodulator
Flankengleichrichter

Die Schaltung (Bild 124) wurde früher als Demodulator für Rundfunk-FM-Sendungen benutzt. In KW-Amateurempfängern ohne FM-Demodulator konnte man so Schmalband-FM (NFM) (Abschnitt 20.2) der Sendeart F3E empfangen.

Weitgehend stör- und verzerrungsfrei arbeiten die verschiedenen Typen der Gegentakt-Demodulatoren, bei denen die Sekundärseite eines ZF-Bandfilters als abgestimmter Gegentaktkreis mit zwei Dioden beschaltet ist. Bild 125 zeigt zwei Varianten.

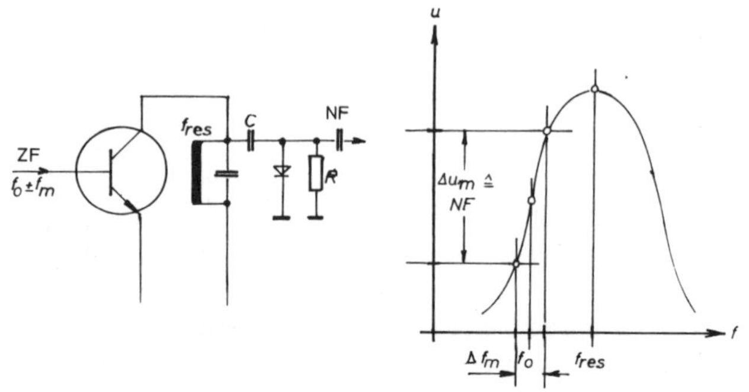

Bild 124 Schaltung und Wirkungsweise des Flankengleichrichters

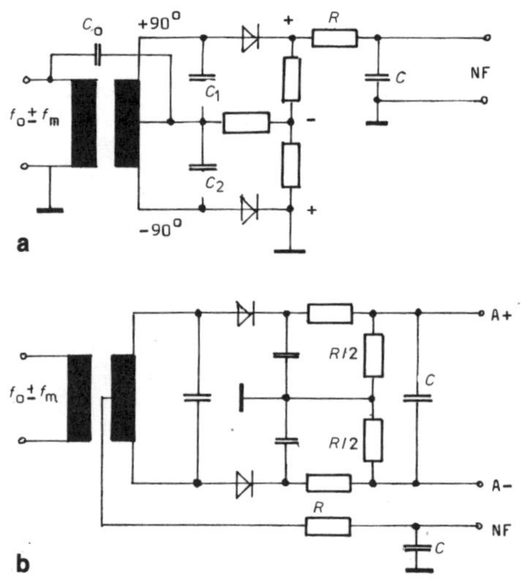

Bild 125 FM-Gegentaktdemodulator; a Phasendiskriminator (RIEGGER-Kreis); b Verhältnisgleichrichter (Ratiodetektor)

Phasendiskriminator

Der *Phasendiskriminator* (Abschnitt 22.1.4) besitzt in Abwandlung von Bild 105 außer der induktiven Gegentakt-Einkopplung der Bezugs-(ZF) f_0 eine kapazitive Gleichtakt-Einkopplung über C_0. Ohne Modulation steht das ZF-Signal mit f_0 an beiden Dioden mit gleicher Frequenz und gleicher Phase. Bei Modulation ändert sich die Phase im Gegentaktzweig gegenüber der Phase im Gleichtaktzweig, und die entstehende frequenzabhängige Spannung wird gleichgerichtet und kann als NF an Punkt A über ein *R*-*C*-Glied abgenommen werden.

Zähldemodulator

Der *Zähldemodulator* benutzt den frequenzabhängigen Blindstrom eines Kondensators nach den Gln. (19) und (3):

$$i_c = u_c \cdot X_c = u_c \cdot 2\pi \cdot f \cdot C. \quad (136)$$

i_c ist direkt proportional (verhältnisgleich) zu Spannung u_c und Frequenz f_c und dient als Maß für die Frequenz bei konstanter Spannung und Kapazität.

Zählschaltung

In der Zählschaltung nach Bild 126 wird der verlustarme Kondensator C über die Diode D mit Wechselstromimpulsen aufgeladen und in den Impulspausen über einen Schalttransistor dem Speicherkondensator C_L zugeführt, dessen Spannung proportional der Momentanfrequenz der Wechselstromimpulse ist.

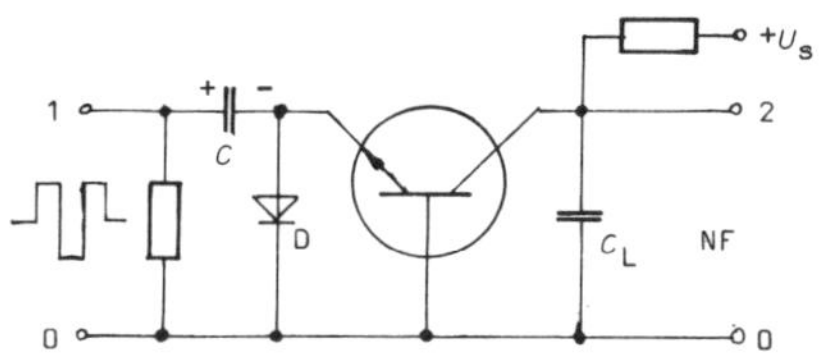

Bild 126 Zählschaltung für FM-Demodulation

Die Zähldemodulatoren arbeiten nahezu verzerrungsfrei, erfordern keine Abgleicharbeit, jedoch eine vergleichsweise niedrige Eingangsfrequenz von 100 · · · 300 kHz.

ratio detector Verhältnisgleichrichter

Der *Verhältnisgleichrichter* ist ein modifizierter Phasendiskriminator mit entgegengesetzt gepolten Dioden. Dabei addieren sich die gleichgerichteten Spannungen in beiden Gegentaktzweigen und stehen an Punkt A+ und A− von Bild 125b als gepolte Spannungen für Abstimmanzeige, Verstärkungsregelung (AVC) oder zum Nachstimmen des Empfängeroszillators zur Verfügung. Diese Schaltung arbeitet verzerrungsarm und wirkt auch als Begrenzer.

Alle Gegentaktdemodulatoren benötigen streng symmetrisch abgeglichene Gegentaktzweige.

coincidence demodulator Koinzidenz-Demodulator

Beim *Koinzidenz* [1]*-Demodulator,* auch Phasen-, Produkt- oder Quadratdemodulator genannt, wird die frequenzabhängige Ladung eines Speicherkondensators C_L durch die Impulsdauer bestimmt, die wiederum von der Momentanfrequenz des FM-Signals abhängt. Die frequenzabhängige Höhe der Kondensatorladung q, die nach Gl. (25) als Wechselspannung $u = q/C_L$ ansteht, kann als NF-Spannung abgenommen werden.

Die Impulsdauer wird einerseits durch die begrenzte FM-Signalspannung und andererseits durch eine zweite Signalfrequenz mit ei-

[1] Neu-Latein.: Zusammentreffen.

Phasenschieberkreis

ner um 90° gedrehten Phase gesteuert. Die Phasendrehung erfolgt in einem *L*-*C*-Kreis (Phasenschieberkreis), und der Phasenvergleich in einer Koinzidenzschaltung, deren Ausgangsimpulse die Überlappungsbreite der phasenverschobenen Signalfrequenzen besitzen und somit Impulse mit frequenzabhängiger Dauer darstellen.

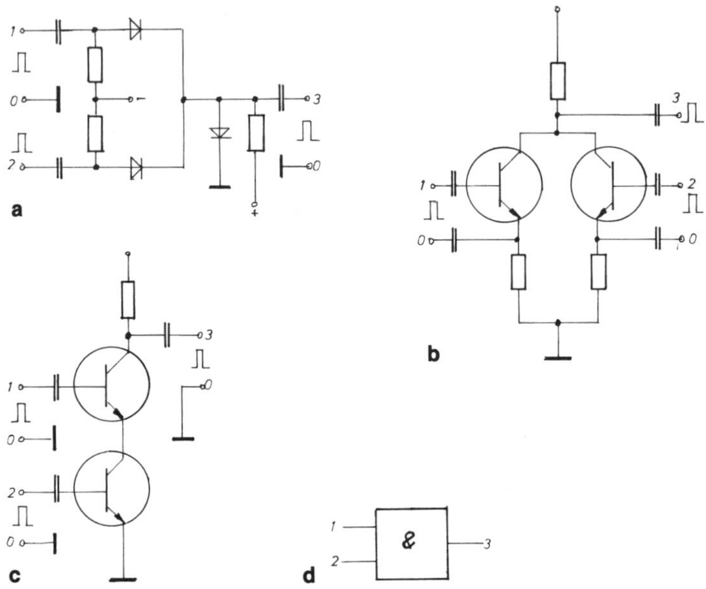

Bild 127 Verschiedene Koinzidenzschaltungen; a und b Parallelschaltungen; c Serienschaltung; d UND-Gatter

Koinzidenzdemodulatoren sind nach den Schaltungsbeispielen von Bild 127 ausgelegt und in IS zusammen mit Begrenzer- und NF-Verstärkern integriert, wie im Applikationsbeispiel von Bild 62 mit TAA 661 gezeigt ist.

Im Sinne der Informatik (Wissenschaft der Informationsverarbeitung) sind Koinzidenzdemodulatoren Schaltsysteme für die logische (folgerichtige) Konjunktion (Aussageverbindung) zweier Binärzeichen (Abschnitt 17.4.2) in Form eines UND-Gatters (Schaltkreises) nach Bild 127d. Die Schaltzustände „aus“ = 0 und „ein“ = 1 werden hierbei multipliziert: $0 \cdot 0 = 0$, $0 \cdot 1 = 0$, $1 \cdot 0 = 0$, $1 \cdot 1 = 1$, daher die Bezeichnung Produktdetektor.

Auch die verschiedenen Gegentaktdemodulatoren können als Sechspol-Produktschaltungen aufgefaßt werden.

In Bild 128 ist eine Ergänzung zu Bild 114 skizziert.

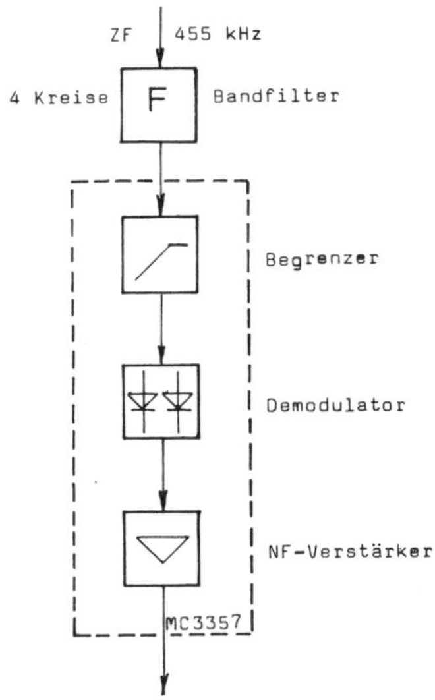

Bild 128 Demodulatorstufe eines FM-Amateurempfängers aus einer 2-m-Mobilstation (Ergänzung zu Bild 114a)

23.3 Empfangsbeurteilung und Feldstärkeanzeige

Beim Amateurfunk wird die Empfangsbeurteilung im R S T-Schlüssel gegeben:

R *Lesbarkeit* — readibility Lesbarkeit

R 1 nicht lesbar
R 2 zeitweise lesbar
R 3 schwierig lesbar
R 4 ohne Schwierigkeiten lesbar
R 5 einwandfrei lesbar

S *Signalstärke* — signal strength Signalstärke

S 1 kaum hörbar
S 2 sehr schwach
S 3 schwach
S 4 mittelmäßig
S 5 ausreichend
S 6 gut hörbar
S 7 mäßig stark
S 8 stark
S 9 äußerst stark

T *Tonqualität* — tone Tonqualität

T 1 äußerst rauher Wechselstromton
T 6 Trillerton
T 7 musikalischer Gleich-

T 2 sehr roher, unmusikalischer Ton
T 3 roher Wechselstromton
T 4 Wechselstromton, schlecht gefiltert
T 5 musikalisch modulierter Ton
[...] stromton
T 8 Gleichstromton, etwas Brumm
T 9 reiner Gleichstromton
T 9x Kristallreiner Ton

C Chirp
K Tastklick

Andere Bewertungen sind mit dem SINPO und SINPFEMO-Schlüssel gebräuchlich. Die Kriterien werden hierbei mit 1 bis 5 benotet, wobei 1 die schlechteste und 5 die beste Benotung ist. Beispiel:

SINPO: S Lautstärke
I Störung
N Geräusch
P Ausbreitungsstörung
O Gesamtbewertung

Eine mittelmäßige Bewertung kann beispielsweise lauten: SINPO 344X4
X: Keine Bewertung.

SINPFEMO: S Lautstärke
I Störung
N Geräusch
P Ausbreitungsstörung
F Häufigkeit der Schwunderscheinungen
E Modulationsqualität
M Modulationsgrad
O Gesamtbewertung

Hier kann eine mittelmäßige Beurteilung lauten: SINPFEMO 344X454
X: Keine Bewertung.
Die Bewertungen erfolgen meist subjektiv. Nur die S-Stufen des R S T-Schlüssels können an einem Feldstärkeanzeiger (S-Meter) vieler Empfänger angenähert bestimmt werden.

Hier wurde bei der IARU (International Amateur Radio Union) für die Region 1 (Europa, Afrika, Naher Osten, Mongolei, Asiat. SU) folgende Spezifikation vereinbart:

Eine S-Stufe entspricht der Spannungspegel-Differenz 6 dB = doppelte bzw. halbe Spannung.

Bei Frequenzen <30 MHz gilt S 9 für die Empfängereingangsspannung 50 µV and 50 $\Omega = -73$ dBm (Abschnitt 26). Bei Frequenzen >30 MHz gilt S 9 für 5 µV an 50 $\Omega = -93$ dBm.

Spannungspegel über S 9 werden in dB angegeben, zum Beispiel S 9 +6 dB = 100 μV Eingangsspannung an 50 Ω.

Die ältere deutsche Spezifikation für Nachrichtenempfänger bestimmte S 9 = 100 μV Eingangsspannung.

S-Meter

S-Meter bestehen meist aus analogen Zeigerinstrumenten, gelegentlich aus linearen Skalen mit Leuchtpunkten. Die Instrumente werden von einem spannungsabhängigen Richtstrom gespeist, der aus der demodulierten ZF-Spannung gewonnen wird.

transceiver

24 Sende-Empfänger

Kompaktgeräte enthalten vielfach Sender (TX) und Empfänger (RX) im gemeinsamen mechanischen Aufbau mit kombinierten Bedienungsorganen. Da einige Funktionsstufen sowohl im Sende- als auch im Empfangszug enthalten sind, werden sie gemeinsam ge-

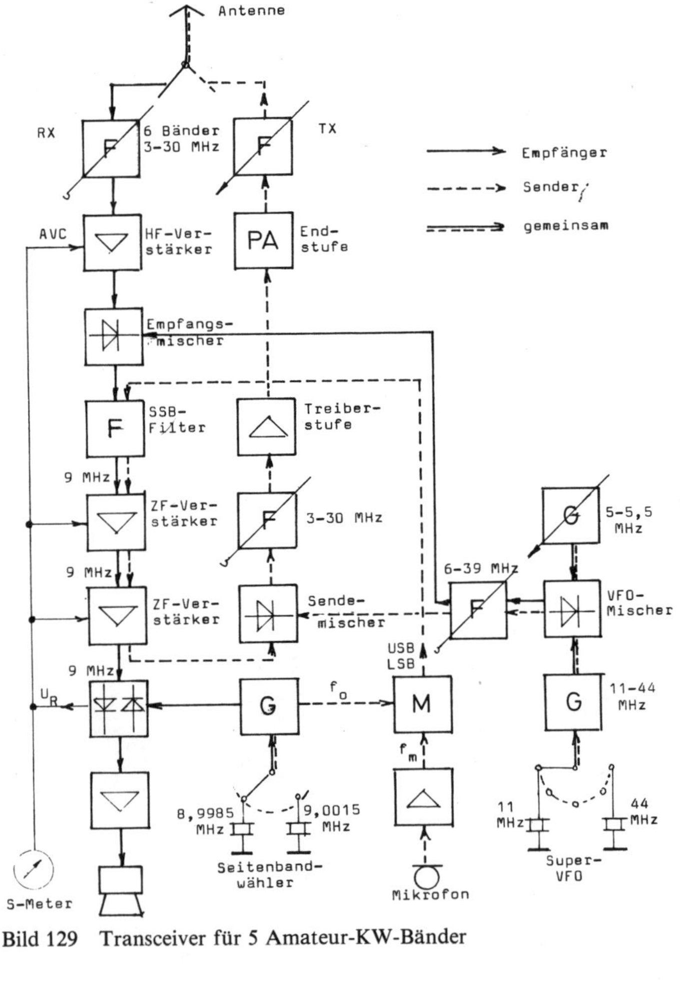

Bild 129 Transceiver für 5 Amateur-KW-Bänder

nutzt und wahlweise umgeschaltet, zum Beispiel Steuersender, Verstärker, Stromversorgung.

Transceiver gestatten allerdings nur die Betriebsart *Wechselsprechen* auf gleicher Frequenz. Für *Gegensprechen* auf verschiedenen Frequenzen ist der Steuersender und die Antenne doppelt vorzusehen.

simplex (communicat.) Wechselsprechen
duplex (communicat.) Gegensprechen

In Bild 129 ist als Beispiel ein Transceiver mit den wesentlichen Funktionsgruppen für 5 Amateur-KW-Bänder dargestellt. Der Steuersender besteht aus einem Super-VFO (Bild 103) mit 6 umschaltbaren Bandquarzen für 11; 35,5; 42,5; 43; 43,5 und 44 MHz. Er besorgt die Frequenzsynthese (Zusammensetzung) für die Endfrequenz 3···30 MHz und für den Empfänger-Oszillator. Der SSB-Modulator (Bild 99) besitzt die umschaltbaren Seitenband-Quarze für USB und LSB.

25 Wellenlängen und Frequenzen

Elektromagnetische Wellen sind eine Erscheinungsform elektrischer Energie, die sich mittels periodischer Wechselfelder im freien Raum, in einem Dielektrikum (Abschnitt 11) oder an einer elektrischen Leitung fortbewegt. Sie besitzen eine magnetische und eine elektrische Komponente (Bestandteil) und erscheinen als Wirkleistung.

Die Ausbreitungsgeschwindigkeit (genauer: Phasengeschwindigkeit) im freien Raum ist die Lichtgeschwindigkeit im Vakuum:

Lichtgeschwindigkeit im Vakuum

$$c_0 = \frac{1}{\sqrt{\varepsilon_0 \cdot \mu_0}} = 2{,}9998 \cdot 10^{10} \approx 3 \cdot 10^{10}\ \text{cm/s} \quad (137)$$

$$= 300000\ \text{km/s}\,.$$

Nach der Definition der Frequenz f (Abschnitt 1.2) wird die Wellenlänge λ im freien Raum:

$$\lambda = c_0/f \quad \text{m, Hz} \quad (138)$$

$$f = 300000/\lambda \quad \text{kHz, m}\,. \quad (138a)$$

magnetisches und elektrisches Feld

Eine Erklärung für die Ausbreitung im freien Raum liefert die Betrachtung einer gestreckten Drahtantenne (Abschnitt 27), die von einem Wechselstrom i durchflossen wird. Der Wechselstrom baut während einer Viertelperiode ein rotationssymmetrisches (umlaufend ebenmäßiges) magnetisches Feld auf, das seinerseits ein dazu senkrecht gerichtetes elektrisches Feld induziert (erregt). Im Verlauf der folgenden entgegengerichteten Viertelperiode wird ein zweites entgegengerichtetes Feld errichtet. Inzwischen hat sich jedoch das erste Feld mit der Geschwindigkeit c_0 radial ausgebreitet und den Weg $s = c_0/t$ zurückgelegt und kann von dem zweiten entgegengerichteten Feld nicht mehr kompensiert werden, weil es erst nach einer Halbperiode nachfolgt.

So lösen sich die periodischen Wechselfelder von der Antenne und breiten sich im Raum aus, sofern sie nicht reflektiert oder gebeugt werden.

Wellenlängen

Die in der Funktechnik angewendeten Wellenlängen werden nach Empfehlung der ITU (Abschnitt 21) in verschiedene Bänder (Tabelle 10) eingeteilt:

Tabelle 10

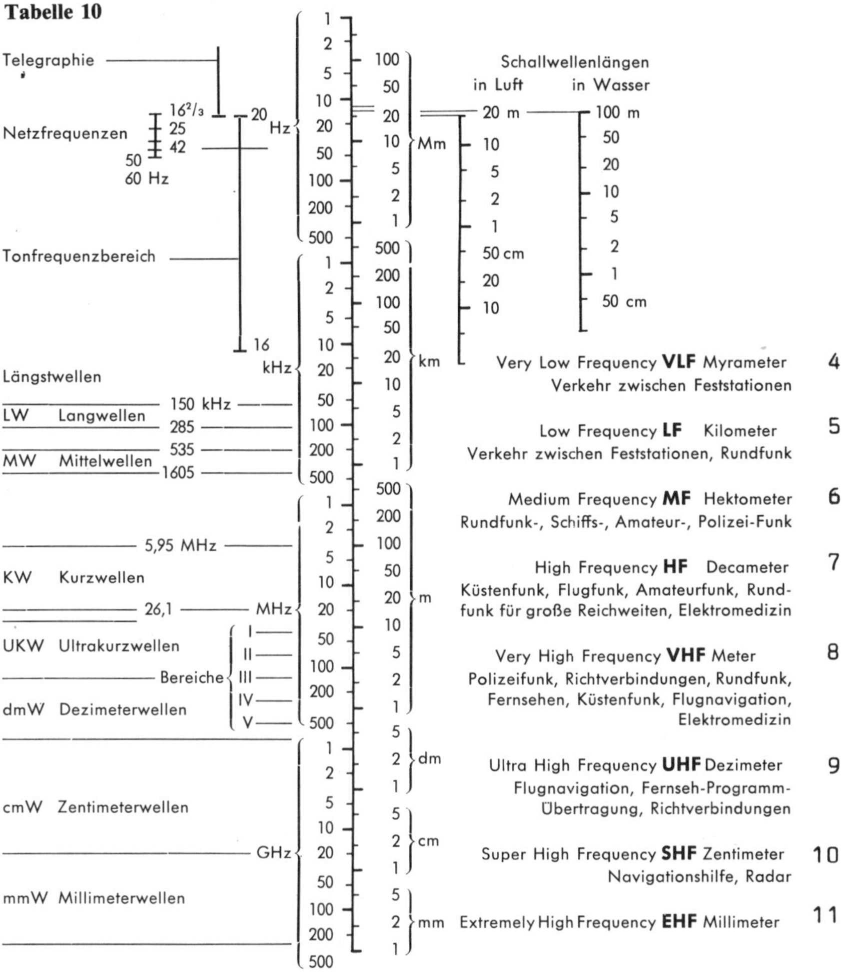

Die empfohlenen Bezeichnungen haben sich in der Literatur noch nicht allgemein durchgesetzt. Der deutsche Oberbegriff für Frequenzen oberhalb etwa 20 kHz (Band 4···11) lautet *Hochfrequenz* (HF), englisch radio RF
frequency. Der Begriff *Zwischenfrequenz* bei Überlagerungsempfängern (ZF) lautet englisch intermediate frequency. Der Begriff *Niederfrequenz* IF
(NF) unterhalb etwa 20 kHz lautet englisch audio frequency. AF

Die Wellenlänge von akustischen Druckwellen (Kompressionswellen), wie sie in der Audio- und Ultraschalltechnik vorkommen, hat den Betrag:

$$\lambda_{ak} = v_{ak}/f \quad \text{m, Hz}\,. \tag{139}$$

Schallgeschwindigkeit

Die Schallgeschwindigkeit v_{ak} ist von den elastischen Eigenschaften und von der Dichte des Ausbreitungsmediums abhängig und beträgt beispielsweise:

v_{ak}	Luft	330 m/s
	Wasser (20 °C)	1483 m/s
	Quarz	5760 m/s

26 Dezibel (dB) und Neper (N_p)

Das Dezibel (dB) = 0,1 Bel (B)[1] ist eine relative Maßzahl im dekadischen Logarithmus für das Verhältnis zweier gleichartiger Größen, ursprünglich zweier Leistungen P_1/P_2 (DIN 5493). Dezibel

Das Leistungsverhältnis

$$P_1/P_2 = 10/1 = 10 \log 10 = 1\ \mathrm{B} = 10\ \mathrm{dB} \quad \text{oder} \tag{140a}$$

$$P_1/P_2 = 1/10 = 10 \log 0{,}1 = -1\ \mathrm{B} = -10\ \mathrm{dB}\,. \tag{140b}$$

Demnach ist

$$1\ \mathrm{dB} = 10 \log P_1/P_2\,. \tag{141}$$

In dieser Form bedeutet dB eine dimensionslose Verhältniszahl und keine Größeneinheit, wie beispielsweise Volt (V) oder Ampere (A).

Der dekadische oder Zehner-Logarithmus (Griech.: logos arithmos ≈ richtiges Verhältnis) ist eine Rechenoperation, wobei eine Hochzahl y zur Basis (Grundzahl) 10 den gesuchten Numerus (Zahl) x ergibt:

$$10^y = x\,.$$

Das Rechnen mit Logarithmen erfolgt vorzugsweise auf einem Taschenrechner mit Funktionstaste „log" und gestattet eine Vereinfachung von mathematischen Operationen:

$$a \cdot b = \log a + \log b\,; \quad c/d = \log c - \log d\,;$$

$$p^q = \log p \cdot \log q\,; \quad \sqrt[q]{p} = \log p / \log q\,.$$

Daher können logarithmische Pegelwerte und Dämpfungsmaße in dB ohne Umrechnung addiert oder subtrahiert werden.

Die Leistungen $P_1 > P_2$ ergeben eine *Verstärkung* (negative Dämpfung) mit positivem Vorzeichen, zum Beispiel: gain Verstärkung

$$P_1/P_2 = \quad 2 = 10 \log \quad 2 = \quad 3\ \mathrm{dB}$$

[1] Benannt nach dem amerikanischen Physiologen G. Bell (1847 – 1922).

$$P_1/P_2 = 10 = 10 \log 10 = 10 \text{ dB}$$

$$P_1/P_2 = 100 = 10 \log 100 = 20 \text{ dB}\,.$$

attenuation
Dämpfungsmaß

Die Leistungen $P_1 < P_2$ ergeben ein *Dämpfungsmaß* mit negativem Vorzeichen, zum Beispiel:

$$P_1/P_2 = 0{,}5 = 10 \log 0{,}5 = -3 \text{ dB}$$

$$P_1/P_2 = 0{,}1 = 10 \log 0{,}1 = -10 \text{ dB}$$

$$P_1/P_2 = 0{,}01 = 10 \log 0{,}01 = -20 \text{ dB}\,.$$

Auch die Verhältnisse zweier Ströme oder zweier Spannungen werden in dB ausgedrückt.

Weil Spannung U und Strom I nach den Gln. (7) und (8) mit U^2 und I^2 in die Leistung P eingehen, wird beim Logarithmieren der Faktor 2 eingesetzt: $2 \cdot 10 = 20 \log$:

$$1 \text{ dB} = 20 \log U_1/U_2 \tag{142a}$$

und $$1 \text{ dB} = 20 \log I_1/I_2\,. \tag{142b}$$

Zum Beispiel:

$$U_1/U_2 = 0{,}5 = 20 \log 0{,}5 = -6 \text{ dB (halbe Spannung)}$$

$$U_1/U_2 = 2 = 20 \log 2 = 6 \text{ dB (doppelte Spannung)}\,.$$

Bei der Fernsprechtechnik und in der älteren Literatur wird auch das Neper (N_p)[1] als logarithmische Maßzahl benutzt. Im Unterschied zu dB werden bei N_p[2] die natürlichen oder NEPERschen Logarithmen mit der Basis e = 2,71828 (EULERsche Zahl) benutzt.

Neper

Umrechnung: $1\ N_p = 8{,}7$ dB

$$1 \text{ dB} = 0{,}115\ N_p\,.$$

Die dB- und N_p-Maßzahlen sind in der Tabelle 11 aufgelistet.

Die dimensionslosen Verhältniszahlen werden nach Zuteilung einer bestimmten Bezugsgröße zu absoluten Pegelzahlen zum Beispiel für Leistungs-, Schalldruck-, Spannungspegel und andere.

---

[1] Nach dem englischen Mathematiker J. NAPIER oder NEPER (1550 bis 1617).

[2] Neper ist keine SI-Einheit und sollte daher möglichst nicht mehr verwendet werden.

Tabelle 11

Np
dB

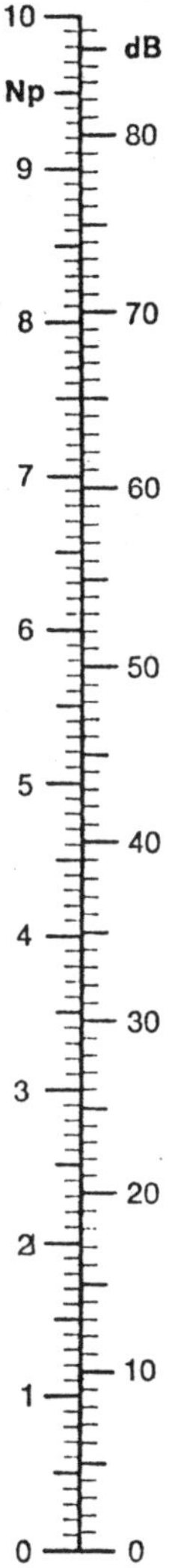

VERSTÄRKUNG GAIN — **GAIN AMPLIFICACION**

P_2/P_1	dB	U_2/U_1	P_2/P_1	dB	U_2/U_1
1,00	0	1,00	31,6	15	5,62
1,26	1	1,12	39,8	16	6,31
1,59	2	1,26	50,1	17	7,08
2,00	3	1,41	63,1	18	7,94
2,51	4	1,59	79,4	19	8,91
3,16	5	1,78	100	20	10,0
4,00	6	2,00	200	23	14,1
5,01	7	2,24	400	26	20,0
6,31	8	2,51	1000	30	31,6
7,94	9	2,82	2500	34	50,1
10,0	10	3,16	4000	36	63,1
12,6	11	3,55	10^4	40	100
15,9	12	4,00	$4 \cdot 10^4$	46	200
20,0	13	4,47	10^5	50	316
25,1	14	5,01	10^6	60	1000

DÄMPFUNG ATTENUATION — **ATTENUATION ATENUACION**

P_2/P_1	dB	U_2/U_1	P_2/P_1	dB	U_2/U_1
1,000	0	1,000	0,032	−15	0,178
0,794	−1	0,891	0,025	−16	0,158
0,631	−2	0,794	0,020	−17	0,141
0,500	−3	0,709	0,016	−18	0,126
0,398	−4	0,631	0,013	−19	0,112
0,316	−5	0,562	0,010	−20	0,100
0,250	−6	0,500	0,005	−23	0,071
0,200	−7	0,447	$2{,}5 \cdot 10^{-3}$	−26	0,050
0,158	−8	0,398	10^{-3}	−30	0,032
0,126	−9	0,355	$4 \cdot 10^{-4}$	−34	0,020
0,100	−10	0,316	$2{,}5 \cdot 10^{-4}$	−36	0,016
0,079	−11	0,282	10^{-4}	−40	0,010
0,063	−12	0,251	$2{,}5 \cdot 10^{-5}$	−46	0,005
0,050	−13	0,224	$9 \cdot 10^{-6}$	−50	0,003
0,040	−14	0,200	10^{-6}	−60	0,001

Bei absoluten Pegelgrößen muß immer die Bezugsgröße (Nullpegel) und die Größeneinheit (zum Beispiel Watt, Pascal, Volt und andere) angegeben werden, sofern der Bezug nicht aus dem Zusammenhang ersichtlich ist.

Beispiel

$$P_{1\ \mathrm{mW}} = 0\ \mathrm{dB}$$

oder $P = 0\ \mathrm{dB}_{1\ \mathrm{mW}}$.

Unter dieser Voraussetzung bedeutet beispielsweise die Angabe $P = 5$ dBm eine Leistung $P = 3{,}16$ mW.

Die Größeneinheiten der Nullpegel sind nicht einheitlich festgelegt.

Die Deutsche Standarddefinition für den Nullpegel lautet

$$1\ \mathrm{mW\ an}\ 600\ \Omega = 0{,}7746\ \mathrm{V} = 0\ \mathrm{dB}\ . \qquad (143)$$

Beispiel

Eine Spannung 1 V hat an 600 Ω den Spannungspegel

$$U_1/U_2 = 1/0{,}7746\ \mathrm{V} = 1{,}29 = 20 \log 1{,}29 = 2{,}2\ \mathrm{dBV}\ .$$

Eine Leistung von 12 mW hat an 600 Ω den Leistungspegel

$$P_1/P_2 = 12/1\ \mathrm{mW} = 12 = 10 \log 12 = 10{,}8\ \mathrm{dBm}\ .$$

Andere Definitionen lauten

$$1\ \mathrm{mW\ an}\ 150\ \Omega = 0{,}3873\ \mathrm{V} = 0\ \mathrm{dB} \quad \text{oder}$$

$$1\ \mathrm{mW\ an}\ \ 75\ \Omega = 0{,}227\ \mathrm{V} = 0\ \mathrm{dB}\ .$$

Häufig wird die USA-Definition benutzt:

$$3\ \mathrm{mW\ an}\ 500\ \Omega = 1{,}73\ \mathrm{V} = 0\ \mathrm{dB}\ . \qquad (144)$$

Die absoluten Pegelgrößen können nur dann benutzt werden, wenn die Widerstände in den betrachteten Stromkreisen gleich sind.

In der Akustik wird ein absolutes Pegelmaß für die *Schallintensität* J in W/m^2 und für den *Schalldruck p* in Pa (Pascal)[1] benutzt. (1 Pa = 1 $N/m^2 = 10^{-5}$ bar[2] = 10^6 dyn[2]/cm^2 = $0{,}99 \cdot 10^{-5}$ atm[2] = $0{,}75 \cdot 10^{-2}$ Torr[2]).

sound intensity
Schallintensität
sound pressure
Schalldruck

Hier lautet die Definition (DIN 45630):

$$J = 10^{-12}\,W/cm^2 = p = 20\,\mu Pa = 0\,dB \quad \text{(Hörschwelle)}$$

$$J = 1\,W/cm^2 = p = 20\,Pa = 120\,dB \quad \text{(Schmerzgrenze)}\,.$$

Das menschliche Ohr kann demnach Schallereignisse mit dem Druckverhältnis $2 \cdot 10^{-8} = 120$ dB verarbeiten.

Der Lautstärkepegel wurde früher in phon (subjektives Maß) angegeben. Die Schmerzgrenze entsprach 120 phon. Bei $f = 1$ kHz sind phon- und dB-Skala identisch.

In der Schallschutztechnik sind bewertete Schallpegel eingeführt worden (VDI-Richtlinie 2058), um die Ohrempfindlichkeit bei verschiedenen Lärmbelästigungen zu berücksichtigen. Die 3 Bewertungskurven haben bei 1 kHz die Dämpfung 0 dB, bei 30 Hz gilt für die

Bewertung dB(A) = − 40 dB
dB(B) = − 18 dB
dB(C) = − 3 dB .

[1] Nach dem französischen Physiker BLAISE PASCAL (1623 – 1662).

[2] Nicht mehr zulässige, d. h. überholte Einheiten.

aerial
Amerik.:
antenna

27 Antennen[1)]

Auf der gestreckten Antenne bilden sich im Resonanzfall stehende Wellen aus. Da der Strom i_{ant} an den Antennenenden nicht weiterfließen kann, entstehen dort Strom-Minima (Stromknoten), während die Spannung u_{ant} ein Maximum erreicht (Spannungsbauch), entsprechend einer Phasenverschiebung von 90° zwischen Strom und Spannung. Bild 130 zeigt einen Halbwellenstrahler mit Strom-Spannungsverteilung ($\lambda/2$-Resonanz).

Stromknoten
Spannungsbauch

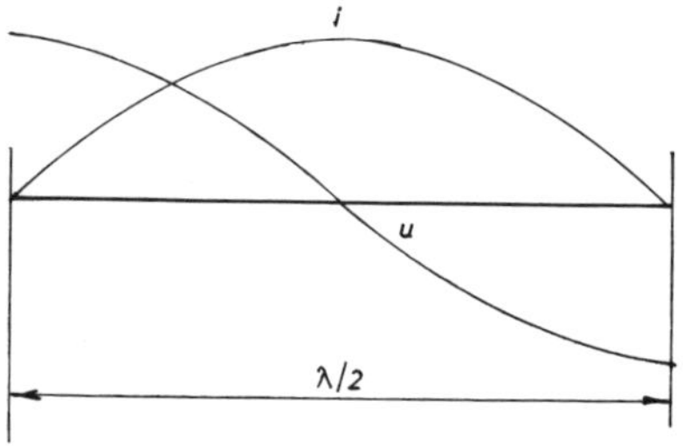

Bild 130 Strom-Spannungsverteilung auf einem Halbwellenstrahler

Die Resonanzbedingung für den Halbwellenstrahler lautet:

$$f_{res} = \frac{c_0 \cdot V_L}{\lambda} \quad \text{kHz, m} . \tag{145}$$

velocity factor
Verkürzungsfaktor

Der *Verkürzungsfaktor* V_L steht für das Verhältnis der geometrischen zur elektrischen Länge l_{geom}/l_{el} von abgestimmten Hochfrequenzleitungen:

$$V_L = l_{geom}/l_{el} = <1 . \tag{146}$$

---

1) Weiterführende Literatur:
STIRNER, E.: Antennen, Band 1: Grundlagen, 2. Aufl. Dr. Alfred Hüthig Verlag Heidelberg 1984
STIRNER, E.: Antennen, Band 2: Praxis. 2. Aufl. Dr. Alfred Hüthig Verlag Heidelberg 1986
STIRNER, E.: Antennen, Band 3: Meßtechnik. Dr. Alfred Hüthig Verlag Heidelberg 1985
ZWARABER, H.: Praktischer Aufbau und Prüfung von Antennenanlagen, 6. Aufl. Dr. Alfred Hüthig Verlag Heidelberg 1984.

Bei frei aufgehängten Drähten mit dem Durchmesser d und dem Schlankheitsgrad $s = \lambda/d > 1000$ wird $V_L \approx 0{,}97$ angesetzt.

Die Phasengeschwindigkeit von elektromagnetischen Schwingungen auf elektrischen Leitern ist nämlich kleiner als die Lichtgeschwindigkeit c_0, weil in Gl. (137) die Größen ε_r für das umgebende Medium und μ_w für die wirksame Permeabilität einzusetzen sind. Gl. (137) geht über in

$$v = \frac{1}{\sqrt{\varepsilon_r \cdot \mu_w}}\,. \tag{137a}$$

Damit wird die Wellenlänge

$$\lambda_L = v/f \quad \text{m, Hz}\,. \tag{138a}$$

Ob eine Antenne zum Senden oder als Empfangsantenne betrieben wird, ist aus elektrischer Sicht gleichwertig (Reziprozitäts-Prinzip). Nur der Leistungsumsatz ist verschieden.

Die *Strahlungsleistung* einer Antenne P_{ant} ist die Differenz aus zugeführter Scheinleistung P_s und nicht abgestrahlter Verlustleistung $P_v = R_v \cdot i^2_{ant}$

radiated power
Strahlungsleistung

$$P_{ant} = P_s - P_v = R_{st} \cdot i^2_{ant} \quad \text{W}\,. \tag{147}$$

R_v = Verlustwiderstand des Antennenleiters und der dielektrischen Verluste der Isolation.

R_{st} = *Strahlungswiderstand*

radiation resistance
Strahlungs-
widerstand

$$R_{st} = P_{ant}/i^2_{ant} \quad \Omega\,. \tag{148}$$

Der Strahlungswiderstand ist eine nicht direkt meßbare Rechengröße für den Ersatzwiderstand, der die Strahlungsleistung P_{ant} umsetzt.

Er wird am Ort des Strommaximums bestimmt. Falls der Speisepunkt der Antenne gleichfalls im Strombauch liegt, sind Strahlungswiderstand R_{st} und Antenneneingangswiderstand (Fußpunktwiderstand) Z_e identisch.

Der *Antennengewinn G* ist der Betrag, um den eine Antenne in einer *Hauptrichtung* stärker strahlt als in andere Richtungen. G ist definiert

relative gain
Antennengewinn
main direction
Hauptrichtung

$$G = \left(\frac{U_A}{U_B}\right)^2 \tag{149a}$$

U_A = Empfangsspannung (Strahlungsintensität) der Versuchsantenne,

U_B = Empfangsspannung (Strahlungsintensität) der Bezugsantenne, zum Beispiel $\lambda/2$-Dipol

$$\text{oder} \quad G = \frac{P_B}{P_A} \tag{149b}$$

P_B = Zugeführte Leistung zur Bezugsantenne B
P_A = Zugeführte Leistung zur Versuchsantenne A .

Der Antennengewinn wird auch als logarithmisches Leistungsverhältnis angegeben:

$$g = 10 \log G \quad \text{dB} . \tag{150}$$

Nach Gl. (149a) erhält eine in der Hauptstrahlrichtung liegende Empfangsantenne eine um G höhere Antennenleistung, wenn der Sender mit Richtantenne, aber unveränderter Sendeleistung strahlt.

Nach Gl. (149b) erhöht sich die Strahlungsleistung einer Sendeantenne um G bei Verwendung einer Richtantenne.

Beispiel

Ein 10-kW-Sender mit einer Normalantenne von $G = 1$ ist durch einen 1-kW-Sender mit einer Richtantenne von $G = 10$ ersetzbar, $g = 10$ dB.

Die Gewinnangaben von Richtantennen sind üblicherweise Leistungsverhältnisse. Bei Empfangsantennen werden gelegentlich auch Spannungsverhältnisse angegeben.

Beispiel

Ein Leistungsgewinn von $G = 2$ ist ein Antennengewinn von 3 dB. Ein Spannungsgewinn von 2 wird gelegentlich als Antennengewinn von 6 dB bezeichnet. Korrekt wäre hier: $g = 10 \log \sqrt{2} = 10 \log 1{,}414 = 1{,}5$ dB nach Gln. (149a) und (150).

Kugelstrahler

Eine physikalisch definierte Bezugsantenne wäre ein Kugelstrahler (isotrope[1] Antenne), der allerdings nicht realisierbar ist und nur als Hilfsmittel für Feldstärkeberechnungen dient.

Für praktische Vergleichsmessungen werden Halbwellendipole benutzt, die gegenüber Kugelstrahlern den theoretischen Gewinn $G = 1{,}64$; $g = 2{,}15$ dB besitzen.

Bei Halbwellendipolen gilt als Vergleichsgröße $G_r = 1$; $g = 0$ dB. (Relativer Gewinn).

---

[1] Ohne Vorzugsrichtung.

27.1 Dipol- und Langdrahtantennen

dipole long wire antenna

Der in der Mitte aufgetrennte Halbwellenstrahler von Bild 130 wird zum Halbwellendipol mit der *Anschlußimpedanz* Z_e nach Bild 131. In diesem Falle ist

input impedance Anschlußimpedanz

$$Z_e = R_{st} \approx 73\ \Omega .$$

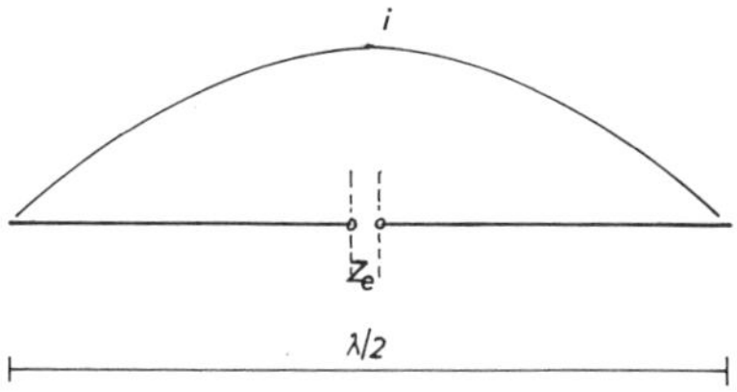

Bild 131 Halbwellendipol

Der Strahlungswiderstand ist abhängig vom Schlankheitsgrad und von der Antennenhöhe. Bei frei gespannten Drahtantennen gilt angenähert 73 Ω.

Die *Strahlungscharakteristik* (räumliche Hauptstrahlrichtung) eines Halbwellendipols gleicht annähernd einer rotationssymmetrischen 8, wie in Bild 132 skizziert ist.

radiation pattern Strahlungscharakteristik

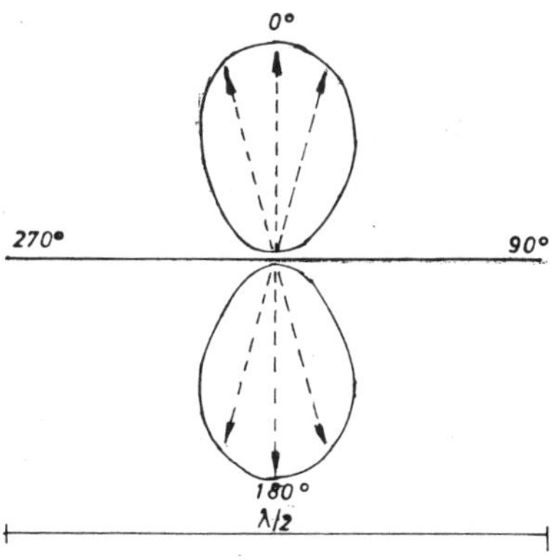

Bild 132 Strahlungscharakteristik als relative Feldstärke eines Halbwellendipols

An den Enden eines Halbwellenstrahlers stehen Spanungsmaxima und Stromminima (Bild 130) entsprechend einer vergleichsweise hohen Antennenimpedanz, die bei Endspeisung angepaßt werden muß. Die Antenneneingangsimpedanz beträgt in diesem Falle

$$Z_e \gg 5000\ \Omega \gg R_{st} .$$

Der endgespeiste Halbwellenstrahler kann nach dem Verfahren des österreichischen Amateurfunkers FUCHS unmittelbar am Hochpunkt eines abgestimmten L-C-Kreises (FUCHS-Kreis) angeschlossen werden.

Eine weit verbreitete FUCHS-Antenne ist als Automobil-Peitschenantenne für das 2-m-Amateurband handelsüblich. **Bild 133** zeigt Schaltung und Ausführung.

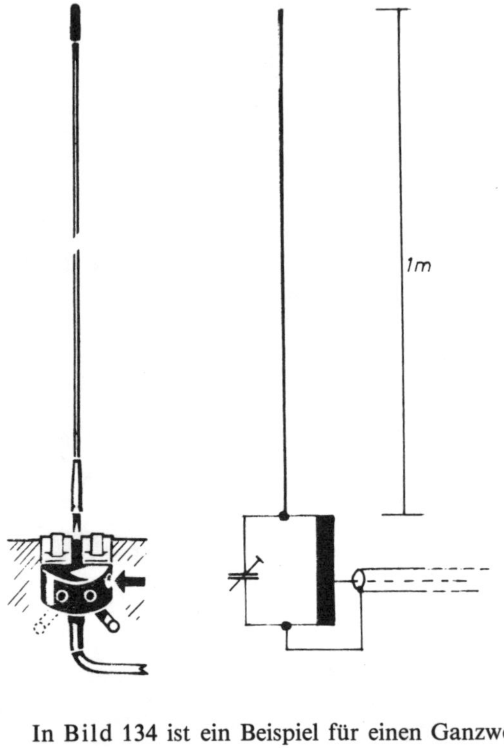

Bild 133 FUCHS-Mobilantenne für 2-m-Band (Hirschmann „Moba" 64) (Werkbild: Hirschmann)

In **Bild 134** ist ein Beispiel für einen Ganzwellendipol mit der elektrischen Länge $l_{el} = \lambda$ dargestellt.

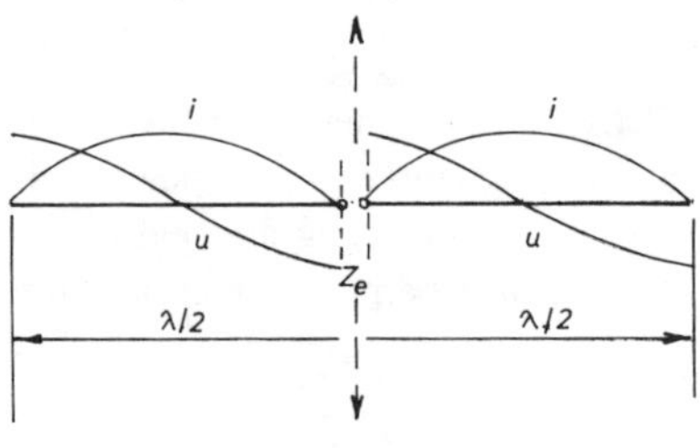

Bild 134 Ganzwellendipol mit Hauptstrahlrichtungen

Der Ganzwellendipol hat die Eigenschaften:

$Z_e = 600\ \Omega$; $R_{st} = 199\ \Omega$; $G_r = 1{,}47$; $g = 1{,}67$ dB

(G_r = relativer Gewinn) .

Seine Strahlungscharakteristik entspricht etwa einer rotationssymmetrischen schlanken 8.

Der Ganzwellendipol wird wegen der unterbrochenen Strahlermitte auf beiden Seiten gleichphasig angeregt.

Der endgespeiste nicht unterbrochene Ganzwellenstrahler (ZEPPELIN-Antenne) wird im Unterschied dazu an beiden Enden gegenphasig angeregt. Sein relativer Gewinn beträgt nur $G_r = 0{,}5 = -3$ dB. Die Strahlungscharakteristik ist eine rotationssymmetrische Doppel-8.

Eine Langdrahtantenne mit Mehrfach-Resonanz für die Amateur-Kurzwellenbänder 80, 40, 20 und 10 m ist in **Bild 135** skizziert.

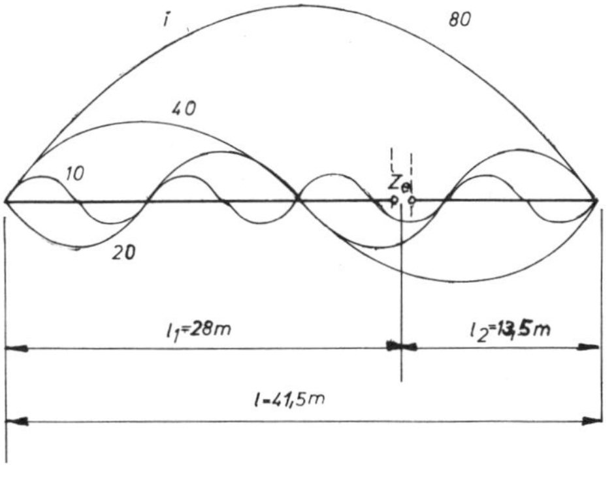

Bild 135 Langdrahtantenne mit Mehrfach-Resonanz für 4 Amateur-Kurzwellenbänder

Bei dem eingezeichneten Speisepunkt beträgt die Eingangsimpedanz für alle Bänder näherungsweise $Z_e = 300\ \Omega$.

Diese Antennenform wurde von dem amerikanischen Amateurfunker WINDOM angegeben, der ursprünglich einen dünnen Einzeldraht als Speiseleitung verwendete, der gegen Erde eine brauchbare Anpassung ergab.

Mehrfachresonanz-Antennen wurden früher auch als symmetrisch gespeiste Dipole (Doublet) oder als endgespeiste Langdrahtantennen (ZEPPELIN-Antenne) mit abgestimmten Speiseleitungen (Abschnitt 28.4) betrieben. Die Speisung mußte bei Bandwechsel zwischen Strom- und Spannungskopplung umgeschaltet werden.

Diese Antennen wurden auch als FUCHS-Antennen mit umschaltbarem FUCHS-Kreis eingesetzt.

Die geometrische Länge l_{geom} des Strahlers kann bei Mehrfachresonanz-Antennen wegen der Frequenzabhängigkeit der verkürzten elektrischen Länge l_{el} nach Gl. (138a) nur für eine Betriebsfrequenz genau bemessen werden. Bei anderen Frequenzen treten am Speisepunkt Blindwiderstände auf, die zu Reflexionen auf der Speiseleitung führen können (Abschnitt 28.1.2).

vertical antenna

27.2 Vertikalantennen

$\lambda/4$-Vertikalantennen lassen sich als vertikal polarisierte Dipol-Hälften mit abgestimmten Gegenpolen nach Bild 136 darstellen.

Ein $\lambda/4$-Dipol nach Bild 136a besitzt die Eingangsimpedanz $Z_e = 73\ \Omega$. In Bild 136b ist die untere Dipolhälfte als Rohr mit konzentrischer Kabelzuführung ausgebildet (Koaxialantenne). Die Eingangsimpedanz beträgt $Z_e = 60\ \Omega$.

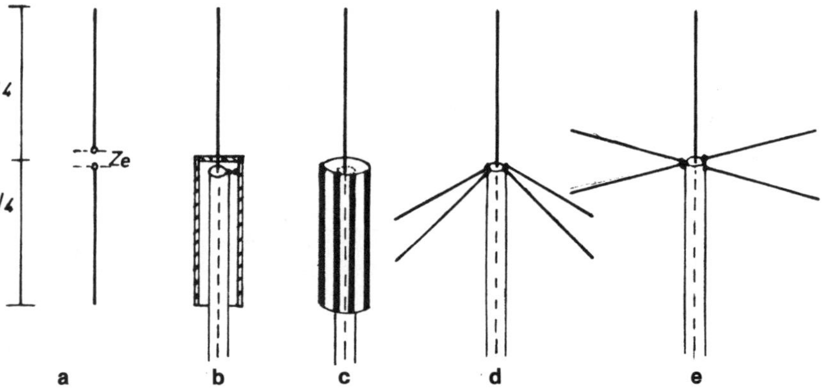

Bild 136 $\lambda/4$-Vertikalantennen; a $\lambda/2$-Dipol; b Sperrtopf-(Koaxial-)Antenne; c Reusensperrtopf-Antenne; d und e Groundplane-Antennen mit Hauptstrahlrichtungen

Das einseitig geschlossene Rohr (Topf) mit der elektrischen Länge $\lambda/4$ besitzt bei Resonanz den Blindwiderstand eines Parallelschwingkreises (Sperrkreis) nach Gl. (66) und heißt daher „Sperrtopf" (Abschnitt 28.2).

bazooka
Symmetrierglied

Der Sperrtopf kann als Viertelwellen-*Symmetrierglied* aufgefaßt werden, das als Parallelschwingkreis zwischen Kabelmantel und Massepotential eine Phasendrehung von 90° bewirkt und die stehenden Wellen auf beiden Dipolseiten symmetriert.

Sperrtöpfe können auch aus Draht- oder Stabreusen nach Bild 136c bestehen, was den Vorteil einer geringeren Windlast bietet. Bild 137 zeigt eine praktische Anwendung.

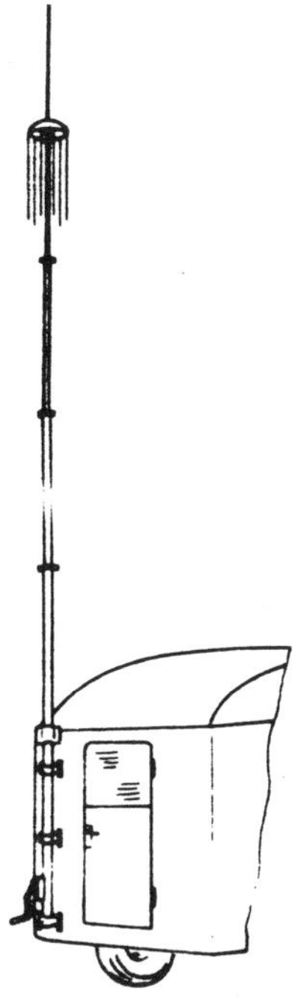

Bild 137 Kurbelmast mit Reusensperrtopf-Antenne

Die Reusensperrtopf-Antenne wird zur Groundplane-Antenne, wenn die Reusen als Radials in einem Winkel β gegen den Strahler abgewinkelt sind, Bilder 136d und e. Mit dem Anstellwinkel ändert sich die Eingangsimpedanz und die Strahlungscharakteristik der Antenne:

Reusensperrtopf-Antenne

Anstellwinkel	0°	45°	90°
Z_3/Ω	60	44	32 .

Die 90°-Radials der Groundplane-Antenne nach Bild 136e können durch einen Gegenpol in Form einer Metallplatte der Kantenlänge $\lambda/2$ ersetzt werden. Bei größeren Kantenlängen wird die Groundplane-Antenne zur $\lambda/4$-Vertikal-(MARCONI [1])-Antenne mit unabgestimmtem Gegengewicht nach Bild 138 mit der *Fußpunktimpedanz* $Z_e = R_s = 36\ \Omega$.

base impedance
Fußpunktimpedanz

[1] Nach dem Italiener G. MARCONI 1874–1937.

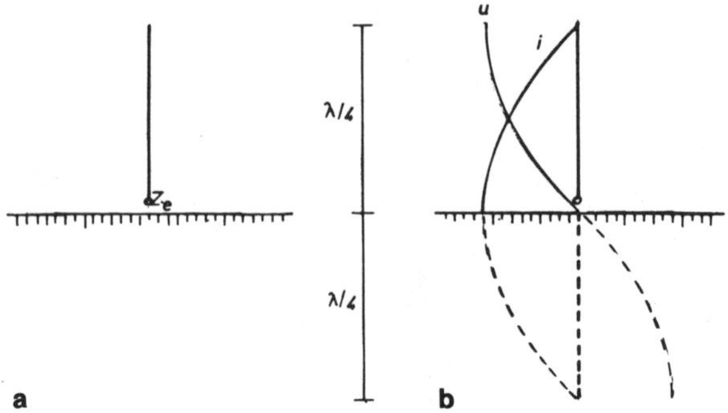

Bild 138 $\lambda/4$-Vertikalantenne (MARCONI-Antenne); a Prinzip; b Ersatzbild mit Strom-Spannungsverlauf

Das Strom-Spannungsersatzbild ergänzt ein virtuelles (virtus Latein.: Tauglichkeit) Spiegelbild der fehlenden unteren Dipolhälfte zur Erklärung der Masse-(„Erd"-)Ströme am Speisepunkt.

Im Falle eines ausgedehnten metallischen Gegengewichtes (zum Beispiel Blechdach) mit hohem Leitwert sind die virtuellen Masseströme i_{virt} zu vernachlässigen, nicht jedoch bei normalem Erdboden, wo nennenswerte Erdwiderstände als Verlustwiderstand R_v auftreten und eine entsprechende Verlustleistung P_v nach Gl. (147) verursachen.

Lange MARCONI-Antennen über Grund in Form von Rohr- oder Maststrahlern müssen daher über einem flächenhaften metallischen Erdnetz am Fußpunkt errichtet werden. Blitzschutzerder (DIN 48852) sind nicht ausreichend.

Bild 139 zeigt einen selbstschwingenden $\lambda/4$-Gittermast mit Stromeinspeisung eines 300-kW-Mittelwellensenders.

In Bild 140 ist eine handelsübliche Stabantenne für das 2-m-Amateurband zur Montage auf dem Autodach gezeigt, das hier als unabgestimmtes Gegengewicht wirkt.

Mobilantennen für das 11-m-Band (CB-Funk) besitzen die geometrische Länge $l_{geom} = (11/4) \cdot 0,97 = 2,83$ m nach Gl. (146) und werden oft am Autoheck befestigt.

Sofern die Karosserieteile (Hecktür, Motorhaube u. a.) nicht leitend mit Litzenband verbunden sind, wirkt die Karosserie nicht mehr als ausreichendes Gegengewicht, und die Fußpunktimpedanz der Antenne bekommt eine Blindkomponente, was zu Fehlanpassungen führt, sofern kein Anpaßglied eingeschaltet ist (Abschn. 28.5).

Die virtuelle untere Dipolhälfte findet in derartigen Fällen eine Ergänzung im Boden durch die Reifenkapazität, und der hohe Verlustwiderstand R_v kann die Strahlungsbilanz erheblich verschlechtern.

Bild 139 Gittermast-MARCONI-Antenne eines Mittelwellensenders mit Stromeinspeisung

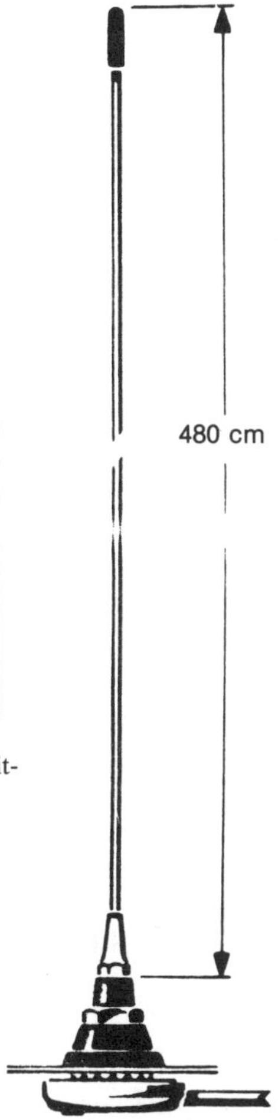

Bild 140 MARCONI-Antenne für 2-m-Amateurband für Autodachmontage (Hirschmann „Moba“ 7520) (Werkbild: Hirschmann)

27.3 Faltdipole und Breitbandantennen

folded dipole
wide band antenna

Falt- oder Schleifendipole nach Bild 141 bestehen aus zwei parallelgeschalteten $\lambda/2$-Strahlern im Abstand $\approx 0{,}05\ \lambda$.

Da die Antennenströme i_{ant} bei gegebener Speisespannung hälftig auf beide Strahler verteilt sind, wird der Strahlungswiderstand R' nach Gl. (148)

$$R' = 4\,R_{st} \approx 290\ \Omega = Z_e\,.$$

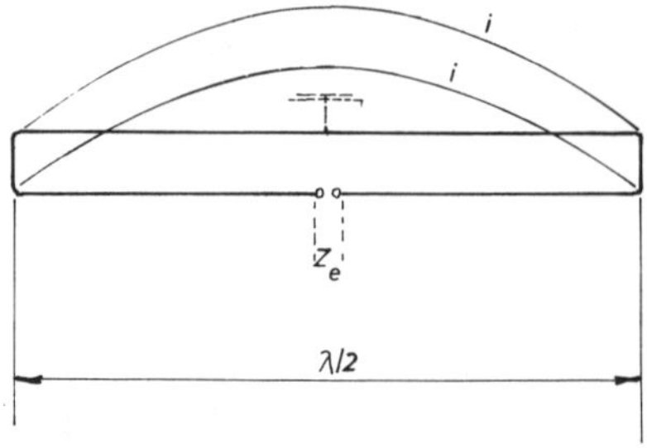

Bild 141 Faltdipol

Der relative Gewinn beträgt $g_r = 1 = 0$ dB. Die Richtcharakteristik entspricht dem Halbwellendipol.

In der Mitte des zweiten Strahlers liegt ein Spannungs-Nullpunkt, an dem eine leitende Masseverbindung angebracht werden kann.

Der Eingangswiderstand Z_e läßt sich durch konstruktive Maßnahmen erhöhen, beispielsweise durch größere Dicke des zweiten Strahlers oder durch Mehrfachschleifen.

Schlanke Halbwellendipole zeigen eine ausgeprägte Resonanz wie ein Serienschwingkreis mit einer Bandbreite nach Bild 34a und einem Dämpfungsfaktor nach Gl. (69) von $d \approx 0{,}08 \cdots 0{,}1\, f_0$. Die Bandbreite ist abhängig vom Schlankheitsgrad des Strahlers und steigt mit seiner Dicke. Dipole mit kegelförmigen Strahlern (Doppelkegel-Dipole) erreichen $d = 0{,}5 \cdots 0{,}8\, f_0$.

directional antenna
beam (antenna)

27.4 Richtantennen

Die Strahlung von Dipolantennen kann durch passive oder aktive Parasitärstrahler in eine Vorzugsrichtung gelenkt werden.

Der einfachste Parasitärstrahler ist eine spiegelnde Metallfläche (Reflektorwand) mit der Mindestkantenlänge $\approx 1{,}5\,\lambda$ im Abstand $0{,}5 \cdots 0{,}8\,\lambda$ hinter einem Halbwellendipol. Der Dipol hat hier die Eigenschaften $Z_e = 60\,\Omega$; $g_r = 5$ dB; VRV 25 dB.

front to back ratio
Vor-Rückwärts-verhältnis

Das *Vor-Rückwärtsverhältnis* VRV (Rückdämpfung) ist das logarithmische Spannungsverhältnis der unter den Strahlrichtungen 0° und 180° meßbaren Antennenspannung:

$$\mathrm{VRV} = 20 \log u_0 / u_{180°} \quad \mathrm{dB}\,. \tag{151}$$

corner reflector
Winkelreflektor

Der *Winkelreflektor* aus Metallstäben oder Maschendraht wird vorwiegend im Dezimeterwellenbereich verwendet. Er besitzt einen Öffnungswinkel von vorzugsweise 90° und eine Schenkellänge von etwa $0{,}8\,\lambda$. Der Halbwellendipol im Reflektor ist etwa im Abstand von $0{,}4\,\lambda$ angebracht.

In diesem Falle hat die Richtantenne die Eigenschaften:

$Z_e = 100\,\Omega$; $g_r = 10$ dB; VRV ≈ 25 dB.

Längsstrahler oder YAGI[1]-Antennen zählen zu den bekanntesten Richtantennen im Ultrakurzwellenbereich für Fernsehrundfunk, Rundfunk und Amateurfunk. Sie eignen sich auch zur Konstruktion von *Drehrichtstrahlern.* Die einfachste Form besteht aus einem Dipol mit parasitärem Halbwellenreflektor nach Bild 142a. Das Dreielementsystem (Bild 142b) besteht aus dem Strahler (Halbwellen-Faltdipol), einem Reflektor mit der elektrischen Länge $\lambda/2 + 5\%$ im Abstand $0{,}3\ \lambda$ und einem Direktor mit der elektrischen Länge $\lambda/2 - 5\%$ im Abstand $0{,}1\ \lambda$ vor dem Strahler. Zusätzliche Direktoren sind jeweils um weitere 1% verkürzt.

YAGI-Antenne

rotary beam
Drehrichtstrahler

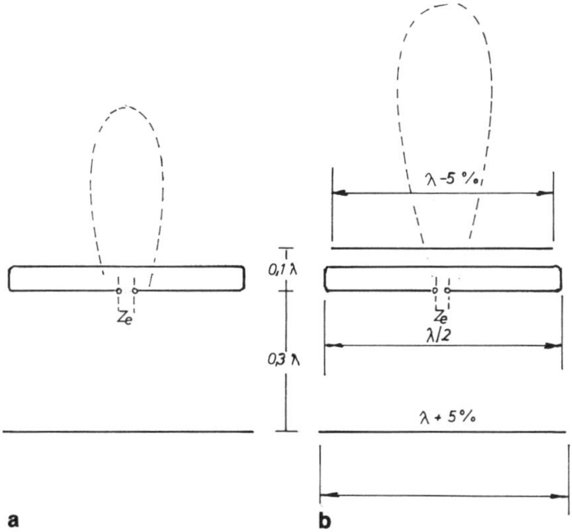

Bild 142 Längsstrahler-Richtantenne; a Zweielementsystem; b YAGI-Antenne (Dreielementsystem)

Das Dreielementsystem hat die Eigenschaften: $Z_e \approx 100\,\Omega$; $g_r = 5$ dB; VRV = 14 dB.

[1] Von den japanischen Physikern H. YAGI und S. UDA angegebenes Richtantennensystem.

Mehrelement-YAGI-Antennen (Lang-YAGI) sind für das 2-m-Amateurband bis zu 14 Elementen handelsüblich: $g_r = 14$ dB; VRV = 22 dB.

Um höhere Richtwirkungen und Gewinne zu erzielen, können mehrere Systeme übereinander und nebeneinander zusammengeschaltet werden.

Die parasitären Elemente der YAGI-Antennen wirken als strahlungsgekoppelte Sekundär-(Zweit-)Strahler. Sie nehmen die in ihre Richtung ge-

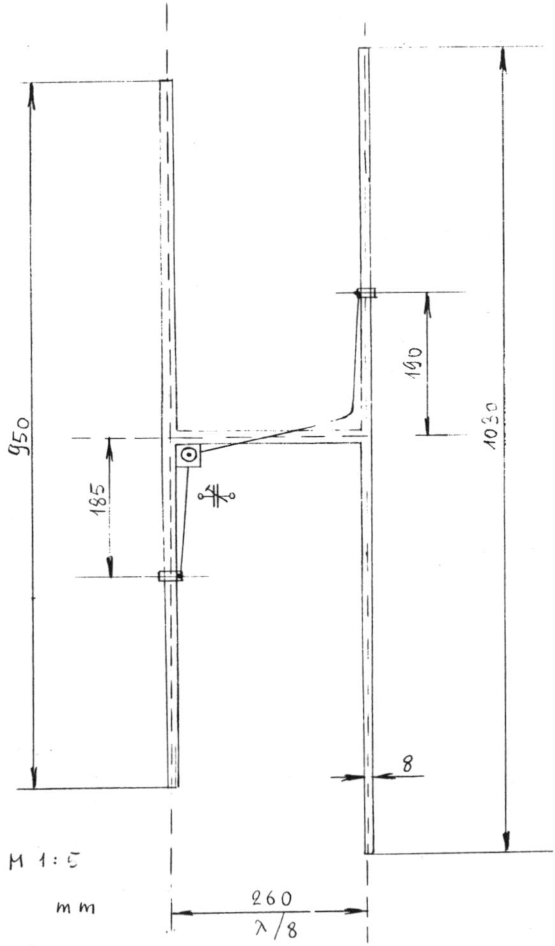

Bild 143 HB 9 CV-Richtantenne für $\lambda = 2$ m

hende Strahlung zum Teil auf und strahlen etwa 50% wieder ab. Die Vorzugsrichtung ist von der elektrischen Abstimmung abhängig.

Da $\lambda/2$-Strahler als Serienresonanzkreise wirken, erscheint der Scheinwiderstand des verlängerten Parasitärstrahlers ($l > \lambda/2$) mit induktiver Komponente und der Vorzugsrichtung zum gespeisten Dipol. Der kapazitive Scheinwiderstand des verkürzten Parasitärstrahlers ($l < \lambda/2$) bewirkt eine Vorzugsrichtung vom gespeisten Dipol.

Lang-YAGI-Antennen können auch als Oberflächenwellen-Strahler in Richtung der Längsausdehnung erklärt werden. Der Antennengewinn resultiert aus dem Verhältnis von Lichtgeschwindigkeit zur Phasengeschwindigkeit der Oberflächenwelle.

Richtantennen mit aktiven (gespeisten) Parasitärstrahlern bestehen im einfachsten Fall aus zwei parallelen Dipolen im Abstand $\lambda/4$, deren Speisestrom um 90° phasenverschoben ist.

Eine sehr bekannte aktive Richtantenne wurde von dem Schweizer Amateurfunker BAUMGARTNER (HB 9 CV) angegeben. Sie eignet sich besonders für den UKW-Bereich und ist in Bild 143 für $\lambda = 2$ m dargestellt. Richtantenne

Die herzförmige Hauptstrahlrichtung führt über den kürzeren Schenkel. Die Antenne hat die Eigenschaften:

$$Z_e = 60\,\Omega\,; \quad g_r \approx 4\text{ dB}\,.$$

Andere Antennensysteme lassen sich vielfach auf die beschriebenen Grundformen zurückführen, beispielsweise geometrisch verkürzte Strahler mit aufgewickelten Verlängerungsspulen, Wendelantennen oder Sperrkreisantennen mit elektrisch unterteilten Strahlern, und andere.

Aperiodische Antennen (unabgestimmte A.) bestehen aus langen Horizontalstrahlern von etwa $l_{geom} \approx 3\,\lambda$. Sie werden nicht mit stehenden Wellen in Resonanz betrieben und mit einem reellen Widerstand von etwa $600 \cdots 800\,\Omega$ abgeschlossen. Sie dienen häufig als Empfangsantennen. aperiodic antenna aperiodische Antenne

28 Speiseleitungen und Transformationsglieder

Die Voraussetzung für die Leistungsanpassung von Antennen mit der Eingangsimpedanz Z_e an Sender mit dem Ausgangswiderstand R_a lautet (Abschnitt 9.2): $R_a = Z_e$. Bei abgestimmten Empfangsantennen mit der Klemmenimpedanz Z_a wird an den Empfängereingang mit der Eingangsimpedanz R_e gleichfalls Leistungsanpassung angestrebt:

$$Z_a = R_e .$$

Da auf den Strahlern stehende Wellen mit 90° Phasenverschiebung zwischen Spannung und Strom auftreten, ist ihr Scheinwiderstand Z_e und Z_a von der elektrischen Strahlerlänge abhängig und erscheint als Blindwiderstand mit kapazitiver oder induktiver Komponente (Abschnitt 8.1.2). Nur im Sonderfall der Strahlerlängen von ganzen Vielfachen von $\lambda/4$ wird die Impedanz reell und kann an einen reellen Sender-Ausgangswiderstand angeschlossen werden.

Bei abweichenden Strahlerlängen (zum Beispiel bei verkürzten Stabantennen) müssen Anpaßglieder in Form von abgestimmten Leitungen oder Transformationsgliedern zugeschaltet werden.

non resonant feeder

28.1 Unabgestimmte Speiseleitungen

Eine Antenne mit der Eingangsimpedanz Z_e kann mit dem Ausgang eines Senders mit der Impedanz R_a über eine Speiseleitung beliebiger Länge verbunden werden, sofern der Wellenwiderstand (Impedanz) der Leitung Z_L den gleichen Betrag besitzt:

$$Z_e = R_a = Z_L .$$

Speiseleitung, symmetrische

Als Beispiel ist in Bild 144 der Anschluß einer Dipolantenne über eine symmetrische Speiseleitung dargestellt.

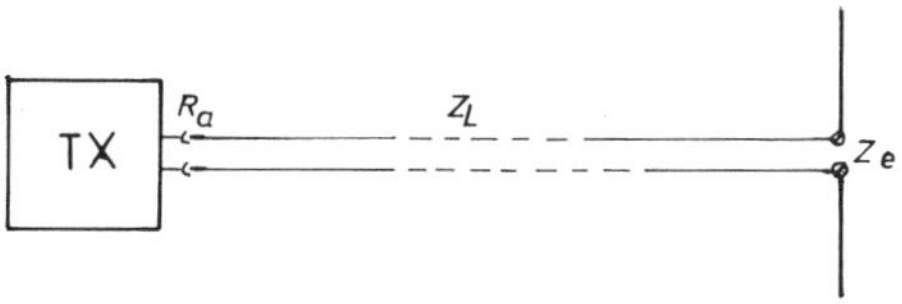

Bild 144 Speisung einer Dipolantenne über symmetrische Speiseleitung

Der Wellenwiderstand Z_L einer Leitung ist der Quotient aus Spannung u und Strom i einer unabgestimmten Leitung. Der Quotient u/i ist in diesem Falle über die Länge der Leitung konstant.

Der Wellenwiderstand ergibt sich auch aus dem Kapazitätsbelag und aus dem Induktivitätsbelag der Leitung C' in pF/cm und L' in µH/cm:

$$Z_L = \frac{u}{i} = \sqrt{\frac{L'}{C'}} = \frac{100\sqrt{\varepsilon_r}}{3C'} = \frac{30L'}{\sqrt{\varepsilon_r}} \quad \Omega. \tag{152}$$

Die offene *Paralleldrahtleitung* (Bandleitung) nach Bild 145a besitzt den Wellenwiderstand

twin led feeder
Paralleldrahtleitung

$$Z_L = \frac{276}{\sqrt{\varepsilon_r}} \log\frac{2D}{d} \quad \Omega. \tag{153}$$

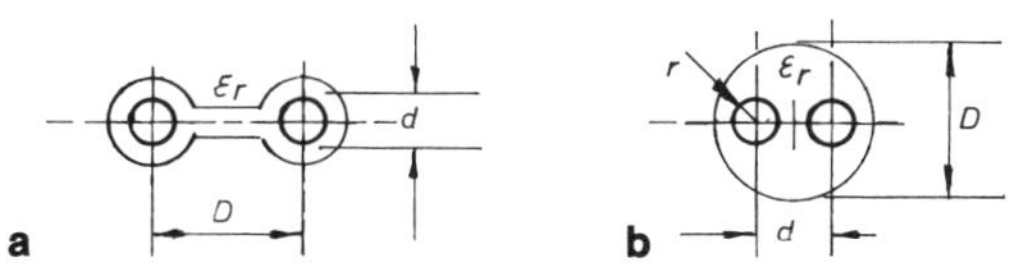

Bild 145 Symmetrische Paralleldrahtleitungen; a offene Flachbandleitung; b geschirmte Parallelleitung

Die geschirmte Paralleldrahtleitung nach Bild 145b besitzt den Wellenwiderstand

$$Z_L = \frac{276}{\sqrt{\varepsilon_r}} \log\frac{d\left(1-\left(\frac{d}{D}\right)^2\right)}{r\left(1+\left(\frac{d}{D}\right)^2\right)} \quad \Omega. \tag{154}$$

coax cable
Koaxialleitung

Die unsymmetrische *Koaxialleitung* nach Bild 146 hat den Wellenwiderstand

$$Z_L = \frac{138}{\sqrt{\varepsilon_r}} \log \frac{D}{d} \quad \Omega . \tag{155}$$

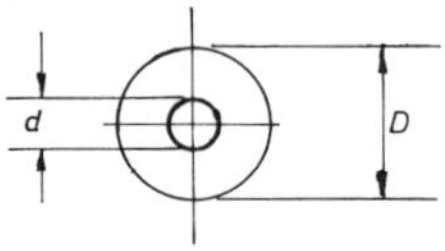

Bild 146 Abgeschirmte Koaxialleitung

Z_L kann an einem Leitungsabschnitt der Länge l durch Messen der Kapazität C nach Gl. (152) bestimmt werden:

$$Z_L = \frac{100\sqrt{\varepsilon_r}}{3\,C/l} \quad \Omega .$$

cable loss

28.1.1 Kabeldämpfung

Der Dämpfungsfaktor D ist das Verhältnis der Eingangsspannung zur Ausgangsspannung am Kabel und bietet ein Maß für den Spannungsverlust längs der angepaßten Leitung. D entsteht durch Widerstands- und dielektrische Verluste (Abschnitt 11.1).

Die Kabeldämpfung α_l ist ein logarithmisches Maß und wird für verschiedene Kabelsorten in Abhängigkeit von Kabellänge und Frequenz angegeben:

$$\alpha_l = 20 \log D \quad \mathrm{dB/m} . \tag{156}$$

Einige handelsübliche Kabelsorten sind in Tabelle 12 aufgelistet.

JAN

Die USA-Bezeichnungen RG- sind Joint Army-Navy-Spezifikationen.

cable output power
Kabelausgangsleistung

Die Kabeldämpfung verursacht eine Abnahme der *Kabelausgangsleistung* P_2 in % der Kabeleingangsleistung P_1 nach Bild 147.

Daraus ergibt sich der Kabelverlust:

$$P_\alpha = 100 - P_2/P_1 \cdot 100\% . \tag{157}$$

Tabelle 12

	RG-174	RG-58 DIN 47372	RG-213 DIN 47375	RG-11 DIN 47391
Wellenwiderstand in Ω	50	50	50	75
Verkürzungsfaktor	0,66	0,66	0,66	0,66
Außendurchmesser in mm	2,6	4,95	10,3	10,3
Dämpfung in dB/100 m				
bei 10 MHz	12,8	4,6	1,8	2,15
30 MHz	18	7,7	3	4
100 MHz	30	17	7	7,5
300 MHz	49	33	11	13,2
500 MHz	73	39	17	18,5
800 MHz	93	51	23	24

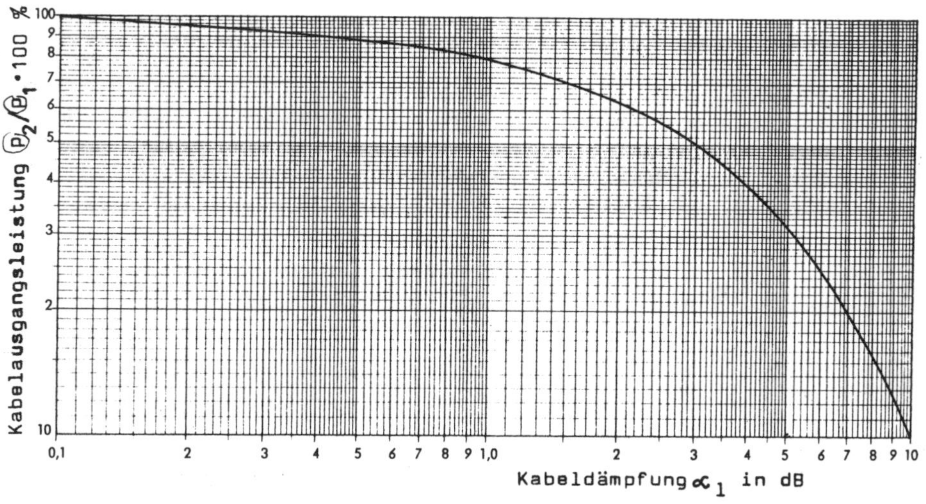

Bild 147 Kabelausgangsleistung als Funktion der Kabeldämpfung

Beispiel

Ein 5 m langes Antennenspeisekabel mit dem Wellenwiderstand $Z_L = 50\ \Omega$ wird bei $f = 145$ MHz mit der Kabel-Eingangsleistung (Sender-Ausgangsleistung) $P_1 = 20$ W betrieben. Die Kabeldämpfung beträgt nach Tabelle 12 $\alpha_1 \approx 20$ dB/100 m. Das ergibt bei 5 m:

$\alpha_l = 20$ dB · 5/100 = 1 dB/5 m. Laut Diagramm von Bild 147 wird die Kabelausgangsleistung 80% der Kabeleingangsleistung, das sind 16 W. Der Kabelverlust ist in diesem Falle 20% = 4 W, unter der Voraussetzung der reellen Leistungsanpassung mit dem Stehwellenverhältnis (SWR) $s = 0$ (Abschnitt 28.1.2).

28.1.2 Reflexion und stehende Wellen

standing waves
stehende Wellen

Auf einer symmetrischen Doppelleitung oder auf einem Koaxialkabel mit dem Wellenwiderstand Z_L entstehen Reflexionen und *stehende Wellen,* falls die Leitung nicht mit ihrem Wellenwiderstand abgeschlossen ist. Bei einer offenen Leitung ($R_a = \infty$) wird der Strom i am Leitungsende Null, während die Spannung u ein Maximum erreicht.

Eine Kabeleingangsleistung P_1 wird am offenen Leitungsende zu 100% reflektiert und läuft als Blindleistung in Form stehender Wellen zum Kabeleingang zurück. Der Reflexionsfaktor beträgt $r = 100\%$ und das Stehwellenverhältnis (SWR) $s = \infty$ (Abschnitt 9.1.2).

Am kurzgeschlossenen Leitungsende ($R_a = 0$) wird die Spannung $u = 0$, und der Strom i erreicht ein Maximum.

mismatch
Fehlanpassung

Der Zustand einer *Fehlanpassung* wird durch Spannungs- und Strommaxima längs der betroffenen Leitung im Abstand $\lambda/2$ kenntlich.

Bei Leitungsabschluß mit einem endlichen Widerstand $R_a > Z_L$ wird ein Teil der Kabeleingangsleistung umgesetzt (beispielsweise in Strahlungsleistung) und ein Teil reflektiert. Das Stehwellenverhältnis wird dann:

$$s = u_{max}/u_{min} = R_a/Z_L = >1 \,. \qquad (158\,a)$$

Anpassungsfaktor

Der reziproke Wert heißt Anpassungsfaktor:

$$m = 1/s = u_{min}/u_{max} = Z_L/R_a = <1 \,. \qquad (159\,a)$$

Bei Leitungsabschluß mit einem endlichen Widerstand $R_a < Z_L$ gilt

$$s = Z_L/R_a = <1 \quad \text{und} \qquad (158\,b)$$

$$m = 1/s = R_a/Z_L = >1 \,. \qquad (159\,b)$$

Der Reflexionsfaktor r ist ein Maß für den reflektierten Leistungsanteil:

$$r = \frac{\frac{R_a}{Z} - 1}{\frac{R_a}{Z} + 1} = \frac{R_a - Z}{R_a + Z}. \tag{160}$$

Beispiel

Wird das 5 m lange Antennenspeisekabel des voranstehenden Beispiels mit $R_a = 60\ \Omega$ (beispielsweise mit einer Sperrtopfantenne) abgeschlossen, so entsteht ein Stehwellenverhältnis nach Gl. (158a) $s = 60/50 = 1{,}2$ und einem Leistungsverlust nach Gl. (160) von $r = (60 - 50)/(60 + 50) = 10/110 = 0{,}09 = 9\%$.

(Der Kabelverlust von 4 W aus dem voranstehenden Beispiel erhöht sich durch Fehlanpassung um weitere 9% der Eingangsleistung 20 W $\triangleq$ 1,8 W auf insgesamt $4 + 1{,}8 = 5{,}8$ W.)

Der Leistungsverlust bei Fehlanpassung ist in der Praxis größer als der durch r ausgedrückte Reflexionsverlust nach Gl. (160). Die Spannungs-und Strommaxima der stehenden Wellen verursachen nämlich erhöhte dielektrische und Widerstandsverluste.

28.1.2.1 Stehwellen-Messung

Stehwellen-Meßgeräte sind Durchgangs-Spannungsmesser in Koaxialtechnik für $Z = 50$ oder $60\ \Omega$. Sie enthalten zwei Richtkoppler (richtungsabhängige Anschlüsse) für die Messung der vorlaufenden und der reflektierten Spannung. Der Spannungsmesser ist in Stehwellenverhältnissen und in reflektierter Leistung P_{ref} in % geeicht.

SWR meter

Stehwellenverhältnis

Beispiel einer Skaleneichung für $Z = 50$:

s	0	1,5	2	$3 \cdots \infty$
P_{ref}	0	4	11	$25 \cdots 100$ W.

Stehwellenverhältnisse über $s = 3$ sind bei unabgestimmten Leitungen nicht vertretbar.

Die Meßergebnisse gelten nur unter der Voraussetzung, daß die Länge der Speiseleitung so bemessen ist, daß keine unbeabsichtigte Transformation auftritt, wie bei ungeradzahligen Vielfachen von

$\lambda/4$ (Abschnitt 28.2). Es dürfen auch keine Reflexionsstellen durch ungeeignete Steckverbindungen auftreten.

Meßergebnisse von s auf abgestimmten oder nicht angepaßten Leitungen erlauben keinen direkten Rückschluß auf die Leistungsverhältnisse zwischen Kabelausgang und -eingang.

matching line

28.2 Transformationsleitungen

Eine abgestimmte Leitung hat am offenen Ende ein Stromminimum mit Spannungsmaximum. Im Abstand $\lambda/4$ vor dem Leitungsende liegt ein Strommaximum mit Spannungsminimum.

Q-match
Resonanztransformator

Eine offene $\lambda/4$-Leitung wirkt demnach als *Resonanztransformator* (quarter wave matching transformer) mit dem Übersetzungsverhältnis $\ddot{u}_L$ nach Gl. (77):

$$\ddot{u}_L = \sqrt{\frac{R_e}{R_a}}\,. \tag{77a}$$

Die Leitung übersetzt widerstandsreziprok (mit Widerstandskehrwert). Eine Abschlußkapazität erscheint am Leitungseingang als Induktivität, und eine Abschlußinduktivität erscheint am Leitungseingang als Kapazität. Bei Leitungsabschluß mit dem Wirkwiderstand R_a erscheint am Leitungseingang der Wirkwiderstand R_e:

$$R_e = Z_L^2/R_a\,. \tag{161}$$

Dabei ist Z_L der Wellenwiderstand der $\lambda/4$-Transformationsleitung:

$$Z_L = \sqrt{R_e \cdot R_a}\,. \tag{162}$$

Die Widerstandstransformation tritt auch bei Leitungslängen mit ungeradzahligen Vielfachen von $\lambda/4$ auf: $3/4\,\lambda$; $5/4\,\lambda$; $7/4\,\lambda$ usw.

Um bei der Installation von Speiseleitungen ungewollte Transformationen mit entsprechenden Fehlanpassungen zu vermeiden, sind diese kritischen Längen nicht erwünscht.

Beispiel

Bei $\lambda = 11$ m (CB-Funk) tritt die erste $\lambda/4$-Resonanz auf einem Speisekabel RG-58 mit $V_l = 0{,}66$ bei der Kabellänge l_{geom} auf:

$$l_{geom} = \frac{\lambda \cdot V_l}{4} = \frac{11\ \text{m} \cdot 0{,}66}{4} = 1{,}8\ \text{m}\,.$$

Eine Kabellänge, die bei Mobilstationen unbeabsichtigt vorkommen kann. Eine günstige Kabellänge ist in diesem Falle $2 \cdot l = 3{,}6$ m.

Die offene $\lambda/4$-Leitung wirkt am Leitungseingang wie ein Serienresonanzkreis mit hoher Güte und dem reellen Scheinwiderstand $Z_{min} \approx 0$ (Kurzschluß) nach Gl. (63).

Die am Ende geschlossene $\lambda/4$-Leitung wirkt am Leitungseingang wie ein Parallelresonanzkreis mit hoher Güte und dem reellen Scheinwiderstand $Z_{max} \infty$ (Unterbrechung) nach Gl. (66).

Die am Ende geschlossene $\lambda/2$-Leitung wirkt am Leitungseingang wie ein Serienresonanzkreis.

28.3 Symmetrierglieder

Der Übergang von einem *unsymmetrischen* auf ein *symmetrisches* System erfolgt mit Symmetriergliedern. Ihr Oberbegriff „balun“ stammt aus dem amerikanischen Sprachraum: balanced – unbalanced. unbalanced balanced

Für die nach der Schemazeichnung **Bild 148** skizzierte Anpassung der Dipolantenne an ein unsymmetrisches Koaxkabel dient grundsätzlich ein Symmetriertrafo mit dem Übersetzungsverhältnis balun

$$ü = \sqrt{\frac{Z_e}{Z_L}}\,.$$

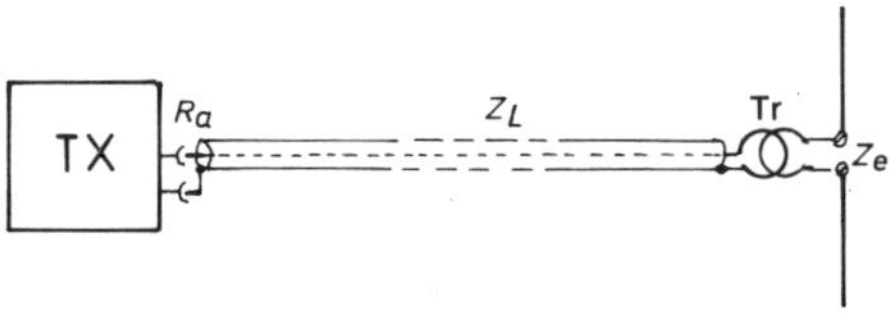

Bild 148 Anpassung einer Dipolantenne mit Symmetriertrafo Tr an unsymmetrische Koaxleitung

Ein derartiger Symmetriertrafo kann grundsätzlich aus einem HF-Übertrager (Abschnitt 16) mit Eisen(Ferrit)-Kern (Breitband-Anpassung) oder aus einer abgestimmten Leitung (Schmalband-Anpassung) bestehen.

Handelsübliche HF-Übertrager (Balun) werden mit verschiedenen Übersetzungsverhältnissen 1 : 1; 4 : 1; 6 : 1 und anderen angeboten. Sie sind mit

Ringkernen beispielsweise aus „Ferroxcube 3 oder 4" (Valvo) für HF-Leistungen von 250 oder 500 W aufgebaut.

Ein Schmalband-Symmetrierglied ist der $\lambda/4$-Sperrtopf nach Bild 136b.

stub
Stichleitung

Eine Abwandlung des Sperrtopfes ist die $\lambda/4$-Stichleitung nach Bild 149 mit dem Übersetzungsverhältnis 1:1.

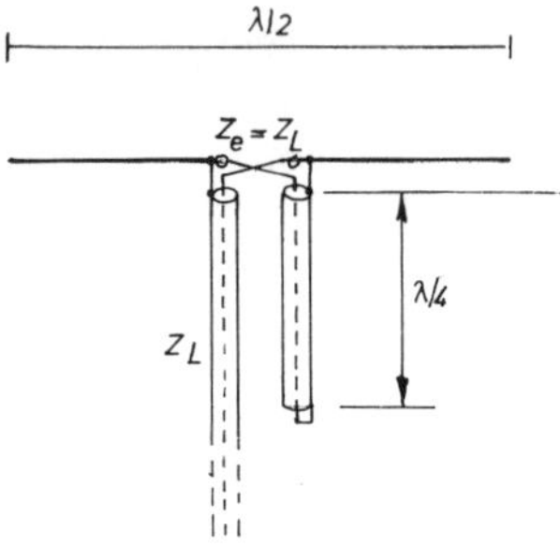

Bild 149 $\lambda/4$-Stichleitung (stub) zur Symmetrieanpassung von $\lambda/2$-Dipolantennen an Koaxialkabel

Balun-Leitung

Ein anderes Beispiel ist die $\lambda/4$-Transformationsleitung (Balun-Leitung) mit Symmetrierung und Impedanztransformation nach Bild 150 mit $ü = 4:1$.

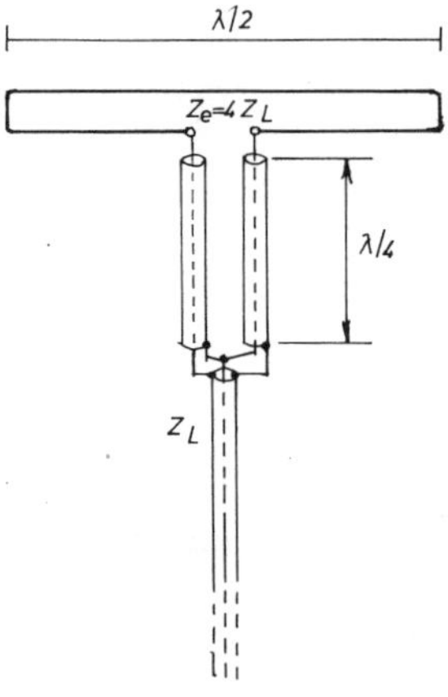

Bild 150 Balun-Leitung mit Impedanztransformation 4:1 zur Speisung von $\lambda/2$-Faltdipolen mit Koaxialkabel

EMI-Schleife

Die $\lambda/2$-Umwegleitung nach Bild 151 bewirkt gleichsfalls eine Impedanztransformation 4:1. Die Leitung wird nach dem englischen Hersteller auch EMI-Schleife genannt.

Symmetrische Dipolantennen können aus der Sicht ihrer Leistungsbilanz auch unsymmetrisch mit Koaxkabeln gespeist werden, sofern die Impe-

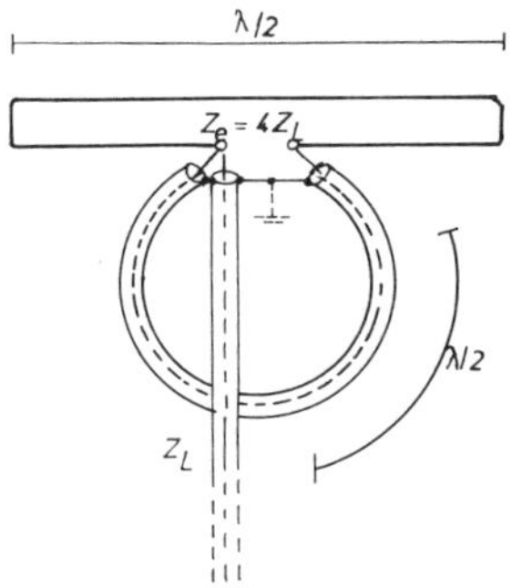

Bild 151 λ/2-Umwegleitung (EMI-Schleife)

danzanpassung gewährleistet ist. Allerdings treten dann Mantelströme auf dem Kabel in Erscheinung, weil der Kabelmantel eine Erdkapazität mit kapazitiven Rückströmen besitzt, der Kabel-Innenleiter jedoch nicht. Auch wird die Richtcharakteristik der Antenne verändert.

28.4 Abgestimmte Speiseleitungen

resonant feeder

Ein abgestimmter gestreckter Strahler kann bei geeigneter Strahlerlänge abgeknickt und zur Paralleldrahtleitung zusammengefaltet werden, wobei eine abgestimmte Speiseleitung mit stehenden Wellen als ursprünglicher Teil des Strahlers entsteht. Dieser Zusammenhang ist am Beispiel einer λ/2-Dipolantenne in Bild 152 dargestellt.

Der ursprüngliche Ganzwellenstrahler wurde in der Mitte abgeknickt und zwei Strahlerteile mit je λ/4 Länge und dem Speise-

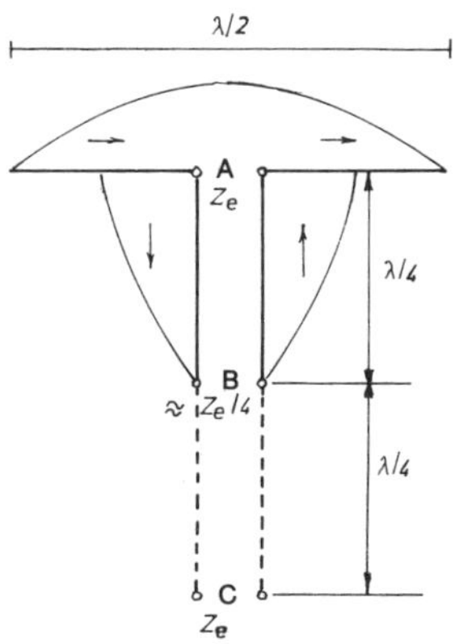

Bild 152 Halbwellen-Dipol mit abgestimmter λ/4-Speiseleitung

punkt B zur offenen $\lambda/4$-Leitung zusammengefaltet. Diese Speiseleitung strahlt nicht, da Strom und Spannung auf beiden Seiten entgegengesetzte Richtung haben und einander kompensieren.

Am Speisepunkt A besitzt der Strahler die Eingangsimpedanz $Z_e = 73\ \Omega$. Die $\lambda/4$-Leitung transformiert die Impedanz mit $\ddot{u} = 4:1$ auf $73/4 = 18\ \Omega$ an Speisepunkt B. Zwischen A und B können Zwischenwerte abgegriffen werden, zum Beispiel $Z = 50\ \Omega$ zur Anpassung eines unabgestimmten 50-Ω-Kabels.

Eine weitere Verlängerung der $\lambda/4$-Leitung auf insgesamt $\lambda/2$ mit dem Speisepunkt C erbringt die Transformation 1 : 1 (2 Viertelwellen-Leitungen in Serie), so daß an Speisepunkt C die gleiche Impedanz vorliegt, wie an Punkt A.

Abgestimmte Speiseleitungen dienen als Transformationsleitungen zum Anpassen von YAGI-Antennen und anderen Systemen. Die schmalbandige Resonanzanpassung bewirkt gleichzeitig eine willkommene Dämpfung unerwünschter Nebenwellen.

Auch bei Großsendern werden abgestimmte Leitungen bevorzugt, weil sie gegenüber Koaxkabel geringere Verluste haben. Die zulässige Kabeleingangsleistung liegt zur Zeit bei etwa 450 kW ($Z_L = 50\ \Omega$, $f = 30$ MHz) für Großleistungs-Koaxkabel.

Vereinzelt werden abgestimmte Speiseleitungen in Gestalt von selbstgebauten „Hühnerleitern" bei Amateurstationen angewendet, da sie nicht an eine bestimmte Impedanz angepaßt werden müssen.

matchbox

28.5 Abstimmbare Transformationsglieder

Um Leitungsverluste infolge Fehlanpassung im System Sender – Speiseleitung – Antenne zu vermeiden, können Impedanzabweichungen nach Betrag und Phase durch abstimmbare Reaktanzfilter in gewissen Grenzen herausgestimmt werden. Die Leitungsführung ist in **Bild 153** skizziert.

π-Filter

Ein häufig benutztes Reaktanzfilter ist das π-Filter (COLLINS-Filter) mit Tiefpaßwirkung nach **Bild 154**.

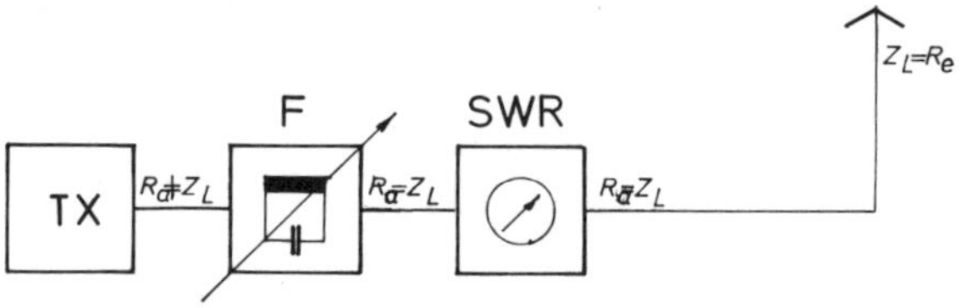

Bild 153 Anpassung einer Sendeantenne mit Speiseleitung über Stehwellenmeßgerät SWR und Matchbox F an den Sender TX

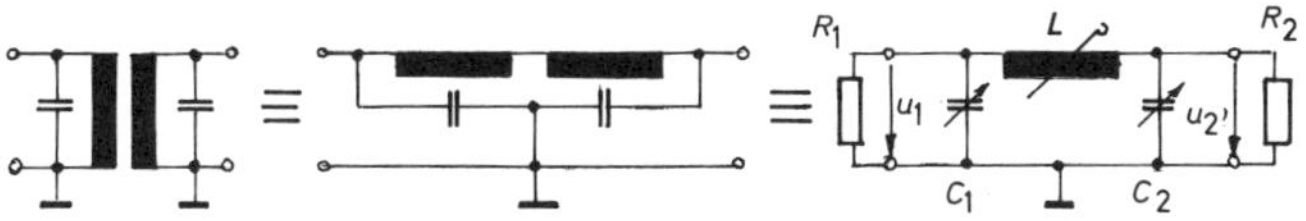

Bild 154 Das π-Filter (COLLINS-Filter) als Sonderfall eines Bandfilters mit Tiefpaßeigenschaft

Für die Bandmittenfrequenz $\omega = 2\pi f$ und für die Reaktanzen L, C_1 und C_2 des COLLINS-Filters gilt nach Gl. (62) der Zusammenhang:

$$\omega = 1/\sqrt{L \cdot (C_1 + C_2)}\,. \tag{62a}$$

Die Impedanzen R_1 und R_2 verhalten sich wie die Spannungen u_1 und u_2:

$$(u_1/u_2)^2 = R_1/R_2 \tag{163a}$$

$$u_1/u_2 = \sqrt{R_1/R_2}\,. \tag{163b}$$

Die Bandbreite der Mittenfrequenz ω ergibt sich aus der Kreisgüte Q nach Gl. (69) und wird in der Praxis zu $Q = 12$ angesetzt. Dann gilt:

$$C_1 = \frac{Q}{\omega \cdot R_1} \tag{164}$$

$$C_2 = C_1 \cdot \sqrt{R_1/R_2} \tag{165}$$

$$L = \frac{Q \cdot R_1 + \omega \cdot R_1 \cdot R_2}{\omega \cdot (Q^2 + 1)}\,. \tag{166}$$

π-Filter bieten einstellbare Übersetzungsverhältnisse um etwa 50 : 600 Ω, wobei auch Blindwiderstände herausgestimmt werden können. Die Leistungsdämpfung von Oberwellen liegt in der Größenordnung von 10 dB.

In der Praxis ist zu beachten, daß kurze Koaxialleitungen mit l_{el} $\lambda/4$ als Kapazität erscheinen und nicht als angepaßte Leitung. Falls das π-Filter mit kurzer Leitung an den Senderausgang angeschlossen wird, verringert sich C_1 um den Betrag der Kabelkapazität. Daher dürfen auch Stehwellenmessungen nur an Kabellängen von $\lambda/2$-Vielfachen vorgenommen werden.

Bild 155 zeigt das komplette Schaltbild einer handelsüblichen Matchbox mit eingebautem Stehwellen-Meßgerät.

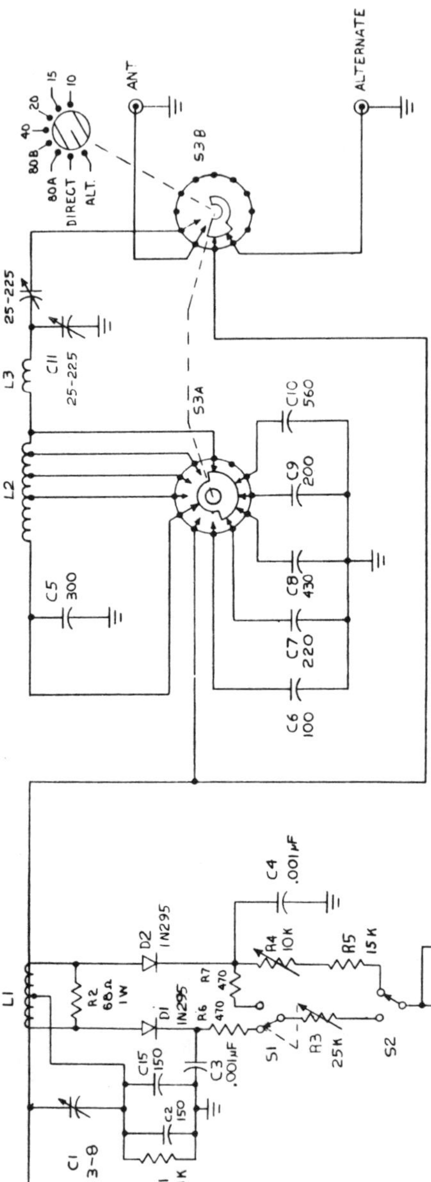

Bild 155 Handelsübliche Matchbox (Drake „MN-1“) für Amateurbänder 3,5 · · · 30 MHz bei 200 W Durchgangsleistung (Werkbild: Drake)

29 Wellenausbreitung

wave propagation

Die *Ultrakurzwellen* (UKW $\lambda < 10$ m) breiten sich fast geradlinig wie das sichtbare Licht aus (quasi-optische Ausbreitung). Die Reichweite wird von der Höhe der Sende- und Empfangsantennen bestimmt und entspricht theoretisch der Sichtweite. — Ultrakurzwelle

Überreichweiten entstehen durch Beugung an erhöhten Hindernissen, wie Berge und hohe Gebäude. Hierbei treten häufig Reflexionen auf, diese Streustrahlungen können empfangen werden.

Um die Reichweite zu erhöhen, werden Relais-Stationen auf hohen Bergen und in Satelliten in Erdumlaufbahnen errichtet. Relais-Stationen bestehen aus Empfänger und Sender an getrennten Antennen mit versetzten Frequenzen. Sie senden ein empfangenes Signal auf einer anderen Frequenz wieder aus und vergrößern die Reichweite. — Relais-Station

Die *Kurzwellen* (KW $\lambda = 10 \cdots 100$ m) breiten sich über zwei verschiedene Wege aus: — Kurzwelle

Die *Bodenwelle* folgt der Erdkrümmung. Ihre Reichweite ist abhängig von der Sendeleistung und von der Dämpfung der Erdoberfläche. — ground wave Bodenwelle

Die *Raumwelle* entsteht nach Reflexion einer Wellenfront an ionisierten (leitfähigen) Luftschichten in großer Höhe über dem Erdboden. — sky- or indirect wave Raumwelle

Die ionisierten Luftschichten bilden sich bei Ultraviolett-(UV-)Einstrahlung der Sonne in der Ionosphäre etwa $200 \cdots 400$ km über der Erde.

Diese energiereiche Sonnenstrahlung spaltet Ozon- und Stickstoffmoleküle, wobei Elektronen und positiv geladene Ionen frei werden.

Die E-Schicht (HEAVISIDE[1]-Schicht) in $100 \cdots 150$ km Höhe reflektiert tagsüber Wellenlängen zwischen $\lambda = 80 \cdots 100$ m und nachts > 100 m. In dieser Region treten auch Polarlichter auf. — E-Schicht

Die F 1-Schicht in $160 \cdots 200$ km Höhe reflektiert tagsüber im Sommer. — F 1-Schicht

Die F 2-Schicht in $200 \cdots 400$ km Höhe besitzt bei Sonneneinstrahlung die größte Ionendichte. — F 2-Schicht

Die Höhenangaben schwanken beträchtlich und sind auch von den 11jährigen Sonnenflecken-Perioden abhängig.

Auf der Erdoberfläche liegt zwischen dem Ausbreitungsgebiet der Bodenwelle und dem 1. Reflexionsstreifen der Raumwelle eine

---

[1] Nach dem englischen Physiker HEAVISIDE (1850 – 1925).

dead zone
tote Zone
skip
Sprungentfernung

tote Zone. Darauf folgt der 2. Reflexionsstreifen, die *Sprungentfernung*, wieder gefolgt von einer toten Zone und dem 3. Reflexionsstreifen, und so fort.

Dieser Effekt ist die Ursache der interkontinentalen Reichweite von Kurzwellen-Ausstrahlungen.

Die Sprungentfernungen (skips) sind über die Brechungswinkel in der Ionosphäre und über die entsprechenden Reflexionswinkel an der Erdoberfläche abhängig von der Wellenlänge. In der Fachliteratur, zum Beispiel in der Amateurzeitschrift cq-DL werden die Ausbreitungsbedingungen für bestimmte Frequenzbänder innerhalb eines gewissen Zeitraumes vorhergesagt.

Mittelwellen

Die *Mittelwellen* ($\lambda = 100 \cdots 1000$ m) breiten sich im kürzeren Bereich wie Kurzwellen über Boden- und Raumwelle aus. Nachts sind teilweise Überreichweiten mit Störungen durch entfernte Sender zu beobachten. Im längeren Wellenbereich tritt mehr die Bodenwelle in Erscheinung. In den Überlappungszonen entstehen *Schwunderscheinungen* infolge Auslöschung nach Phasenverschiebungen durch Laufzeitunterschiede zwischen Boden- und Raumwelle.

fading
Schwund-
erscheinungen

Langwellen

Die Langwellen ($\lambda > 1000$ m) breiten sich vorzugsweise über Bodenwellen aus.

Langwellensender im Megawatt-Leistungsbereich ermöglichen erdumgreifende Nachrichten-Dauerverbindungen unabhängig von Tageszeiten und Sonnenflecken-Einwirkung. Dies wird vielfach für militärische Dienste ausgenutzt.

30 Geschichtliches zur Funktechnik

Die „Funktechnik“ war ursprünglich für die „drahtlose“ Telegrafie zuständig, oder nach der Definition des Reichstelegraphengesetzes (1892) für „Elektrische Telegraphenanlagen, welche ohne metallische Leitungen Nachrichten vermitteln“. Im Verlauf der technischen Entwicklung wurde die Bedeutung des Begriffes erweitert und im modernen Sprachgebrauch als allgemeine Nachrichten-Übertragungstechnik verstanden. Die zeitgemäße Definition des Fernmeldeanlagengesetzes (1977) lautet: „... elektrische Sendeeinrichtungen, sowie elektrische Empfangseinrichtungen, bei denen die Übermittlung oder der Empfang von Nachrichten, Zeichen, Bildern oder Tönen ohne Verbindungsleitungen oder unter Verwendung elektrischer, an einem Leiter entlang geführter Schwingungen stattfinden kann“. Der klassische Übertragungsweg durch elektromagnetische Schwingungen im freien Raum wird bedarfsweise in räumlich begrenzten Systemen durch Metallkabelstrecken („Olympiakabel“ 1936) und in neueren Entwicklungen durch Lichtwellenleitung in Glasfaserkabeln (1970) ergänzt.

Das Zwischenschalten von Informationskonserven in Form von Schall- und Bildplatten, Magnetbändern und anderen Datenträgern ermöglicht beliebige zeitliche Verschiebungen und Wiederholungen im Übertragungsweg.

Die physikalischen Grundlagen der Funktechnik wurden etwa um die Jahrhundertwende erforscht. Von den beteiligten Fachwissenschaftlern seien hier nur einige herausgegriffen: Edison (1883), Nipkow (1884), Hertz (1888), Marconi (1895), v. Arco und Slaby (1897), Braun (1898), v. Lieben (1906), de Forest (1907), Meissner (1913) und viele andere.

1897 übertrug Marconi die ersten Signale, und die erste Funkausstellung fand 1912 in London auf Initiative der Firma Telefunken statt. Die ersten Rundfunksender gingen 1921 in Pittsburgh (USA) und 1922 in Berlin „in die Luft“. 1923 gelang die erste Überbrückung des Atlantiks auf Kurzwelle zwischen den Amateur-Funkstationen F8 AB in Nizza und 1 XAM in USA.

Der erste regelmäßige Fernsehprogrammdienst startete 1935 in Berlin, und 1936 gab es bereits die ersten Live-Sendungen aus dem dortigen Olympia-Stadion.

Seit 1920 ist der Erdball mit einem Sendernetz für verschiedene Funkdienste überzogen, dessen Raumstrahlung mit Wellenlängen unter 1000 m eine angenähert kugelschalenförmige Wellenfront aussendet, die sich mit Lichtgeschwindigkeit von der Erdoberfläche entfernt.

Die elektromagnetische Wellenfront erreichte gegen 1924 den erdnächsten Fixstern unserer Galaxis Proxima Centauri in 3,6 Lichtjahren Entfernung (1 Lichtjahr = $9{,}46 \cdot 10^{12}$ km).

Etwa 1929 kam die Wellenfront beim Sirius an, 9 Lichtjahre entfernt und etwa 1946 bei der Wega im Sternbild der Leier, 26 Lichtjahre entfernt. Inzwischen treffen die irdischen Signale bei den Hauptsternen des großen Bären ein, die 60···80 Lichtjahre entfernt sind.

Dort ist die Feldstärke dieser ersten Wellenfront infolge der Abnahme mit dem Quadrat der Entfernung allerdings so gering, daß sie mit irdischen Meßmethoden nicht mehr feststellbar wäre. Erst ab etwa 1930 dürfte wohl mit Feldstärken zu rechnen sein, die in der Umgebung des Sirius meßbar sein könnten, wenn wir unseren Stand der Technik annehmen.

Unter der wahrscheinlichen Voraussetzung, daß unsere Galaxis 10^{14} (100 Billionen) sichtbare Sonnen enthält, können wir etwa 10^6 (1 Million) Planeten erwarten, auf denen vereinzelt intelligente Zivilisationen anzutreffen sind. Die Entfernung zur nächsten Zivilisation würde dann 100···300 Lichtjahre betragen. So ist abzuschätzen, daß unsere Erde vom Jahre 2200 an als galaktischer Kugelstrahler für künstlich angeregte elektromagnetische Schwingungen lokalisiert werden könnte. Ein Informationsaustausch mit einer fernen Zivilisation könnte frühestens in den nächsten 200···600 Jahren erfolgen, sofern dort Interesse bestehen sollte.

In den USA und in der UdSSR werden seit 1960 systematische SETI-Forschungsprogramme (Search for Extraterrestrical Intelligence) mit dem Ziel unterhalten, ob in dem außerirdischen elektromagnetischen Störnebel Signale mit Modulationsinhalt erkennbar sind.

Wie dieses Beispiel zeigt, ermöglichen die Grundlagen der Funktechnik wissenschaftliche Problemlösungen in Grenzgebieten und in fremden Wissensbereichen.

Ein aktuelles ingenieurwissenschaftliches Grenzgebiet ist die moderne Medizintechnik, in der unter anderem die Ultraschalltechnik zur Diagnose und Therapie in der Gynäkologie, inneren Medizin und Zahnheilkunde angewendet wird. Diathermie-Verfahren mit Kurzwellen und Mikrowellen werden in der Chirurgie und zur Wärmebehandlung, neuerdings auch zur Krebstherapie (M. v. ARDENNE) eingesetzt.

Weitere Anwendungsgebiete sind die Meteorologie mit Telemetrie-Wettersonden und Wetter-Radargeräten, die industrielle Verfahrenstechnik und auch die Waffentechnik, um nur die bekanntesten Wissensgebiete zu erwähnen.

Während des zweiten Weltkrieges entstand in Europa eine wissenschaftliche „Austastlücke“ (black out) für zivile Entwicklungen. Später wurde sie aus Nebenprodukten der Militärtechnik, meist aus USA kommend, aufgefüllt. Seitdem wurden zahlreiche US-amerikanische Fachausdrücke in die neuere technische Umgangssprache übernommen, was gelegentlich zu didaktischen Mißdeutungen führt, wenn nämlich altbekannte Sachverhalte in einer neuartigen Nomenklatur erscheinen und gelegentlich mit ungenauen Übersetzungen belastet sind.

In diesem Zusammenhang kann dem Anfänger (newcomer) eine bewährte Entscheidungshilfe für die sachgerechte Qualität von Aussagen oder Beschreibungen empfohlen werden: Jeder klare Sachverhalt kann auch klar dargestellt werden. Sonst sind Zweifel an der Darstellung erlaubt. Das gilt übrigens für alle Lebensbereiche.

31 Englische Fachwörter

A		
a. c. alternating current	Wechselstrom	14
active power	Wirkleistung	40
admittance	Scheinleitwert	39
aerial	Antenne (Englisch)	222
AGC automatic gain control	Verstärkungs-Regelautomatik, Schwundausgleich	193
A_L-value	A_L-Wert	67
amplifier	Verstärker	137
aperiodic-	unabgestimmter	138
audio-	NF-	139
class A-	A-	144, 146
class AB-	AB-	149
class B	B-	147
differential-	Differenz-	121
resonance-	Resonanz-	150
tuned-	abgestimmer-	150
amplitude modulation	Amplitudenmodulation AM	168
analog circuit	Analogschaltung	121
angular frequency	Kreisfrequenz	38
antenna	Antenne (Amerikanisch)	222
aperiodic-	unabgestimmte-	235
dipole-	Dipol-	225
directional- (beam)	Richt-	232
long wire-	Langdraht-	225
vertical-	Vertikal-	228
wide band-	Breitband-	231
ALC automatic level control	Pegel-Regelautomatik	185
apparent power	Scheinleistung	40
attenuation	Dämpfung	218
a. v. alternating voltage	Wechselspannung	15
B		
balun	Symmetrierglied (Ant.)	243
bandpass filter	Bandfilter	80
barrier	Sperrschicht	33, 88
base	Basis (Transist.)	98
bazooka	Symmetrierglied (Ant.)	228
beam	Richtantenne	232
rotary-	Drehrichtstrahler	233
BFO beat frequency oscillator	Telegrafie-Überlagerer	179, 200
black box	schwarzer Kasten	137
bridge rectifier	Brückengleichrichter	93

bulk	Substrat (Transist.)	109
-resistance	Bahnwiderstand (Transist.)	114
burst	Farb-Synchronimpuls (Video)	201
-controlled oscillator	Farbträger-Regenerator (Video)	203
bypass capacitor	Blockkondensator	47, 51
C		
cable	Kabel	238
coax(ial)-	Koaxial-	238
-loss	-Dämpfung	238
-output power	-ausgangsleistung	238
capacitance	Kapazität	44
capacitor	Kondensator	44
capture range	Fangbereich	187
carrier	Träger	81
-frequency	-frequenz	81, 198
cavity resonator	Hohlraumresonator	156
class A phus-pull amplifier	Gegentakt A-Verstärker	146
coaxial resonator	Koaxialschwingkreis	128
coder (scrambler)	Verschlüßler	199
choke	Drosselspule	65
coil	Spule	64
coincidence demodulator	Koinzidenzdemodulator	207
color television receiver	Farbfernsehempfänger	201
collector	Kollektor (Transist.)	98
-to base capacitance	-Basis-Kapazität	102
complementary	komplementär	146
conductance	Leitwert, Wirkleitwert	16, 39
conductivity	spezifischer-	17
corner reflector	Winkelreflektor (Ant.)	232
critical coupling	kritische Kopplung	81
cross modulation	Kreuzmodulation	195
crosstalk attenuation	Übersprechdämpfung	140
crystal	Quarz (Englisch)	161
-diode	Halbleiterdiode	87
-lattice	Kristallgitter	87
-oscillator CO	Quarzgenerator	185
current	Strom	13
-amplification factor	Verstärkungsfaktor	102
-branching	Stromverzweigung	22
-gain	Stromverstärkung	102
cut-off frequency	Grenzfrequenz	61
cycle	Hertz Hz	15
cylindrical solenoid	Zylinderspule	66
CW carrier wave	Morsetelegrafie	178
D		
data	Kennwert	102, 113
d. c. direct current	Gleichstrom	13
-power	-Leistung	19
-resistance	-Widerstand	36

dead zone	tote Zone (Ant.)	250
decay factor	Dämpfungsfaktor	78
deflection type	Verarmungstyp (Transist.)	111
designation code	Typenbezeichnung	88
dielectric	Dielektrikum	44
-constant	Dielektrizitätskonstante	45
-strength	Durchschlagfestigkeit	43
diffused base transistor	Drifttransistor	106
digital circuit	Digitalschaltung	122
diode	Diode	87
crystal-	Halbleiter-	87
hall effect-	Halleffekt-	90
photo-	Foto-	90
tunnel-	Tunnel-	90
diplexer	Frequenzweiche	71
dipole (antenna)	Dipolantenne	225
folded-	Faltdipol	231
direct voltage	Gleichspannung	13
disc player	Plattenspieler	124
disc-seal lighthouse tube	Scheibenröhre	128, 155
disc-type trimmer	Scheibentrimmer	59
dissipation factor	Verlustfaktor	46
distortion	Verzerrung	139
-factor	Klirrfaktor	139, 146
double sideband amplitude modulation	Zweiseitenband-Amplituden-Modulation	172
driver	Treiberstufe	191
duplex (communication)	Gegensprechen	213

E

effective power	Wirkleistung	38, 40
-resistance	Wirkwiderstand	38
efficiency	Wirkungsgrad	82
electic field	elektrisches Feld	44
electrical current	elektrischer Strom	13
electrolytic capacitor	Elektrolytkondensator Elko	53
electron	Elektron	13, 87
valence-	Valenz-	87
emitter to base capacitance	Emitter-Basiskapazität	102
enhancement type	Anreicherungstyp (Transist.)	111
equalize	entzerren	62
exiter	Steuerstufe	157

F

fading	Schwund	195, 250
FAX facsimile	Faksimile	180
feed back	Rückkopplung	108
current-	Stromgegenkopplung	107, 141
positive-	Mitkopplung	108, 151
voltage	Spannungsgegenkopplung	107, 141

feeder	Speiseleitung (Ant.)	236
non resonant-	unabgestimmte-	236
resonant-	abgestimmte-	245
twin lead-	Paralleldraht-	237
ferrite core	Ferritkern	68
filter network	Siebschaltung	71
frequency	Frequenz	15
-characteristic	-kurve	61
-deviation	-hub	174
-modulation	-modulation	174
-multiplier	-vervielfacher	176
front to back ratio	Vor-Rückwärtsverhältnis (Ant.)	232
f/v converter	Frequenz-Spannungswandler	205
G		
gain	Verstärkung, Gewinn	103, 217, 223
grounded anode circuit	Anodenbasisschaltung	128
-base circuit	Basisschaltung	105
-cathode circuit	Katodenbasisschaltung	126
-collector circuit	Kollektorbasisschaltung	105
-emitter circuit	Emitterschaltung	104
-grid circuit	Gitterbasisschaltung	128
groundwave	Bodenwelle	249
H		
heat loss	Verlustwärme	19
-sink	Kühlkörper	34, 92
heavy duty capacitor	Hochleistungskondensator	51
-rectifier	-gleichrichter	92
high pass filter	Hochpaß	62
hole	Loch (Transist.)	87
hum reduction factor	Siebfaktor	63
I		
impedance	Impedanz, Scheinwiderstand	38
base-	Fußpunkt- (Ant.)	229
input-	Eingangswiderstand	41, 225
inductance	Induktivität	64
input	Gleichstromleistung	171
-characteristic	Eingangskennlinie (Trans.)	100
-keyboard	Eingabetastatur	180
instantanious voltage	Augenblicksspannung	15
insulated gate FET	Isolierschicht-FET (Trans.)	111
insulating material	Isolierstoff	43
integrated circuit IC	Integrierte Schaltung IS	118
interference	Interferenz	195
intermediate frequency IF	Zwischenfrequenz ZF	193
intermodulation factor	Intermodulationsfaktor	139
iron cored coil	Eisenkernspule	67
-powder core	Eisenkern	67

ITU International Telecommunications Union	Weltnachrichtenverein	177, 214
J		
JAN Joint Army-Navy	Einheitsspezifikation von Armee und Marine (Amerik.)	238
JEDEC Joint Electron Device Engineering Council	Vereinigtes Komitee für Elektronikbedarf (Amerik.)	90
junction	Sperrschicht	33
-FET	-FET	110
-temperature	-Temperatur	33, 91
L		
leakage inductance	Leitungsinduktivität	79, 83
L-C-network	L-C-Glied	71
LED light emitting diode	Leuchtdiode	91
level	Pegel	103
limit value	Grenzwert	103
limitation of amplitude	Amplitudenbegrenzung	195
limiter	Begrenzer	205
long wire antenna	Langdrahtantenne	225
loss angle	Verlustwinkel	46
loudspeaker dividing network	Lautsprecher-Frequenzweiche	72
low pass filter	Tiefpaß	61
M		
main direction	Hauptrichtung (Ant.)	223
master oscillator MO	Steuersender	157, 185
matchbox	Anpaßglied	246
matching line	-leitung	242
mechanical filter	mechanisches Filter	174
mica capacitor	Glimmerkondensator	49
midband frequency	Bandmittenfrequenz	81
mismatch	Fehlanpassung	240
modulation	Modulation	169
-index	Modulationsindex	175
-signal	-signal	81
-transformer	-transformator	170
music power	Musikleistung (Audio)	140
N		
narrow band FM	Schmalband-Frequenzmodulation	175
neon stabilizer	Glimmstabilisator	35
neutralisation	Neutralisation	151
noise	Rauschen	102
-factor	Rauschzahl	102
non-linear distortion	nichtlineare Verzerrung	108
-resistor	nichtlinearer Widerstand	30
notch filter	Lochfilter	134

NTC resistor	Heißleiter	32
n-type material	n-leitend	87
O		
OpAmp operation amplifier	Operationsverstärker	121
operation point	Arbeitspunkt	103
oscillator	Schwingstufe	157
burst controlled-	Farbträgerregenerator (Video)	203
-circuit	Schwingschaltung	90
output characteristic	Ausgangskennlinie (Trans.)	101
-impedance	-widerstand	41, 104
-power	-leistung	140
P		
parallel resonant circuit	Parallelschwingkreis	76
-seriel converter	Parallel-Serienwandler	180
peak current	Spitzenstrom	14
-value	-wert	14
-voltage	-spannung	15
period	Periode	14
permeability, absolute	absolute Permeabilität	66
–, apparent	wirksame-	67
permittivity	Dielektrizitätszahl ε	44
phase angle	Phasenwinkel	14
-discriminator	-diskriminator	187
-inverter	-umkehrstufe	147
-locked loop PLL	phasenstarre Regelstrecke	188
-modulation	Phasenmodulation	176
planar-epitaxial transistor	Planar-Epitaxialtransistor	106
plotter	Drucker	180
pn-junction	pn-Übergang	88
porch	Schwarzschulter (Video)	201
power amplifier	Leistungsverstärker	127
-capacitor	-kondensator	47
-dissipation	Verlustleistung	19, 33
-factor	Leistungsfaktor	40
-loss	Verlustleistung	19, 33
-matching	Leistungsanpassung	41
-rectifier	-gleichrichter	83, 91
-supply	Netzteil	92
-transistor	Endstufentransistor	103
pre-selector	Vorkreisabstimmer	69
printer	Drucker	180, 204
product detector	Produktdetektor	200
PTC-resistor	Kaltleiter	32
p-type material	p-leitend	87
pnpn switching diode	Vierschichtdiode	96
Q		
quartz	Schwingquarz (Amerikan.)	185
Q-factor	Gütefaktor	47

Q-match	Anpaßleitung (Ant.)	242

R

radiation pattern	Strahlungscharakteristik	225
-resistance	-widerstand (Ant.)	223
radiated power	-leistung (Ant.)	223
radio frequency RF	Hochfrequenz HF	215
-telegraphy	Telegrafieempfang	203
-teletype RTTY	Fernschreibtelegrafie	179
rated capacity	Nennkapazität	47
-voltage	-spannung	47
ratio detector	Verhältnisgleichrichter	207
R-C-network	R-C-Glied	61
-oscillator	-Generator	166
reactance	Blindwiderstand	38
reactive power	-leistung	41
readibility	Lesbarkeit	209
receiver RX	Empfänger	192
direct detection-	Geradeausempfänger	192
multiple conversion-	Mehrfachüberlagerungsempfänger	195
superheterodyne-	Überlagerungsempfänger (Super)	193
re-receiver	Ballempfänger	192
rectifier	Gleichrichter	87
bridge-	Brücken-	93
full wave-	Vollweg-	93
half wave-	Einweg-	92
power-	Leistungs-	91
silicon controlled- SCR	Vierschicht-Schalttriode	96
-circuit	Gleichrichterschaltung	92
reference diode	Referenzdiode, Z-Diode	33
reflection coefficient	Reflexionsfaktor	41
remote control	Fernsteuerung	181
resistance	Widerstand	16
resistivity	spezifischer-	16
resonance amplifier	Resonanzverstärker	150
resonant frequency	-frequenz	75
reverse current	Sperrstrom	33
-voltage	-spannung	91
ripple	Brummspannung	95
ring modulator	Ringmodulator	172
r. m. s. root mean square	Effektivwert	15, 16
RTTY radio teletype	Fernschreibtelegrafie	179

S

saturation voltage	Restspannung	114
SCR silicon controlled rectifier	Vierschicht-Schalttriode	96
scrambler (coder)	Verschlüßler	199
self-healing capacitor	selbstheilender Kondensator	53
semi-conductor	Halbleiter	31
series resonant circuit	Serienschwingkreis	74

shunt current	Querstrom	35
sideband, (lower-, upper-)	Seitenband, (unteres- oberes-)	170
signal strength	Signalstärke	209
silicon	Silizium	31
silicones	Silikon	31
simplex (communication)	Wechselsprechen	213
skip	Sprungentfernung (Ant.)	250
skirt selectivity	Flankensteilheit	81
sky (indirect) wave	Raumwelle	249
slope demodulator	Flankendemodulator	205
-steepness	-steilheit	81
small signal transistor	Vorstufentransistor	103
sound intensity	Schallintensität	221
-pressure	-druck	221
space charge region	Raumladungszone	109
SSB single sideband modulation	Einseitenband-Modulation	172
standing wave	stehende Welle	240
super (heterodyning-) oscillator	Super-VFO	186
superpose	überlagern	81
susceptance	Blindleitwert	39
SWR standing wave ratio	Stehwellenverhältnis (Ant.)	41
-meter	Stehwellenmeßgerät	246
switching voltage	Schaltspannung	101

T

TC	Temperaturkoeffizient TK	31
telecommunication	Fernmeldetechnik	180
-control	-wirken	180
-metering	-meßtechnik	181
-vision TV	-sehen	182
temperature compensated circuit	temperaturkompensierter Schwingkreis	79
thermal resistance	Wärmewiderstand	143
thermistor	Thermistor	30
thyristor	Thyristor	96
time constant	Zeitkonstante	62
tone	Tonqualität	209
transadmittance	Steilheit (Trans.)	100, 108
transceiver	Sendeempfänger	69, 212
transducer	Wandler	145
transistor	Transistor	97
bipolar-	Bipolar-	98
FET-	Feldeffekt-	109
mesa-	Mesa-	118
transition frequency	Transitfrequenz	102
transformer	Transformator	82
audio-	NF-	82
matching-	Anpaß-	82
power-	Leistungs-	82
RF-	HF-	82

transmission line	Leitungskreis	128
-range	Übertragungsbereich	139
transmitter circuit	Senderschaltung TX	184
trimmer	Trimmer	59
tuned amplifier	abgestimmter Verstärker	150
-circuit	Schwingkreis	74
tuner	Kanalwähler	69
tuning	abstimmen	56, 78
V		
variable capacitor	veränderbarer Kondensator	55
-frequency oscillator VFO	abstimmbarer Oszillator	134, 160, 185
varicap	Kapazitätsdiode	57
VDR	Varistor	33
velocity factor	Verkürzungsfaktor (Ant.)	222
video display	Bildschirmgerät	180
voltage	Spannung	14
-multiplier	Spannungsvervielfacher	94
W		
wave length	Wellenlänge	14, 214
wiring capacitance	Schaltkapazität	79

32 Sachwortverzeichnis

Abschnürgrenze (Trans.) 110
Abstimmen 56
Admittanz 39
Aggregatzustand 43
Akzentuierung 62
Alpha-numerisch 204
Ampere 13
Amplitude 14
  n-Begrenzung 205
Analogtechnik 98
  -Schaltungen 121
Anpassung, Leistungs- 41
Anreicherungstyp (Trans.) 111
Antennen 222
  Aperiodische- 235
  Breitband- 231
  Dipol- 225
    -Gewinn 223
  Groundplane- 228
  HB 9 CV- 234
  Langdraht- 225
  Marconi- 231
  Mobil- 226, 229
  Richt- 232
  Sperrtopf- 228
  Vertikal- 228
  Windom- 227
  Winkelreflektor 232
  Yagi- 235
  Zeppelin- 227
Anode (Halbl.) 96
  n-Basisschaltung (Rö.) 128
Applikation 123
Araldit 43
Arbeitspunkt (Trans.) 103
Armstrong 193
Atom 87
Audio 139
  -Verstärker 144
Augenblickswert 15
Automatische Verstärkungsregelung
  AVR 193

Bahnwiderstand (Trans.) 114
Bakelit 43
Balun 243
Bandbreite 77
  n-Einstellung 193
Bandfilter 80
Band-Mittenfrequenz 81
Basis (Trans.) 98
  -Schaltung 105
Bariumtitanat 32
Baudot 179
Begrenzerschaltung 205
Betriebsdaten (Trans.) 103
BFO 179, 200
Bildfunk (FAX) 180
  -Modulation 180
Binär 124
  -Zeichen 124
Bipolar-Kondensator 53
bit 204
Bonder-Verfahren 120
BpM Buchstaben pro Minute 204
Brummspannung 63, 95
  -Restspannung 96
Butler-Oszillator 159

Calit 43
CCITT 179
Chip 119
Chrominanz-Signal 201
Clapp-Oszillator 159
Clophen 52
Codierung 122
Collins-Filter 247
Colpitts-Oszillator 159
Computer 124
CW-Filter 204

Dämpfungsfaktor 78
  -maß 217
Dauergrenzspannung 47
dB 217

Demodulationsstufe 202
Demodulator, 192
Flanken- 205
Koinzidenz- 207
Phasen- 206
Produkt- 208
Quadrat- 207
Dickfilmschaltungen 119
Dielektrikum 44
Dielektrizitätskonstante 45
-zahl ε 44
Digitalmodulation 204
-technik 97
-schaltungen 122
Dioden 87
Bezugsspannungs- 33
Gleichrichter- 87
Halleffekt- 90
Kapazitäts- 57
Leucht- 91
Photo- 90
Röhren- 125
Tunnel- 90
Vierschicht- 96
Zener- 33
Dipol (Ant.) 225
Ganzwellen- 226
Falt- 231
Diskriminator 187
Zähl- 206
Doppelsuper 197
dotieren 87
Drehkondensator 56
Dreipolröhre 126
Drosselspule 65
Drucker 180, 204
Dual-in-line-Gehäuse 120
Dünnfilmschaltungen 119
Durchbruchspannung 34
Durchschlagfestigkeit 43

Edelgase 35
Effektivwert 15, 16
Eigenkapazität (Spulen) 65
Eingabetastatur 180
Eingangsimpedanz 41, 225
Einheiten 26
Einheitskreis 14
Einseitenband-Modulation 172, 198
Einzeichen-Empfang 204
Eisenkern 67
Eisenwasserstoff (EW)-Widerstand 32
Elektrisches Feld 44
Elektrolyt 13
-Kondensator 53
Elektronen 13, 87
Defekt- 98
Elektronen-Röhren 125
Emission 125
Emitter (Trans.) 98
-Schaltung 99, 104
Empfänger (RX) 192
Ball- 192
Geradeaus- 192
SSB- 198
Überlagerungs (Super)- 193
Empfangsbeurteilung 209
Endstufe 143
Breitband-Gegentakt- 154
Eintakt B- 155
Entdämpfung 151
entzerren 62
Exemplarstreuungen 135
Exponent 19

Faksimile (FAX) 180
Farad 44
Fangbereich 187
Farbmodulation 182
-Demodulator 203
-Synchronimpuls 201
Fehlanpassung 41
der Antenne 240
Feldstärke, magnetische 64
Feldstärkeanzeige 209
Fernmeldetechnik 180
-meßtechnik (Telemetrie) 181
-sehen (Video) 182
Fernschreibtelegrafie (RTTY) 179
-code 181
-maschine 180
Fernsehempfänger-Farbmodulation 201
Fernwirken 180
Ferrit 68
Festkondensator 47
Filter,
mechanische- 174
Quarz- 174
Flankensteilheit 81
Flatpak 120

Folienkondensator 51
Fourier 146
-Analyse 204
FM-Empfang 204
Franklin-Oszillator 159
Frequenta 43
Frequenz 15
-kurve 61
-Spannungswandler 205
-synthese 186
-teiler 188
-umsetzer 80
-vervielfacher 176
-zähler 124, 189
Funktion (math.) 100

Gegenkopplung 107, 108, 115, 121
Frequenzabhängige- 142
Spannungs- 107, 141
Strom- 107, 141
Gegentakt A-Verstärker 146
AB-Verstärker 149
B-Verstärker 147
C-Verstärker 150
D-Verstärker 150
-Demodulator 206
Germanium 31
Gitter-Ableitwiderstand 127
-basisschaltung 127
Gleichlauf 194
Gleichrichter 87
Brücken- 93
Einweg- 92
Flanken- 205
Leistungs- 91
Verhältnis- 207
Zweiweg- 93
Gleichrichterschaltungen 92
Gleichstrom 13
Glimmer 43, 45
-Kondensator 49
Glimmstabilisatoren 35
Glühkathode 125
Grenzfrequenz 61
-schicht 88
-wert (Trans.) 103
Gütefaktor 47, 75, 78

Halbleiter 31, 87
Haltepunkt (Diode) 96
Harmonische Schwingungen 146, 166
Hartley-Oszillator 159
Hauptrichtung (Ant.) 223
Heaviside-Schicht 249
Heegener-Oszillator 159
Heimorgeln 167
Heim-studiotechnik (Hi-Fi) 139
Heißleiter 32
Henry 64
Hertz 15
Hochleistungs-Kondensatoren 51
Hochpaß 61
Hochspannungs-Kaskade 94
Hohlraumresonator 156
Horizontalfrequenz (Video) 182
Huth-Kühn-Oszillator 159

IARU 210
IEC 49
Impedanz 38
Fußpunkt- (Ant.) 223
Impedanzwandler 115
Induktanz 38
Induktivität 64
Streu- 83
Zuleitungs- 79
Informatik 208
Information 168
-sparameter 121, 122
integrieren 118
Integrierter Schaltkreis IS 118
Interferenz 195
Intermodulationsfaktor 139
invertieren 121
Ionen 1, 33
Ionosphäre 250
Isolierstoffe 43

JEDEC 90, 118
Joule 144

Kabelausgangsleistung 238
-dämpfung 238
Kaltleiter 32
-widerstand 30
Kanalwähler 69
-breite (Trans.) 110
Kapazität 44
Eigen- 79
Kabel- 238

Kapazität (Forts.)
Schalt- 79
Kapazitätsbelag (Kabel) 237
-diode 57, 188
Kapazitanz 38
Kathode (Halbl.) 96
Kathodenbasisschaltung 120
Kennlinien (Trans.) 100, 113
Ausgangs- 102
Eingangs- 100, 101
Kennwerte (Trans.) 102, 113
Kernschnitt 83
Klirrfaktor 139, 146
Kniespannung (Trans.) 114
Koaxialabstimmung 156
Kollektor (Trans.) 98
-Schaltung 105
Komplementärfarben (Video) 182
Kondensatoren 44
Block- 47, 51
Glimmer 49
Keramik- 50
NDK- 49
Überbrückungs- 107
Konduktanz 39
Konverter 80
Koppelkreis 80
Kopplung, induktive 81
kapazitive 81
kritische 81
Kreisfrequenz ω 38
-güte 78
Kreuzmodulation 195
Kristallgitter 87
Kühlkörper 34, 92
Kurzschlußvariometer 69

Ladekondensator 95
Ladung 44
Lärmbelästigung 221
Lastwiderstand 104
Laufzeit (Trans.) 106
-Speicher (Video) 182
Lautsprecher-Frequenzweiche 72
-stärke 221
L-C-Glied 71, 96
Leistung 19
Ausgangs- (Trans.) 104, 140
Blind- 41
Eingangs- (Trans.) 104
Oberstrich- 179
Schein- 40
Steuer- (Rö.) 127
Verlust- 19, 33
Wechselstrom- 40
Wirk- 38, 40
Leistungsanpassung 41
-bandbreite 139
-faktor 40
-kondensator 47
Leitungskreis 128
Leitwert 16
Blind- 39
Schein- 39
Spezifischer- 17
Wirk- 39
Leuchtstoffröhren 35
Lichtgeschwindigkeit 214
Lineare Schaltungen 189
Loch (Halbl.) 87
-Filter 134
Logarithmus 217
Luftspule 66

Marconi 179
Mayday 179
Meißner-Oszillator 158
Meßgröße 121
Mikroprozessor 119
Mischstufe 186, 193
Selbstschwingende- 187, 194
Mitkopplung 108, 151
Modulation 81, 169
Amplituden- 168
– mit unterdrücktem Träger 172
Einseitenband- (SSB) 173, 198
Frequenz- 174
Phasen- 176
Modulationsgrad 169
-Index 175
-Transformator 170
Modulator 169
-Ring- 172, 200
Telegrafie- 199
Monolithische IS 120
Morsetelegrafie (cw) 178
MP-Kondensator 53
Musikleistung 140
-Modulation 198

Nahselektion 195
Neon-Licht 35
Neper 218
Netzgleichrichter 63, 83
Neutralisation 151
n-leitend 87
Notzeichen 178
Nullkopplung .81

Oberschwingungen 146
-wellen 108
Ohm 16
-sches Gesetz 18
Oszillatorschaltungen 79, 157

Packungsdichte 119
PAL-System (Video) 182
Papierkondensator 52
Paralleldrahtleitung 237
Parallel-Serien-Wandler 180
Parameter 30, 102
PA-Stufe 152
Pegel 103
-Regelung, automatische 185
Periode 14
Piezoelektrische Stoffe 161
Permeabilität, absolute 66
–, wirksame 67
π-Filter 247
-Glied 153
Phon 221
Phasenanschnittsteuerung 97
-diskriminator 187
-geschwindigkeit 214
-modulator 176
-umkehrstufe 147
-verschiebung 37
Planartechnik 120
Plasma 13
Plattenkondensator 44
p-leitend 87
PLL-Oszillatoren 188
pn-Übergang 88
Pole 13
Potentiometer 25
Produkt-Detektor 200
Pro-Elektron 89, 117
Programmieren 119
Printplatte 119

Q 77
Quadratwurzel 15
Quarz 161
-Generator (CO) 185
-Oszillator 161, 176
-Steuerung 161
Querstrom 35

Radioastronomie 196
Raumladungszone 109
Rauschen 102
Eigen- 157
Rauschzahl 102
R-C-Generator 166
-Glied 61
Reaktanz 38
Referenzdiode 33
Reflexion 240
-sfaktor 46
Regelspannung 115
Region 210
Resonanzfrequenz 75
-verstärker 150
-widerstand 77
Ringmodulator 172
Röhrenverstärker 155
Rollspulen 68
RST-Schlüssel 209
Rückkopplung 108

Seitenband (LSB, USB7) 170
Selen 31
Sendearten 177
Sendeempfänger (Transceiver) 69, 212
Sender (TX) 184
Steuer- 84, 185
Telefonie- 184
Telegrafie 184
Siebdrossel 20
-faktor 63, 95
-kette 20
-kondensator 20
-schaltung 71, 95
Siemens 16
Silizium 31
-carbid 33
Silikon 31, 43
SINPO, SINPFEMO-Schlüssel 210
Sinuskurve 14
-strom 15

Sinuskurve (Forts.)
-ton 140
Skineffekt 47, 65
S-Meter 211
Spannung 14
Durchlaß- 88
Schalt- (Trans.) 101
Speise- 33
Sperr- 91
Wärme- 144
Zener- (Diod.) 88
Spannungsresonanz 76
-stabilisierung 23, 91
-teiler 25, 65
-überhöhung 76
Spannungsverdoppler 94
-vervielfacher 94
-wandler 82
Speiseleitung 236
Abgestimmte- 245
Sperrkreis 132
Sperrschicht 33, 88
-FET 110
-Temperatur 33, 91
Sperrtiefe 133
-topf (Ant.) 228
Spezifischer Leitwert 17
-Widerstand 16
Spiegelfrequenz 194
Spitzenwert 14
Sprungentfernung (skip) 250
Spulen 64
Eisenkern- 67
Spulenfaktor 67
SSB-Empfang 198
Substrat 109
Suszeptanz 39
Symmetrierglied 228, 243
Schalldruck 221
-pegel 221
Schallgeschwindigkeit 216
-intensität 221
-platten (Entzerr.) 62
Schaltwert (Diod.) 96
Scheibenröhre 128, 155
-tetrode 155
-trimmer 59
-triode 155
Scheinfrequenz 75
Schlankheitsgrad 223
Schmalband-Frequenzmodulation (NFM) 175
Schrittgeschwindigkeit 180
Schwarzschulter (Video) 201
Schwingkreis 74
Abstimmbarer- 78
Koaxial- 128
Parallel- 76
Serien- 74
Temperaturkompensierter- 79
Schwingkreiskondensatoren 49
-stufe 157
Schwund 195, 250
Steatit 43
Stehwellenverhältnis SWR 41, 241
Steilheit (Trans.) 100
Stereophonie 140
Steuersender (VFO) 157
Strahlungscharakteristik (Ant.) 225
-Leistung (Ant.) 223
Strom 13
Dioden- 87
Last- 33
Sperr- 33
Spitzen- 14
Stromresonanz 77
-verzweigung 22
-wärme 144
-wandler 82
Styroflex 43

Tantal-Kondensator 53
Tastung (cw) 179
Teflon 43
Telegrafieempfang 203
-überlagerer (BFO) 179, 200
Temperaturabhängigkeit 30, 79
-ausgleich 49
-beiwert 30, 79
Thermistor 30
Thermoplaste 43
Thermostatenquarz 185
Thyristor 96
Tiefenanhebung 142
-paß 61, 71, 95
Tote Zone 250
Trägerfrequenz 81, 198
-rest 199
-schwund 198
-zusatzgenerator 200

Transformationsglied 236, 246
-leitung 242
Transformator 82
Netz- 82
Trenn- 82
Resonanz- 242
Transistor 97
Bipolar- 98
Darlington- 118
Doppelgate-MOS-FET- 118
Drift- 106
Endstufen- 103
Feldeffekt-FET- 109
Isolierschicht-FET-111
Legierungs- 106
Mesa- 118
Photo- 118
Piezo- 118
Planar-Epitaxial- 106
Schalt- 101
Unijunction- 118
Vorstufen- 103
Transitfrequenz (Trans.) 102

Überlagern 81
Übernahmefrequenz 72
Übersetzungsverhältnis 82
Überspannungsableiter 33
Übersprechdämpfung 140
Übertragungsbereich 139
-loch 72
-system 168
Umspannung 82
UND-Gatter 208
Urdox-Widerstand 32

Valenzelektronen 87
Variometer 68
Varistor VDR 33
Veränderbarer Kondensator 55
Verarmungstyp (Trans.) 111
Verkürzungsfaktor (Ant.) 222
Verlustfaktor 46
-Leistung 19, 33
-wärme 19
-widerstand 76, 78
-winkel 46
Verschlüßler 199
Verstärker 137
A- 144
Abgestimmter- 150
AB- 149
B- 147
Gegentakt- 147
Hi-Fi- 139
HF-Leistungs- 152
Leistungs- 127
Modulations- 184
NF- 139
Operations- 121
Regelspannungs- 201
Schallplatten- 142
selektive- 150
Stereo- 139
Verstärkung 102
Gleichstrom- (Trans.) 102
Leistungs- 105, 143
Spannungs- (Trans.) 105
Wechselstrom- 102
Vervielfacher-Kaskade 94
Verzerrungen 108, 139, 145
Verzögerungsleitung (Video) 182
VFO 185
Vielfache und Einheiten 26
Vierpol 137
Vinylite 43
Volt 13, 16
Vorkreisabstimmung 69
Vor-Rückwärtsverhältnis VRV (Ant.) 232

Wandler 145
Frequenz-Spannungs- 205
Wechselfeld 64
-spannung 15
-sprechen 213
-strom 14
Wellen, stehende 240
-ausbreitung 249
-länge 14, 214
Akustische- 215
Weltnachrichtenverein 177
Wiedergabetechnik 139
Widerstand 16
Ausgangs- 41, 104
Blind- 38
Eingangs- 41, 101, 225
Gleichstrom- 16
induktiver- 38
Innen- 138, 141
Kalt- 30

Widerstand (Forts.)
kapazitiver- 38
Kohleschicht- 36
nichtliniearer- 30
parallel geschalteter- 22
reeller- 36
Schein- 38
Spannungsabhängiger- 33
Spezifischer- 16
Strahlungs- (Ant.) 223
Temperaturabhängiger- 30
Wärme- 143
Wechselstrom- 36
Wirk- 38
Wirkungsgrad 82
Wobbeln 188
WpM Worte pro Minute 204

Zähldiskriminator 206
-schaltung 207
Zeitkonstante 62
Zenerdiode 33
-knick 88
Zündspannung 35
Zuverlässigkeit 119
Zwischenfrequenz ZF 193
Zylinderspule 66

Eberhard Kühn

Handbuch TTL- und CMOS-Schaltkreise

1985, 412 S., 296 Abb.,
geb., DM 59,—
ISBN 3-7785-1086-X

Der vorliegende Titel ist als logische Fortsetzung aus dem „Handbuch Integrierte Schaltkreise" von *Kühn/Schmied* hervorgegangen. Entsprechend der rasanten Entwicklung auf dem Bauelementensektor macht sich eine völlige Neukonzipierung sowohl inhaltlich als auch vom Umfang her erforderlich. Mit der jetzigen Neuauflage liegt ein modernes Handbuch über TTL- und CMOS-Schaltkreise vor.
Er umfaßt im wesentlichen die modernen und heute eingesetzten TTL-Baureihen 74-Standard, 74 LS, 74 S, 74 ALS, 74 AS, die Interface-Baureihe 75 und die CMOS-Baureihen CD 4000, HEF 4000 und 74 HC.
Neben den allgemeinen Eigenschaften der einzelnen Baureihen (Schaltungsaufbau des Grundgatters, statisches und dynamisches Verhalten, Störeinflüsse) wird anwendungsbezogen ein Überblick über die dazugehörigen Schaltkreistypen gegeben. Dabei werden Grundelemente Gatter und Flipflops sowie solche komplexen Schaltkreise wie Impulsgeneratoren, Zähler und Teiler, Schieberegister, Addierer, Leitungstreiber und -empfänger behandelt.
Zu den einzelnen Schaltkreistypen werden die wichtigsten Kenndaten, Anschlußbelegungen sowie Applikationsbeispiele mit Dimensionierungsrichtlinien für wichtige und besonders häufig vorkommende Schaltungskombinationen zusammengestellt.
Die TTL- und CMOS-Schaltkreistypen zeichnen sich durch eine starke internationale Vereinheitlichung ihrer elektrischen Parameter und Anschlußbelegungen aus, so daß es dem Autor möglich war, das komplette internationale Spektrum an digitalen TTL- und CMOS-Schaltkreisen für allgemeine Anwendung zu erfassen.
Das Buch ist aus der Praxis heraus geschrieben worden. Es werden kaum größere theoretische Abhandlungen geboten, dafür um so mehr Hinweise für den Einsatz der Schaltkreise. Aus Gründen der Übersichtlichkeit wird vor allem mit Tabellen und Diagrammen gearbeitet. Besonders hervorzuheben sind die umfassenden Übersichten im Anhang, die den Charakter des Buches als universelles Nachschlagewerk unterstreichen.

Reinhold Holtstiege

Satellitenempfang für Praktiker

Band 1: Grundlagen

1985, ca. 120 S., zahlr. Abb.,
kart., ca. DM 30,—
ISBN 3-7785-1081-9

Mit diesem Werk, in drei Bände aufgeteilt, soll vor allem der Praktiker angesprochen werden. Es wird alles behandelt was er wissen muß. Aller theoretischer Ballast, der nicht unbedingt zum Verständnis erforderlich ist, wird weggelassen.
Das Werk beginnt mit den Grundlagen des Satelliten-Empfangs. Es behandelt die geostationären Bahnen, Orbitstationen europäischer TV-Satelliten, Ausleuchtzonen, Empfangs-Antennen usw.
In einer weiteren Ausgabe sollen dann Blockschaltbilder, Teilschaltbilder, Gesamtfunktionen und eine ausführliche Baubeschreibung für eine 4 GHz-TV-Satelliten-Empfangsanlage veröffentlicht werden.
Schließlich erfolgt noch eine Vorausschau auf künftige Nutzungs-Möglichkeiten von Satelliten im Weltall.
Im ersten Band findet der Praktiker in verständlicher Form einen Einstieg in die sich explosionsartig entwickelnde TV-Satelliten-Technik.

Der Leser erlebt in kurzer chronologischer Reihenfolge die Entwicklung der Nachrichten- und TV-Satelliten seit dem Start von „Early Bird" (Intelsat I) und lernt die Funktionen des Systems Erdfunkstelle-Satellit-Empfänger kennen.
Als weitere Themen kommen Satelliten-Frequenzpläne, Ausleuchtzonen, Bahnen von Satelliten, Richtantennen, Frequenzmodulation von Bild und Ton und Polarisation von Empfangssignalen zur Sprache.
Der Verfasser stützt sich bei seinen Ausführungen zur Technik weitgehendst auf seine eigenen Erfahrungen, die er bereits mit dem Forschungssatelliten „OTS", dem russischen TV-Satelliten Horizont und späteren Satelliten gewonnen hat.